Deepen Your Mind

Deepen Your Mind

前　言

如果你對股票大數據分析有興趣，又想學習一種適合進行這種大數據分析的通用語言，那麼本書一定是不錯的選擇。

從知識系統上來看，本書的內容涵蓋 Python 專案開發所需的基礎知識，包含 Python 基礎語法知識、以 Pandas 為基礎的大數據分析技術、以 Matplotlib 為基礎的視覺化程式設計技術、Python 爬蟲技術和以 Django 為基礎的網路程式設計技術，在本書的最後章節，說明入門級的機器學習程式設計技術。

本書的作者具有多年 Python 的開發經驗，諳熟 Python 進階開發所需要掌握的知識系統，也非常清楚從零基礎學 Python 升級到應用程式開發可能會走的彎路，所以在本書的內容安排上：第一，對 Python 零基礎人群說明必要的基礎知識；第二，在說明諸多基礎知識時都結合實際的範例程式；第三，在針對實際範例程式說明時，會見縫插針地說明從範例專案程式中提煉出來的開發經驗。

本書的大多數範例程式以股票分析為基礎的技術指標，部分範例程式還結合了「機器學習」和「爬蟲」的使用。舉例來說，根據股票代碼爬取股票交易資料的範例程式來說明爬蟲技術和正規表示法，透過 K 線均線和成交量圖的範例程式來說明 Matplotlib 基礎知識，結合股票技術指標 BIAS 和 OBV 的範例程式來說明 Django 架構，用股票走勢預測的範例程式來說明機器學習。在用股票分析的範例程式說明基礎知識的同時，還會列出驗證特定指標交易策略的範例程式原始程式碼。

作者相信用這些饒有興趣的範例程式來學習 Python，可以觸發讀者學習的興趣，也就不用擔心在學習過程中半途而廢。而且，本書的範例程式大多篇幅適中，對於進行課程設計或大學畢業設計的讀者，本書也非常適合作為參考用書。

如果讀者對股票交易知之甚少，也不用擔心無法看懂本書中的股票分析範例程式，這是因為：

- 本書以通俗容易的文字說明相關股票指標的含義和演算法；

- 在列出待驗證的股票交易策略時，所用到的數學方法僅限於加減乘除；
- 在用股票預測範例程式說明機器學習時，計算方差用到的最複雜的數學公式只是二次函數，這是國中數學的知識。

由於本書是結合股票分析的範例帶領讀者入門 Python 語言，因此在讀完本書之後，大家不僅能掌握 Python 開發所需的基礎知識，而且還能對股票技術指標乃至以股票指標為基礎的交易策略有一定的了解。

為了讓本書的讀者能高效率地了解本書的範例和基礎知識，作者在撰寫本書時，處處留心、字字斟酌，將書中所有範例程式碼均按行編號，讀者在閱讀時能看到大量「某行的程式是 ×× 含義」這種說明，這樣做的目的是希望幫助讀者沒有遺漏地掌握各基礎知識的應用。再者，本書組織的文字裡，儘量避免艱深、晦澀的「技術行話」，而是用樸素的文字，由淺入深地說明 Python 語言的應用要點。

本書在撰寫過程中，獲得了成立明老師的大力支持，她負責了本書第 2~7 章的撰寫工作，在此表示誠摯的感謝。由於學識淺陋，書中難免有疏漏之處，敬請讀者批評指正。

如果下載有問題，請電子郵件聯繫 booksaga@126.com

目　錄

第 *1* 章　掌握實用的 Python 語法

第 *2* 章　Python 中的資料結構：集合物件

第 *3* 章　Python 物件導向程式設計思想的實作

第 *4* 章　異常處理與檔案讀寫

第 5 章　股市的常用知識與資料準備

第 6 章　透過 Matplotlib 函數庫繪製 K 線圖

第 7 章　繪製均線與成交量

第 *8* 章　資料庫操作與繪製 MACD 線

第 *9* 章　以 KDJ 範例程式學習 GUI 程式設計

第 *10* 章　基於 RSI 範例程式實現郵件功能

第 *11* 章　用 BIAS 範例說明 Django 架構

第 *12* 章　以 OBV 範例深入說明 Django 架構

第 *13* 章　以股票預測範例入門機器學習

第 *1* 章

掌握實用的 Python 語法

Python 的語法不少，但在實際專案中並不是所有語法都經常使用。本章在介紹基本語法時，不會羅列出不常用的基礎知識，是結合大多數專案的實際需求，啟動大家用比較高效的方式入門 Python。

怎麼才能算入門 Python 語言了呢？首先能在開發環境中順利執行第一個 Python 程式，其次是能透過運用基本資料結構，if…else 條件分支敘述，或循環敘述開發出較具規模的程式，然後是可以自訂函數和呼叫函數。

大家在閱讀本章時，可以根據本書列出的步驟偵錯程式，並透過閱讀書中的相關解釋快速掌握 Python 的實用性語法。

1.1 安裝 Python 開發環境

相對於 Java 比較適用於網際網路程式設計領域（尤其是高平行處理的分散式領域），Python 在「資料分析」「圖形繪製」「網路爬蟲」和「人工智慧」等領域獨樹一幟，這也是目前 Python 非常流行的一部分原因。本書將使用 MyEclipse，透過在其中安裝 PyDev 外掛程式套件的方式來架設開發環境。

1.1.1 在 MyEclipse 裡安裝開發外掛程式和 Python 解譯器

透過 PyDev 外掛程式，我們可以在開發 Python 時享受到「提示語法錯誤」和「程式編輯提示」等的諸多便利，在 MyEclipse 中安裝 PyDev 外掛程式的實際步驟如下。

步驟 01 到 PyDev 官網上下載該外掛程式套件，本書用到的是 2.7.1 版本。解壓縮後，把它複製到 MyEclipse 的 dropins 目錄中，如圖 1-1 所示。

注意，複製完成後，對應的目錄結構是在 dropins\python 目錄中有兩個資料夾。而且，這裡的 2.7.1 是 PyDev 的版本編號，不是 Python 語言的版本編號。

圖 1-1　把 PyDev 複製到 MyEclipse 的 dropins 目錄中

步驟 **02**　由於 Python 是直譯型語言，因此我們還需要下載 Python 的解譯器，本書用到的安裝套件是 Python-3.4.4.msi。下載完成後，雙擊該安裝套件開始執行安裝，本書選擇的安裝路徑是 D:\Python34，安裝完成後，就能在該目錄下看到有 python.exe 這個解譯器程式，也就是說，本書用到的語法是以 Python3 為基礎的。

完成上述兩個步驟後，我們還需要在 MyEclipse 裡設定 Python 的解譯器，實際做法是，依次點擊選單項「Window」→「Preferences」，在出現的對話方塊的左側找到 PyDev，並在 Interpreter – Python 這個選項中，透過 New 按鈕匯入 Python 的解譯器，如圖 1-2 所示。請注意，匯入的解譯器路徑需要和剛才安裝的路徑保持一致。

這裡請注意，如果大家更換了開發所用的工作空間（Workspace），則需要在新的工作空間重新匯入解譯器，否則就會無法建立專案乃至無法開發 Python 程式。

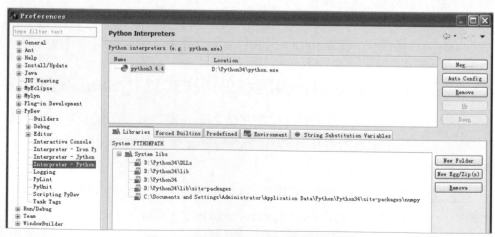

圖 1-2　匯入 Python 解譯器的示意圖

1.1.2 新增 Python 專案，開發第一個 Python 程式

透過上述步驟架設好 Python 的開發環境後，就能透過以下的步驟來建立第一個 Python 專案和 Python 程式。

步驟 **01** 透過「File」→「New」的選單指令新增專案，專案的類型是「PyDev」，如圖 1-3 所示。

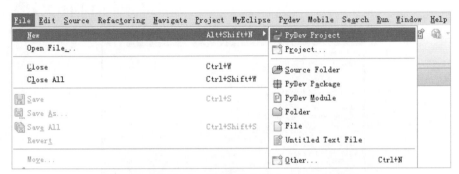

圖 1-3　透過 New 選單指令建立 Python 專案

在第一次建立專案時，未必能在 New 選單中看到 PyDev Project 的選項，這時可以點擊「Other」功能表選項，而後在如圖 1-4 所示的介面中選擇「PyDev Project」。

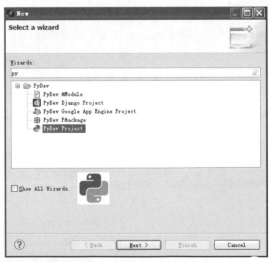

圖 1-4　透過 Other 選單指令選擇 PyDev Project

步驟 02　不管用上述哪種方式，點擊「PyDev Project」選項後，就能看到如圖 1-5 所示的介面。

在圖 1-5 所示的介面中，可以輸入專案名稱為 MyFirstPython，選擇「Create 'src' folder and add it to the PYTHONPATH」選項，其他選項都可以選擇預設項，隨後點擊「Finish」按鈕即可完成專案的建立。

在圖 1-5 中，需要選擇語法版本為「3.0」，同時選用 python3.4.4 作為解譯器。

圖 1-5　填寫 Python 專案的相關資訊

步驟 03　在建立好專案後，在該專案的 src 目錄上，點擊滑鼠右鍵，在出現的快顯功能表中依次選擇「New」→「PyDev Module」，建立 PyDev Module，如圖 1-6 所示。

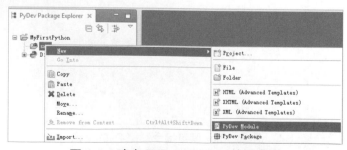

圖 1-6　建立 PyDev Module 的示意圖

在出現的如圖 1-7 所示的對話方塊中，輸入檔案名稱為「HelloPython」，
再點擊「Finish」按鈕，即可建立一個 py 檔案。

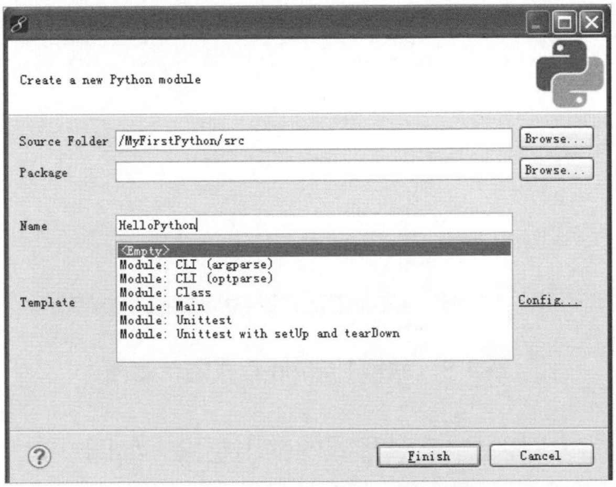

圖 1-7　輸入 Python 檔案名稱

步驟 04　完成上述步驟後，在 src 目錄中可看到 HelloPython.py 檔案，在
其中撰寫以下程式。

```
1    #Print Hello World
2    print(「Hello World」)
3    #calculate sum
4    sum = 0
5    for i in range(11):
6        sum += i
7    print(sum)
```

其中，第 1 行和第 3 行是註釋。在第 2 行裡，透過 print 敘述輸出了一段話。
在第 5 行和第 6 行裡，使用 for 循環執行了 1 到 10 的累加和，並在第 7 行輸出
累加和的結果（結果是 55）。

步驟 05　完成程式撰寫後，可以在程式的空白位置點擊滑鼠右鍵，在隨後
出現的選單項中，依次選擇選單項「Run As」→「Python Run」，即可執行程式，
如圖 1-8 所示。

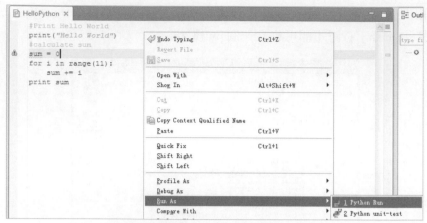

圖 1-8　執行 Python 程式的示意圖

執行之後就能在主控台中看到程式的輸出結果，如圖 1-9 所示。

圖 1-9　檢視執行的結果

1.2　快速入門 Python 語法

　　在入門階段，我們建議的學習方法是：先執行書中列出的範例程式，再透過執行結果了解關鍵程式的含義。一開始不建議大家直接動手撰寫程式，因為這樣很容易由於細小的語法錯誤而導致程式無法執行，不斷的挫敗感會讓學習積極性逐漸消退。

1.2.1　Python 的縮排與註釋

　　Python 語言不是用大括號來定義敘述區塊，也沒有用類似 End 之類的結束符號來表示敘述區塊的結束，而是透過縮排來標識敘述區塊的層次。大家能在之前的 HelloPython 範例程式中體會到這一點。

註釋是程式裡不可或缺的要素，之前我們是透過 # 來撰寫一行的註釋，此外，還可以用三個單引號（'''）或三個雙引號（" " "）來進行多行的註釋。下面改寫 HelloPython 範例程式，來示範一下縮排和註釋的實際用法。

```
1    #coding=utf-8
2    #Print Hello World
3    print("Hello World")
4    '''
5    1 到 10 的累加和
6    '''
7        #sum = 0
8    sum = 0
9    for i in range(11):
10   #sum += i
11       sum += i
12   print(sum)
```

在第 1 行裡，透過 #coding 的方式指定了本程式的編碼格式是 utf-8，在第 2 行裡，透過 # 撰寫了一行註釋。在第 4 行到第 6 行裡，是通過了''' 來撰寫了跨行的註釋（即多行的註釋）。

請注意，在第 11 行中，透過縮排來定義了 for 循環敘述的敘述區塊，這裡縮排了 4 個空格。在 Python 語言中並沒有嚴格規定縮排多少空格，但要求同一個敘述區塊層級縮排的空格數是一樣的，例如當我們註釋第 11 行的程式，同時取消第 10 行程式的註釋（#），由於沒有縮排，Python 解譯器就會提示語法錯誤。按照一般的習慣，Python 敘述區塊以四個空格一組作為一個基本單位進行縮排。

同樣，如果我們取消第 7 行程式的註釋，由於這行程式沒有同之前的程式有邏輯上的從屬關係或層級關係，所以不該縮排，如果縮排了也會顯示出錯。而且，這裡我們縮排的單位是 4 個空格，所以之後的縮排都應該是 4 個空格為一組作為縮排的基本單位，即在同一種程式開發風格中，相同層次敘述區塊（或程式碼片段）的縮排空格數必須保持一致。

1.2.2 定義基底資料型態

在 Python 中，定義變數時不需要宣告類型可以直接設定值，這看上去是好事，因為程式設計更方便了。其實不然，正因為沒有約束，所以初學

者更不能隨心所欲地使用，否則會讓程式碼的可讀性變得很差。在下面的
PythonDataDemo.py 程式中，我們來看下基底資料型態的用法。

```
1    # coding=utf-8
2    # 示範基底資料型態
3    age = 12        # 整數類型
4    # age = 15.5 錯誤的用法
5    print(age)      # 列印 12
6    price = 69.8      # 浮點數
7    print(price)      # 列印 69.8
8    #distance = 20L    # 長整數，僅限 Python2
9    #print(distance)  # 列印 20
10   isMarried = True  # 布林類型
11   print(isMarried)  # 列印 True
12   msg = "Hello"     # 字串
13   print(msg)        # Hello
```

透過註釋可以很清晰地看到，從第 3 行到第 13 行的程式敘述定義並輸出了
各種類型的資料。語法非常簡單，但請大家注意兩點。

（1）由於在定義變數前，沒有像 Java 或其他程式語言那樣，透過 int、
long、string 等關鍵字顯性地定義資料類型，因此變數名稱應該儘量通俗容易，
讓其他人一看就能知道變數的含義，而少用 i, j 之類的不含實際意義的單一字
母。

（2）如果取消第 4 行的註釋，程式也能執行，這時第 5 行就會輸出 15.5。
這種做法其實改變了 age 變數的資料類型，這樣隨意改變變數類型的做法不僅
會增加程式的維護難度，更會在使用時造成很大的混淆，所以在定義和使用變
數時，不要輕易地變動變數的類型。

1.2.3　字串的常見用法

在 1.2.2 小節的範例程式中，我們是透過雙引號定義了一個字串。下面透過
範例程式 PythonStrDemo.py 來示範字串的基本用法。

```
1    # !/usr/bin/env python
2    # coding=utf-8
3    str = 'My String'
4    print(str)              # 輸出完整字串
```

```
5    print(str[0])              # 輸出第 1 個字元 M
6    print(str[3:9])            # 輸出第 3 至第 9 個字串,即 String
7    print(str[3:])             # 輸出第 3 至最後的字串,也是 String
8    print(str * 2)             # 輸出字串 2 次,但這種寫法不常用
9    print("He"+"llo")          # 字元串連接,輸出 Hello
```

比起之前的程式,在本範例程式的第 1 行指定了執行 Python 的指令。

在 Windows 的 MyEclipse 中,是透過「Run As」的方式執行 Python 程式,但如果這段程式放入到 Linux 等其他作業系統中,就需要指定執行這段程式的 Python 指令,這裡透過 /usr/bin/env 目錄下的「python」指令執行本 Python 指令稿程式。

在第 3 行中定義了一個字串(注意這裡用的是一對單引號,在 Python 語言中,成對的單引號和成對的雙引號都可以用來定義字串常數),隨後在第 4 行到第 9 行中,以各種方式輸出了字串。請注意,在第 5 行到第 7 行中,用到了字串的索引(或稱為索引),而索引值是從 0 開始的。在第 9 行中是透過「+」運算子連接了字串。

此外,Python 還提供了尋找取代等字串操作的方法,在下面的 PythonStrMore.py 範例程式中,可以看到平時專案中針對字串的常見用法。

```
1    # !/usr/bin/env python
2    # coding=utf-8
3
4    Print("Hello 'World'")              # 雙引號單引號夾雜使用
5    print ('Hello "World"')             # 單引號裡套雙引號
6    print ("Hello: \name is Peter." )   # \n 是分行符號
7    print (r"Hello \name is Peter." )   # 加了字首 r,則會原樣輸出
8    str = "123456789"
9    print (str.index("234"))            # 尋找 234 這個字串的位置,傳回 1
10   #print (str.index("256"))           # 沒找到則會拋出異常
11   print (str.find("456"))             # 尋找 456 所在的位置,傳回 3
12   print (str.find("256"))             # 沒找到,傳回 -1
13   print (len(str) )                   # 傳回長度,結果是 9
14   print (str.replace("234", "334"))   # 把 234 取代成 334
```

前面講過,在 Python 語言中,可以透過單引號定義字串,在上述第 4 行和第 5 行中的程式裡,示範了兩種符號混合使用的效果。對此的建議是,在同一個 Python 專案中,如果沒有特殊的需要,最好用統一的風格來定義字串,例如

都用單引號或都用雙引號。如果確有必要混合使用，那麼需要透過註釋來說明。

在第 6 行中，是輸出「Hello \name is Peter.」這個字串，但由於 \n 是分行符號，因此中間會換行，輸出效果如下所示。因為「\」是逸出字元，如果不想逸出，則可以像第 7 行那樣，在字串之前加 r。

```
1    Hello:
2    ame is Peter.
```

從第 9 行到第 12 行的程式敘述分別透過 index 和 find 來尋找字串，它們的差別是，透過 index 方法如果沒找到，則會拋出異常，而 find 則會傳回 -1。這兩種方法的相同點是：如果找到，則傳回目標字串的索引（或索引）位置。

在第 13 行和第 14 行的程式敘述中，示範了計算字串長度和字串取代的方法，上述程式同樣是透過註釋列出了執行結果，讀者可以自己執行，並在主控台中比較一下執行結果。

1.2.4　定義函數與呼叫函數

為了提升程式的可讀性和維護性，需要把呼叫次數比較多的程式區塊封裝到函數中。函數（Function）在物件導向的程式設計中也叫方法（Method），在 Python 語言中，可以透過 def 來定義函數或方法，並且在函數名稱或方法名稱之後加冒號。

在下面的 PythonFuncDemo.py 範例程式中，示範了定義和呼叫帶有傳回值和不帶傳回值函數的兩種方式。

```
1    # !/usr/bin/env python
2    # coding=utf-8
3    # 定義沒傳回的函數
4    def printMsg(x,y):
5        print ("x is %d" %x)
6        print ("y is %d" %y)
7    # 透過 return 傳回
8    def add(x,y):
9        return x + y
10
11   # 呼叫函數
12   printMsg(1,2)
```

```
13   # printMsg("1",2)          # 顯示出錯,這就是不注意參數類型的後果
14   print (add(100,50))
```

在第 4 行到第 6 行的程式中,透過 def 定義了 printMsg 函數,它有兩個參數。在 Python 語言中,沒有像其他程式語言那樣透過大括號的方式來定義函數本體,而是透過像第 5 行和第 6 行的縮排方式來定義函數本體內部的敘述區塊。在這個函數內部的 print 敘述中,透過 %d、%x 和 %y 方式來輸出參數傳入的 x 和 y 這兩個值。

在第 8 行和第 9 行的 add 函數中,同樣是透過縮排定義了函數的層次結構,其中使用了 return 敘述來傳回函數內部的計算結果。

定義好函數之後,上面的範例程式中分別在第 12 行和第 14 行呼叫了 printMsg 和 add 這兩個函數。這個範例程式的輸出結果如下所示,其中前兩行是 printMsg 函數的輸出,第 3 行是 add 函數的輸出。

```
x is 1
y is 2
150
```

由於在定義 Python 變數時,無法透過像其他程式語言那樣用 int 等變數資料類型宣告的方式來指定變數的資料類型,因此在使用變數時尤其要注意,如果像第 13 行那樣,呼叫函數時本來要傳入整數參數,但卻傳入了字串類型的參數,結果就會顯示出錯。

1.3 控制條件分支與循環呼叫

和其他程式語言一樣,if…else 條件分支敘述和諸如 for 與 while 等的循環敘述在 Python 專案開發時也是不可或缺的,由於 Python 不用「{}」來定義敘述區塊,因此在條件分支和循環敘述中,也得用縮排來表示敘述區塊的邏輯層次結構。

可以這樣說,結合前文提到的函數呼叫流程,再加上條件分支敘述和循環敘述,那麼就能了解 Python 程式的大致結構,也就是說,學好這部分內容後,就能達到 Python 語言的入門標準了。

1.3.1　透過 if…else 控制程式的分支流程

Python 的條件分支敘述的語法如下，其中 elif 的含義是 else if。

```
1    if 條件 1:
2        滿足條件 1 後執行的程式
3    elif 條件 2
4        滿足條件 1 後執行的程式
5    else
6         沒有滿足上述條件時執行的程式
```

下面透過一個判斷閏年的 PythonIfDemo.py 範例程式來示範一下 if 條件分支敘述的用法。

```
1    # !/usr/bin/env python
2    # coding=utf-8
3
4    # 判斷閏年
5    year=2018
6    # year=2020
7    if (year%4 == 0) and (year%100 != 0):
8        print("%d是閏年 " %year)
9    elif year%400 == 0:
10       print("%d是閏年 " %year)
11   else:
12       print("%d不是閏年 " %year)
```

判斷閏年的方法之一是：年份能被 4 整除，但不能被 100 整除，如第 7 行所示；方法之二是，能被 400 整除，如第 9 行的第二個判斷條件。即滿足這兩個方法之一的年份就是閏年，否則就不是。

由於程式中 year 被設定值為 2018，因此輸出結果是「2018 不是閏年」。以這個範例程式為基礎的執行結果，下面歸納一下使用 if 的要點。

（1）注意縮排，由於第 7 行、第 9 行和第 11 行屬於同一邏輯層次，因此它們均沒有縮排，而它們附屬的第 8 行、第 10 行和第 12 行的程式均需要縮排。

（2）if，elif 和 else 等描述條件的敘述均需要用冒號結尾。

（3）可透過 == 來判斷兩個值是否相等，在第 7 行中還用到了 and 邏輯運算子（即邏輯「與」），表示兩個條件均滿足時，整個 if 條件判斷的結果為 True，此外，還可以用 or 來表示邏輯「或」，用 not 來表示邏輯「非」。

1.3.2 while 循環與 continue，break 關鍵字

Python 語言中的 while 循環敘述和其他程式語言的 while 循環敘述十分類似，它的主要結構如下。

```
while 條件
    滿足條件後執行的敘述
```

在實際應用中，Python 中的 while 一般會同 if 敘述、break 和 continue 關鍵字配合使用，其中 continue 表示結束本輪循環繼續下一輪循環（並沒有跳離目前循環本體），break 則表示跳離目前層的 while 循環本體（即退出了 break 所在的循環本體）。下面透過範例程式 PythonWhileDemo.py 來示範循環執行的效果。

```python
1   # !/usr/bin/env python
2   # coding=utf-8
3   # 示範 while 的用法
4
5   number = 1
6   while number < 10:
7       number += 1
8       if not number%2 == 0:          # 不是雙數時則跳過本輪循環
9           continue
10      else:
11          Print( number)             # 輸出雙數 2、4、6、8、10
12  # 以上輸出 2，4，6,8,10 這些偶數
13
14  number = 1
15  while True:                        # 條件是 True 表示一直執行
16      print(number)                  # 輸出 1 到 5
17      number = number+1
18      if number > 5:                 # 當 i 大於 5 時跳離循環本體
19          break
20  # 以上輸出 1,2,3,4,5
```

在第 6 行的 while 條件判斷運算式中，設定的條件是 number 小於 10，表示滿足這個條件才能執行第 7 行到第 11 行的 while 循環本體內的程式敘述。

從第 8 行到第 11 行的程式中，還嵌入了 if…else 敘述，這部分程式的含義是：如果 number 是偶數，則執行第 9 行的 continue 跳出本輪循環，進入下一輪循環；

否則就執行第 11 行的程式輸出 number 變數的值。大家注意，while 和 if 的附屬敘述都用縮排來表示程式邏輯的層次關係。

在第 15 行的 while 敘述中，條件為 True，表示一直會執行這個循環，但是在循環本體內的第 18 行 if 敘述判斷 number 是否大於 5，如果是，則執行第 19 行的 break 敘述跳離整個 while 循環本體。

1.3.3　透過 for 循環來檢查物件

Python 中的 for 循環比較常見的用途是「檢查物件」，它的語法結構如下：

```
for 變數 in 物件：
    for 循環本體內的程式敘述
```

和 while 一樣，在 for 的實際應用中，也經常會和 if、continue 和 break 配合使用。下面透過 PythonForDemo.py 範例程式來示範 for 的用法。

```
1   # !/usr/bin/env python
2   # coding=utf-8
3   # 示範 for 的用法
4
5   languages = ["Java", "Go", "C++", "Python", "C#"]
6   for tool in languages:
7       if tool == "C++":
8           continue # 不會輸出 C++
9       if tool == "Python":
10          print(" 我正在學 Python。")
11          break
12      print(tool)
13  # 輸出了 Java，Go，我正在學 Python，沒有輸出 C#
```

在第 5 行中，定義了名為 languages 的字串類型的串列，在其中使用了描述許多程式語言名稱的字串。在第 6 行的 for 循環敘述中，使用 tool 物件，透過 in 關鍵字來檢查 languages 串列。

在 for 循環本體內的程式敘述第 7 行和第 8 行中，透過 if 敘述來判斷，如果檢查到串列中 C++ 元素，則執行 continue 結束本輪 for 循環，否則繼續 for 循環的下一輪循環。第 9 行的 if 敘述定義，如果檢查到串列的 Python 元素，則輸出「我正在學 Python。」，而後執行第 11 行的 break 敘述退出目前 for 循環本體。

本段範例程式的輸出結果如第 13 行所說明的註釋，由於第 8 行的 continue 敘述，因此不會輸出 C++，另外由於檢查到串列中的 Python 元素時，會執行第 11 行的 break 敘述退出目前的 for 循環本體，因此不會輸出 C#。

1.4 透過範例程式加深對 Python 語法的認識

在本節中，我們將綜合運用之前學到的函數、條件分支敘述和循環敘述來實現許多範例程式。在撰寫、偵錯、執行範例程式的過程中，也需要偵錯（Debug）程式中的問題，本節也會介紹偵錯程式的相關技巧。

1.4.1 實現上浮排序演算法

上浮排序演算法的執行步驟是，每次比較兩個相鄰的元素，如果它們次序有誤，則交換位置。以 Python 語言實現為基礎的上浮排序範例程式如下：

```python
1    # !/usr/bin/env python
2    # coding=utf-8
3
4    # 定義上浮排序的函數
5    def SortFunc(numArray):
6        loopTimes = 0; # 記錄循環上浮比較的次數
7        while loopTimes< len(numArray)-1:
8            # index 為待比較元素的索引
9            for index in range(len(numArray)-loopTimes-1):
10               if numArray[index] > numArray[index+1]:
11                   tmp = numArray[index]
12                   numArray[index] = numArray[index+1]
13                   numArray[index+1] = tmp
14           loopTimes=loopTimes+1
15       return numArray
16
17   unSortedNums = [10,12,48,7,5,3]
18   print(SortFunc(unSortedNums))
```

從第 5 行到第 15 的程式碼中，使用 def 定義了實現上浮演算法的 SortFunc 函數，在其中是透過兩層循環來實現排序過程中的交換操作。

在第 7 行的 while 循環條件中設定了循環比較的次數，由於是待比較元素之間的比較，因此循環次數是待比較串列的長度減 1。在第 10 行比較了相鄰的兩個元素，如果與目標的順序不一致，則透過第 11 行到第 13 行的程式交換兩個元素的位置。

在第 17 行中，定義了一個未經排序的串列，在第 18 行中呼叫了 SortFunc 函數，並在這行中透過 print 敘述輸出了排序後的結果。

1.4.2　計算指定範圍內的質數

質數是只能被 1 和本身整除的自然數，在以下的 PythonCalPrime.py 範例程式中，將使用兩層巢狀結構的 for 循環來尋找並列印指定範圍內的質數。

```
1    # !/usr/bin/env python
2    # coding=utf-8
3    # 列印質數的方法
4    def printPrime(maxNum):
5        num=[];
6        currentNum=2
7        for currentNum in range(2,maxNum+1):
8            devidedNum=2
9            for devidedNum in range(2,currentNum+1):
10               if(currentNum%devidedNum==0):
11                   break
12           if currentNum == devidedNum:
13               num.append(currentNum)  # 把質數加入到串列裡
14           #print(num)
15       print(num)
16
17   printPrime(101)
```

在第 4 行的 printPrime 方法（或稱為函數）的定義中，透過參數 maxNum 來指定待列印質數的上限。在第 7 行的外層 for 循環中，透過呼叫 range 方法，依次檢查 2 到 maxNum 範圍內的自然數，這裡請注意，如果把外層條件寫成「for currentNum in range(2,maxNum+):」，則無法檢查 maxNum 這個數。

在執行外層循環時，第 9 行的內層 for 循環會依次讓 currentNum 除以從 2 到該數本身的各個自然數，請注意，這裡第 9 行的寫法依然是需要加 1，即「range(2, currentNum+1)」。

在執行內層循環時，如果透過第 10 行的判斷，發現從 1 到該數本身之外還會有其他被整除的因數，則說明該數不是質數，那麼就執行第 11 行的 break 敘述退出內層 for 循環。如果內層循環完成後，且滿足第 12 行的 if 條件，則說明這個數只有 1 和本身的因數，於是執行第 13 行的敘述把該數加入到 num 串列中（num 就是儲存已找到質數的串列）。

第 17 行呼叫 printPrime 函數，執行的結果就能列印出 101（含 101）內所有的質數。這裡請注意，由於 Python 是透過縮排來判斷程式敘述區塊的層次，如果用錯了縮排格式，例如把第 15 行的程式碼再縮排了 4 個空格（如第 14 行那樣，即和第 14 行敘述起始對齊），那麼就會在每次外層循環的最後都列印出 num 中的內容，其實就是把執行的中間結果列印出來了。

1.4.3 透過 Debug 偵錯程式中的問題

在撰寫程式時，一旦出現了問題，就需要透過 Debug 方法來偵錯、校正和修改有問題的程式敘述。

以 1.4.2 小節的 PythonCalPrime.py 範例程式為例，如果我們錯誤地把第 9 行的程式寫成以下的樣子，即在 range 中，沒有對 currentNum 加 1。

```
for devidedNum in range(2,currentNum):
```

這時輸出的結果只有 2，明顯和我們預期的不一致，此時，就可以透過以下的步驟來排除程式中的問題。

步骤 01　　在程式的左邊，用滑鼠雙擊加入中斷點，如圖 1-10 所示。該程式用了兩層巢狀結構 for 循環，為了偵錯方便，可以把中斷點設定在外層 for 語行程式碼的位置。

```
def printPrime(maxNum):
    num=[];
    currentNum=2
    for currentNum in range(2,maxNum+1):
        devidedNum=2
        for devidedNum in range(2,currentNum+1):
            if(currentNum%devidedNum==0):
                break
        if currentNum == devidedNum:
            num.append(currentNum)    #把质数加入到列表中
        #print(num)
    print(num)

printPrime(101)
```

圖 1-10　偵錯時在程式碼裡加入中斷點

步驟 02 在程式的空白位置，點擊滑鼠右鍵，在出現的快顯功能表中，依次點擊「Debug As」→「Python Run」，以 Debug 的方式執行程式，如圖 1-11 所示。

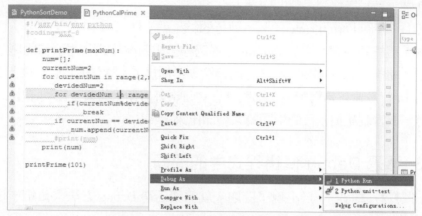

圖 1-11　以 Debug 的方式執行程式

步驟 03 以 Debug 方式啟動程式的執行後，游標會停在之前設定的中斷點位置，如果此時點擊「Step Over」按鈕（快速鍵為【F6】），游標則會依次跳到下一行敘述上，如果此時把滑鼠移動到 currentNum 等變數上，就能看到這個變數目前的值，如圖 1-12 所示。

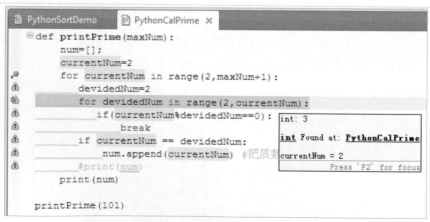

圖 1-12　偵錯工具時檢視變數目前值的效果圖

　　當 currentNum 是 3 的時候，我們撰寫這句程式敘述的本意是讓 devidedNum 依次檢查 2 和 3 這兩個數，這樣在退出內層 for 循環，執行 if 敘述時，currentNum 等於 devidedNum，結果就能判斷 3 是質數。

　　但是，透過「單步執行」偵錯時，我們看到此時當 devidedNum 設定值為 3 時，並沒有執行內層循環的「if(currentNum%devidedNum==0):」敘述，而是直接退出了內層循環，由此我們就發現了問題，原來是設定內層 for 循環條件時，range 變數的第二個參數設定得不對。於是改成以下的「currentNum+1」後再執行，結果就正確了。

```
for devidedNum in range(2,currentNum+1)
```

　　在開發 Python 應用程式時，讀者或許用的是其他的開發環境。雖然在不同的開發環境中，程式偵錯的實際步驟可能不同，但透過程式偵錯排除問題的想法都是通用的。一般來說，透過以下三個偵錯的步驟，能發現程式中的絕大多數問題。

　　步驟 01 在合適的位置加上中斷點，如果不知道問題所在，就從程式的開始位置加上中斷點，待確認問題範圍後再不斷地增加或去掉中斷點。

　　步驟 02 可以透過單步執行，檢視實際場景裡每個變數的值，也可以透過不斷地「單步執行」，觀察程式執行的順序是否和我們預期的一樣。

　　步驟 03 還可以透過「Step Into」的方式，進入到實際函數內部排除問題，如圖 1-13 所示，把中斷點設定在 printPrime 函數上，以 Debug 方式啟動程式後，再點擊「Step Into」功能表選項，就會進入到這個函數的第 1 行，如圖 1-14 所示。

圖 1-13　在函數上加中斷點

```
def printPrime(maxNum):
    num=[];
    currentNum=2
    for currentNum in range(2,maxNum+1):
        devidedNum=2
```

圖 1-14　透過 Step Into 進入函數內部偵錯

1.5 本章小結

　　在本章裡，我們沒有華而不實地說明 Python 語言的特點以及發展過程，而是開門見山地架設 Python 開發環境，不但說明了 Python 中常用的敘述和語法，而且還透過了許多範例程式讓大家加深了對基本敘述和語法的認識。

　　本章還簡單介紹了透過程式偵錯排除程式中問題的方法，一般來說，進階程式設計師和初級程式設計師之間很重要的區別就是是否能夠透過偵錯方法發現並修改問題，所以強烈建議讀者在讀完本部分內容後，盡快透過實作，熟悉並掌握程式偵錯的相關技巧。

第2章

Python 中的資料結構：集合物件

在實際的專案中，需要用到各種類型的物件類別儲存資料，例如用串列來儲存收集到的股票指數資訊，用鍵 - 值對（Key-Value Pair）的方式來連結「每個帳戶及所對應的股票列表」，我們把這種資料的儲存和組織方式，叫作「資料結構」。

資料儲存是資料分析和展示的基礎，在實際的程式設計過程中，我們不僅會用到各種資料結構，還會頻繁操作資料結構中的各種資料。在本章中，將以程式專案為基礎的實際用途來說明串列、元組、字典和對映等類型的資料結構以及它們的用法。

2.1 串列和元組能儲存線性串列類型資料

在用 Java 語言學資料結構時，會了解到這樣的知識：第一，陣列和鏈結串列是不同資料結構的物件；第二，在陣列中，尋找特定索引位置元素的效率比鏈結串列快，但插入和刪除元素的效率卻沒鏈結串列高。不過，這和 Python 語言中定義線性串列的方式不同，所以上述基礎知識無法應用在 Python 中。

在 Python 語言中，陣列是個統稱，它有三種類型：第一種是鏈結串列型，在其中可以動態增加和刪除資料，本書中稱此類型為串列（List）；第兩種是元組型（Tuple），一旦定義後，其中的元素不能被修改；第三種是字典型（Dictionary），在這種陣列中能儲存許多個鍵 - 值對（Key-Value Pair）類型的資料。

2.1.1　串列的常見用法

串列是 Python 中常見的集合類別資料結構，在下面的 ListDemo.py 範例程式中示範了 Python 陣列的常見用法，需要注意的是：儘量不要在其中儲存不同類型的資料。

```python
1   # !/usr/bin/env python
2   # coding=utf-8
3   # 定義多個類型的串列
4   priceList = [10.58,25.47,100.58]            # 浮點數串列
5   cityList = ["ShangHai", "HangZhou", "NanJing"] # 字串類型串列
6   mixList = [1, 3.14, "Company"]              # 混合類型的串列，謹慎使用
7
8   # 在主控台輸出
9   print(priceList)         #[10.58, 25.47, 100.58]
10  print(cityList)          #['ShangHai', 'HangZhou', 'NanJing']
11  print(mixList)           #[1, 3.14, 'Company']
12
13  del mixList[2]
14  print(mixList)           # 沒有了最後一個元素
15  # mixArr.remove(2)       # 去掉沒有的元素，也會拋出異常
16  mixList.remove(1)
17  print(mixList)           # 也看不到 1 了
18
19  print(priceList[0])           # 獲得陣列指定位置的元素，這裡輸出是 10.58
20  priceList.append(200.74)    # 增加元素
21  print(priceList)             # 能看到增加後的元素
22  print(cityList.index("ShangHai"));
23  #print(cityList.index("DaLian")); # 如果找不到，會拋出異常並終止程式
```

在上述範例程式碼中，示範了針對串列的常見用法，透過註釋可以知道關鍵程式的含義，而且在各個輸出敘述的位置也透過註釋說明了輸出的結果。這裡，請讀者注意以下的要點。

（1）在定義串列時，如果沒有特殊的需求，請不要像第 6 行那樣，在串列中定義了不同類型的資料，因為在處理時不得不先判斷資料的類型再進行針對性的讀取，這樣會增加程式的複雜度，非常不利於程式的維護。

（2）可以透過 del 和 remove 來刪除元素，但在使用 remove 刪除元素時，需要保障該元素存在，否則就會拋出異常，進一步導致程式異常中止。如果去

掉第 15 行的註釋符號,就能看到因刪除不存在元素而導致拋出異常的結果。如果希望在刪除不存在元素時不拋出異常,那麼可以呼叫 discard 方法。

(3)可以像第 19 行那樣,透過諸如 priceList[0] 的形式,以索引的方式操作其中的實際元素,這裡請注意,元素的索引值是從 0 開始,priceArr[0] 表示的是串列中的第一個元素。

(4)可以像第 22 行那樣,用 index 的方式在陣列裡尋找元素,如果找到,傳回的是該元素的索引位置,同樣請注意,如果去掉第 23 行的註釋符號,去找一個不存在的元素,就會拋出異常而導致程式意外中止。

在實際的程式專案中,如果出現異常,我們期望的結果是,看到錯誤訊息,同時程式繼續執行。不過,在這個範例程式中,我們看到的是「拋出異常,程式意外中止」的結果,這種中止程式執行的做法是比較危險的,所以在本書的後續部分,會透過「異常處理機制」來專門解決這種問題。

2.1.2 鏈結串列、串列還是陣列?這僅是叫法的不同

在 2.1.1 小節提到,鏈結串列類別陣列是陣列類型的一種,所以在上一節範例程式中定義的 priceArr 物件,稱它為鏈結串列(有人也稱它串列)和陣列,都不算錯。事實上,Python 由於是弱資料類型的語言,即定義元素時無需定義資料類型,因此從使用方式上來看,串列(List)和陣列(Array)的差別確實不大。

如果大家熟悉資料結構的知識,就會發現串列和資料在底層的實現是不同的,這在 Java 或 C# 等強資料類型(即定義元素必須要列出資料類型)的語言中確實會是個問題,但在 Python 語言中則不是。

透過 Python 語言列出的介面,我們可以用同一種方式來操作串列和陣列,無需也無從選擇,不能像 Java 等語言一樣,在定義時必須強制指定是陣列還是串列。

既然無從選擇,那麼可以這樣說,在 Python 中,陣列和串列其實是相通的,也就是用起來一樣,但為了不讓大家混淆,本書會把串列型的陣列也稱為「串列」,而儘量不出現「陣列」的字樣。

2.1.3　對串列中元素操作的方法

在常見的資料分析和統計場景中使用串列，可以呼叫 Python 提供的諸如排序和求最大值等操作串列中元素的方法。在下面的 ListSeniorUsage.py 範例程式中，可以看到操作串列中資料的常用方法。

```python
1    # !/usr/bin/env python
2    # coding=utf-8
3
4    priceList = [10.58,25.47,100.58,500.47]
5    cityList = ["ShangHai", "HangZhou", "NanJing"]
6    # 進行排序
7    priceList.sort()
8    print(priceList);
9    # print(priceList.sort());  # 錯誤的用法
10
11   print(sum(priceList))       # 求和
12   print(max(priceList))       # 求最大值，輸出 500.47
13   print(min(cityList))        # 求最小值，輸出 HangZhou
14
15   subList = priceList[1:3]    # 截取串列中元素
16   print(subList)              # 輸出 [25.47, 100.58]
```

在第 7 行中，對 priceList 進行了排序，如果要輸出排序後的串列，應該如第 8 行那樣，而不能像第 9 行那樣直接列印 priceList.sort()。

從第 11 行到第 13 行的程式敘述，分別執行了求和，求最大值和最小值的操作。其中第 13 行是對字串型串列中的字串求最小值，結果是按字母順序排序字串並傳回最小的字串。

第 15 行的程式敘述是截取了串列中的部分元素，請注意，冒號前的參數表示從哪個索引位置開始截取，索引值也是從 0 開始，敘述中的 1，表示從第 2 個元素開始。這裡需特別注意，冒號後的參數表示截取到哪個索引位置，這行敘述中是 3，表示截取到串列的第 4 個元素之前，但不含第 4 個元素（不含 500.47 這個元素）。

2.1.4　不能修改元組內的元素

在前文中，是透過中括號來定義串列，而元組（Tuple）是透過「()」來定義的。

　　元組內的元素不能被修改，實際含義就是：第一，不能修改和刪除其中的元素；第二，建立好的元組無法在其中再增加元素。不過，可以針對整個元組進行其他操作。在實際應用中，一般用元組來儲存不會變更的常數元素。在下面的 TupleDemo.py 程式中示範了元組的常見用法。

```
1    # !/usr/bin/env python
2    # coding=utf-8
3    # 定義兩個元組
4    cityTup = ("TianJin","WuHan","ChengDu")
5    # cityTup[0] = "HeFei"  # 會拋出異常
6    # del cityTup[0]        # 無法刪除其中的元素，則會拋出異常
7    print(cityTup)          # 輸出結果是 ('TianJin', 'WuHan', 'ChengDu')
8    # 把串列轉為元組
9    bookList = ["Python book","Java Book"]
10   bookTup = tuple(bookList)
11
12   # 查詢操作
13   print(cityTup[1])       # 輸出 WuHan
14   print(cityTup[0:2])     # 輸出 ('TianJin', 'WuHan')
15
16   # 統計元組裡指定元素的個數
17   print(cityTup.count("TianJin"))     # 傳回 1
18   # 統計元組的長度
19   print(len(cityTup))                 # 傳回 3
20
21   # 只能刪除整個元組物件
22   del cityTup
```

　　範例程式的第 4 行透過小括號的方式定義了一個名為 cityTup 的元組，第 5 行的程式敘述企圖修改這個元組的第 1 個元素，由於元組無法被修改，因此會拋出異常。第 9 行的程式定義了一個串列，之後透過第 10 行的 tuple 方法，把串列轉換成了元組，這樣 bookTup 也就無法被修改了。

　　在第 13 和第 14 行中，以兩種方式查詢了元組內的元素，請注意，第 14 行敘述中冒號前後的兩個參數也是表示存取的「開始位置」和「終止位置」，截止到終止位置之前的元素都會輸出，但終止位置的元素不會被輸出。

　　在第 17 行中，呼叫 count 方法統計元組內指定元素出現的次數，在第 19 行中，透過呼叫 len 方法列印輸出元組的長度。雖然我們無法刪除元組中的單一元素，但卻可以透過呼叫 del 方法刪除整個元組，如第 22 行那樣。

2.2 集合可以去除重複元素

Python 語言中的集合（Set）是無法包含重複元素的，所以在實際應用中，經常透過集合來執行去重操作。此外，在資料分析等應用場景中，還可以使用集合包含的各種操作方法，例如 union（聯集）、intersection（交集）和 difference（差集）。

2.2.1　透過集合去掉重複的元素

在下面的 SetRemoveDup.py 範例程式中示範了集合的常見用法，可以從中看到集合具有自動去掉重複元素的功能。

```
1    # !/usr/bin/env python
2    # coding=utf-8
3    # 呼叫集合的方法把串列轉換成集合
4    set1 = set(["a", "a", "b", "b", "c"])
5    print(set1) # 輸出 set(['a', 'c', 'b'])
6    # 增加元素
7    set1.add("d")
8    set1.add("c")              # 由於重複，因此無法增加
9    print(set1)                # set(['a', 'c', 'b', 'd'])
10
11   set2 = set1.copy()
12   set1.clear()
13   print(set1)     # 由於已清空，因此輸出 set([])
14   print(set2)     # set(['a', 'c', 'b', 'd'])
15
16   set2.discard("f") # 刪除元素，哪怕沒找到也不會拋出異常
17
18   list=[1,1,2,2,3,3,4,4,5]       # 含重複元素的串列
19   setFromList=set(list)          # 透過集合去掉重複的元素
20   print(setFromList)             # 輸出為 set([1, 2, 3, 4, 5])
```

在第 4 行中透過呼叫 set 方法，把一組包含重複字母的串列轉換成集合元素，從第 5 行的列印敘述可知，在 set1 中，已經沒有重複元素了，由此能體會到集合的去除重複元素的特性。

在第 7 行和第 8 行中，呼叫 add 方法在 set1 中增加元素，由於已經有了 c 這個字母，因此無法再插入重複的元素。在第 11 行和第 12 行中，可以看到常

用於集合的 copy 和 clear 方法。

在第 16 行中，呼叫 discard 方法來去掉集合中的元素，該方法也適用於串列（List）。與之前提到的 remove 方法不同，呼叫這個方法刪除元素時，哪怕元素不存在，也不會拋出異常。

在第 18 行和第 19 行中示範了集合的正常做法，即去掉串列中的重複元素。和第 4 行程式敘述去重複功能不同的是，這裡是透過串列儲存了一份去重複前的原始資料，這樣哪怕對去重複後的資料操作有誤，也能透過原始資料進行恢復。

2.2.2 常見的集合操作方法

在資料統計和分析場景裡，經常會對不同的物件進行各種集合操作，例如交集、聯集和差集等，透過集合提供的方法，可以比較便捷地實現這一功能。在下面的 SetHandleData.py 範例程式中示範了集合的各種操作。

```python
1   # !/usr/bin/env python
2   # coding=utf-8
3   # 以大括號的方式定義集合
4   set1 = {'1', '3', '5', '7'}
5   set2 = {'2', '3', '6', '7'}
6   # 不能用中括號的方式定義集合，例如 set1 = ['1', '3', '5', '7']
7   # 交集
8   set3 = set1 & set2
9   print(set3)                    # 輸出 set(['3', '7'])
10  print(set1 & set2)             # 輸出 set(['3', '7'])
11  print(set1.intersection(set2)) # 輸出 set(['3', '7'])
12  # 聯集
13  set4 = set1 | set2
14  print(set4)                    # 輸出 set(['1', '3', '2', '5', '7', '6'])
15  print(set1 | set2)             # set(['1', '3', '2', '5', '7', '6'])
16  print(set1.union(set2))        # set(['1', '3', '2', '5', '7', '6'])
17  # 差集
18  print(set1 - set2)             # 輸出 set(['1', '5'])
19  print(set1.difference(set2))   # 輸出 set(['1', '5'])
20  print(set2 - set1)             # 輸出 set(['2', '6'])
21  print(set2.difference(set1))   # 輸出 set(['2', '6'])
22  # 示範不可變集合的特性
23  unChangedSet = frozenset(3.14,9.8)
```

```
24    # unChangedSet.add(2.718)
25    # unChangedSet[0]=2.718
26    # unChangedSet.discard(3.14)
```

之前提到，定義串列時用中括號，定義元組時用小括號，定義集合物件時，要像第 4 行和第 5 行中那樣透過大括號。這裡請注意，如果像第 6 行那樣，透過中括號定義的是串列，那麼串列類別物件是無法參與後面的各種針對集合的操作的。

從第 8 行到第 11 行的程式敘述示範了集合交集的操作，實際可以像第 8 行和第 10 行程式敘述那樣使用「&」運算子，也可以像第 11 行那樣透過呼叫 intersection 方法來求交集。透過列印敘述可以看到，傳回的結果是 set1 和 set2 中都有的元素，即交集，由此能驗證求交集的結果。而從第 13 行到第 16 行的程式敘述是使用「|」運算子和呼叫 union 方法來求聯集。

從第 18 行到第 21 行的程式敘述，是使用「-」運算子和呼叫 difference 方法來求兩個集合的差集，即傳回在第一個集合中有且在第二個集合中沒有的元素。

在前文中介紹過，可以用元組來保障串列元素的不可操作性，在上面範例程式的第 23 行中透過呼叫 frozenset 來保障集合元素的不可操作性。如果去掉第 24 行到第 26 行的註釋，就會發現無法透過程式碼來修改 frozenset 類型的 unChangedSet 中的元素，由此可以驗證這種方式實現的串列元素的「不可操作性」。

2.2.3　透過覆蓋 sort 定義排序邏輯

在集合（以及之前的串列）中，都可以透過呼叫 sort 方法對集合內的元素進行排序。在預設的情況下，sort 方法是會按昇冪的方式排序集合中的元素，這裡就涉及一個問題，程式設計師在開發時如何定義排序的標準？例如如何把排序的標準設定為「降冪」？

在下面的 SetSortDemo.py 範例程式中，示範了串列降冪排列的方法，實際做法是，在呼叫 sort 方法時，傳入了「定義排序規則」的 desc 方法。

```
1    # !/usr/bin/env python
2    # coding=utf-8
3    # 定義降冪規則
```

```
4    def desc(x, y):
5        if x < y:
6            return 1        # 如果 x 小於 y，則 x 排在 y 之前
7        elif x > y:
8            return -1       # 如果 x 大於 y，則 x 排在 y 之後
9        else:
10            return 0        # 否則並列
11   # 定義待排序的 numbers 串列
12   numbers = [5, 58, 47 ,75 ,100]
13   numbers.sort(desc)      # 在排序時用到 desc 方法
14   print numbers          # 輸出 [100, 75, 58, 47, 5]
15   numbers.sort()
16   print numbers          # 輸出 [5, 47, 58, 75, 100]
```

在第 13 行中透過呼叫 sort 方法對 numbers 串列進行排序，與之前不同的是，這裡傳入了 desc 方法，用來定義排序的規則。

第 4 行到第 10 行的程式敘述定義 desc 方法時，定義的排序規則是：如果 x 小於 y，則傳回 1，即 x 排在 y 之前；如果大於，則傳回 -1，x 排在 y 之後；如果相等則傳回 0，即兩數並列。在第 14 行和第 16 行中，列印了以不同方式排序後的串列，從輸出結果上來看，分別實現了降冪和昇冪的排序。

其實，這裡定義排序規則和在 sort 方法裡透過參數傳入規則的程式都不複雜，但請大家熟悉這種「透過傳入參數定義規則」的撰寫程式的方式，這種定義排序規則的做法在實際專案中會經常用到。

2.3 透過字典儲存「鍵 - 值對」類型的資料

Python 中的字典（Dict）也是陣列的一種，在其中能以「鍵 - 值對」（Key-Value Pair）的方式儲存多個資料。在字典中，是用以雜湊表為基礎的方式來儲存資料，所以資料尋找的速度非常快，哪怕其中儲存的資料再多，也能以 O(1) 的計算複雜度找到資料，即基本是一次尋找就命中。

和其他程式語言一樣，Python 中的字典一般是用來儲存多個資料，而非一個。

2.3.1　針對字典的常見操作

　　字典主要用來儲存「鍵 - 值對」的資料，在 DictDemo.py 範例程式中，展示了在專案中的常見操作字典的用法。

```
1    # !/usr/bin/env python
2    # coding=utf-8
3    # 定義並列印字典
4    onePersonInfo = {'name': 'Mike', 'age': 7}
5    print(onePersonInfo)                    # {'age': 7, 'name': 'Mike'}
6    onePersonInfo['age']=8                  # 修改其中的元素
7    print(onePersonInfo)                    # age 會變成 8
8    print(onePersonInfo['name'] )           # Mike
9    del onePersonInfo['name']
10   print(onePersonInfo)                    # age 會變成 8 #{'age': 8}
11   print(onePersonInfo.get('name'))           # None
12   print(onePersonInfo.get('age'))            # 8
13   if 'name' not in onePersonInfo:
14       onePersonInfo['name']="Mike"          # 增加新元素
15   print(onePersonInfo.get('name'))        # Mike
16   # 透過 for 循環檢查字典
17   for i,v in onePersonInfo.items():
18       print(i,v) # 獲得鍵和值
```

　　在上述範例程式中的第 4 行是透過大括號（即 {}）來定義字典，而且是透過冒號的方式來定義「鍵 - 值對」，例如用 'name': 'Mike' 的形式，即表示 name 這個鍵的值是 Mike。請注意，多個「鍵 - 值對」之間是用逗點分隔。

　　在第 6 行中，示範了可以透過中括號的方式來存取 onePersonInfo 這個字典類型中的 'age' 鍵，並把它的值改成 8，透過第 7 行的列印敘述就能看到這一修改後的結果。

　　可以像第 9 行那樣用 del 敘述，還是透過中括號的形式，刪除字典中指定的「鍵 - 值對」，完成刪除後，如果透過第 11 行的 get 敘述來取得 'name'，則會傳回 None，即表示沒找到對應的值。這裡 get 的作用是取得字典中指定鍵對應的值，例如在第 12 行中，可以透過 get，輸出 'age' 這個鍵對應的值。

　　還可以透過 in 和 not in 來判斷在字典裡有沒有指定的鍵，例如在第 13 行中，在 if 敘述中用 not in 來判斷 onePersonInfo 這個字典裡是否有 'name'，由於之前在第 9 行中已經刪除了這個鍵，因此這裡執行第 14 行的程式，在字典裡增加 'name' 等於 "Mike" 這個「鍵 - 值對」。

在第 17 行和 18 行中，透過 for 循環檢查了 onePersonInfo 字典，其中值得關注的是，首先是透過 items 方法取得字典中所有的「鍵 - 值對」，其次是在 for 循環中透過 i 和 v 來對映字典中的「鍵 - 值對」。第 17 行程式敘述中的 i 和 v 的變數名稱可以隨便起，和第 18 行 print 敘述中保持一致即可。

2.3.2 在字典中以複雜的格式儲存多個資料

在 2.3.1 小節中，我們在字典中儲存了一條關於人的資訊，例如名字叫 Mike，年齡是 7 歲。而在實際專案中，常常會在字典中儲存相同資料類型格式的多個資料，而且還會出現在字典中巢狀結構了串列等的複雜用法。在下面的 DictMoreData.py 範例程式中將示範這些用法。

```python
1   # !/usr/bin/env python
2   # coding=utf-8
3   # 以串列方式定義 Mike 和 Tom 兩個人的帳戶
4   accountsInfoList = [{'name': 'Mike', 'balance':
    100,'stockList':['600123','600158']},{'name': 'Tom', 'balance':
    200,'stockList':['600243','600558']} ]
5   # 透過 for 循環，依次輸出串列中的元素
6   for item in accountsInfoList:
7       print(item['name'],)    # print 後帶逗點表示不換行
8       print(item['balance'],)
9       print(item['stockList'])
10  # 以字典的方式定義
11  accountInfoDict={ 'Peter':{'balance': 100,'stockList':['600123',
    '600158'] },'Tom': { 'balance': 200,'stockList':['600243','600558']} }
12  # 輸出 {'balance': 100, 'stockList': ['600123', '600158']}
13  print(accountInfoDict.get('Peter'))
14  PeterAccount={ 'Peter':{'balance':
    200,'stockList':['600223','600158',600458] }}
15  accountInfoDict.update(PeterAccount)
16  print(accountInfoDict.get('Peter')) # 能看到更新後的內容
17  JohnAccount={ 'John':{'balance': 200,'stockList':[] }}
18  accountInfoDict.update(JohnAccount)
19  # 利用雙層循環列印
20  for name,account in accountInfoDict.items():
21      print ("name is %s:"%(name)),  # 輸出 name 後不換行
22      for key,value in account.items():
23          print(value,)
24      Print() # 輸完一個人的資訊後換行
```

在第 4 行中用中括號的方式定義了 accountsInfoList 串列物件，在其中用大括號的方式定義了兩個「鍵 - 值對」類型的帳戶資訊，在第 6 行到第 9 行的 for 循環裡，依次輸出了這兩個帳戶資訊裡的三個「鍵 - 值對」，輸出的結果如下所示：

```
Mike 100 ['600123', '600158']
Tom 200 ['600243', '600558']
```

在第 11 行中用大括號的方式定義了 accountInfoDict 這個字典類型的資料，其中同樣儲存了兩個人的帳戶資訊。在實際專案的集合物件中，不可能只儲存一個資料，大家要掌握這種用串列或字典儲存多個資料的方式。

字典物件中的另一個比較實用的方法是 update，它有兩層含義，如果字典物件中已經有相同的鍵，那麼就用對應的值更新原來的值。例如在第 14 行中，更新了 Peter 的 balance 和 stockList 資訊，在第 15 行的 update 敘述中，就會用第 14 行中定義的對應值（即 balance 和 stockList）更新掉原來的值，透過第 16 行的 print 敘述就能看到這一更新後的結果。

update 敘述另外的一層含義是，如果在字典中沒有待更新的「鍵」，那麼就會插入對應的「鍵 - 值對」。例如在第 17 行中，定義原本不存在於 accountInfoDict 字典物件的 JohnAccount，一旦執行了第 18 行的 update 敘述就會完成更新，後面的列印敘述即可看到插入更新後的結果。

由於在 accountInfoDict 這個字典類別物件中儲存了結構比較複雜的物件，例如值也是字典類型，而 stockList 是串列類型，因此在 20 行到第 24 行中用雙層 for 循環來檢查這個字典物件。

其中，在第 21 行中輸出了每個字典中的「鍵」，即姓名資訊，輸完後不換行。在第 22 行的內層 for 循環裡呼叫了 item 方法，依次檢查了 accountInfoDict 物件中的「值」資訊（也是字典類型的物件），檢查完一個人的帳戶資訊後，會在第 24 行中透過 print 敘述進行換行，這段敘述的輸出結果如下，其中包含新增的 John 的帳戶資訊。

```
name is Peter: 200 ['600223', '600158', 600458]
name is John: 200 []
name is Tom: 200 ['600243', '600558']
```

　　雖然可以在字典中儲存各種類型的資料，但應當用同一種格式儲存多個資料，例如在第 11 行中用 'name':{'balance': xx, 'stockList':[xx]} 的格式輸入並儲存多個人的帳戶資訊。

　　這樣做的好處是，由於事先約定好能用同一種方式來解析字典中的資料，因此解析資料的規則是統一的。這點在 Java 等語言中能用泛型來保障，但在 Python 語言中，如果兩個資料的格式不一致，也不會出現語法錯誤，但這樣的做法就會造成處理方式的不統一。所以在使用 Python 字典類別物件時，程式設計師應當時刻注意這點。

2.4 針對資料結構物件的常用操作

　　在資料分析等應用場景中，比較關鍵的就是資料儲存與資料操作。在前文中，說明了以串列、元組和字典的形式儲存資料的方法，下面將說明 Python 中常用的操作資料的方法。

2.4.1 對映函數 map

　　透過呼叫 map 函數，就能根據指定的函數對指定序列執行對映運算，它的語法如下。

```
map(function, parameter)
```

　　其中，第一個參數 function 表示對映運算的規則，第二個參數 parameter 則表示待對映的物件。 在下面的 MapDemo.py 範例程式中示範的是對映的效果。

```
1    # !/usr/bin/env python
2    # coding=utf-8
3    def square(x):        # 計算平方數
4        return x ** 2
5    print (list(map(square, [1,3,5])))    # 輸出 [1, 9, 25]
6
7    def strToLowCase(str):
8        return str.lower()
9    strList=["Company","OFFICE"]
10   strList = map(strToLowCase,strList)
```

```
11   print(list(strList))      # ['company', 'office']
12
13   def tagCustomer(num):
14       if num>5000:
15           return "VIP"
16       else:
17           return "Normal"
18   print (list(map(tagCustomer,[1000])))        # ['Normal']
19   #print map(tagCustomer,1000)                  # 會顯示出錯
```

在第 3 行和第 4 行中透過 def 定義了一個計算平方數的函數 square，在第 5 行的 map 方法中，第一個參數是這個函數，第二個參數則是待計算平方數的串列，從第 5 行的列印敘述來看，輸出的是 1，3，5 的平方數。從中可知，map 方法會把用第 1 個參數指定的函數運用於第 2 個參數指定的序列，並把計算好的結果傳回。

在第 7 行和第 8 行的函數中實現了「把輸入參數轉為小寫字母」的功能，在第 10 行中，同樣呼叫了 map 方法，把 strList 這個串列裡的元素轉成了小寫字母，從第 11 行輸出敘述的結果中即可看到「轉為小寫字母」的效果。

透過呼叫 map 方法還可以實現以規則為基礎的對映，例如在某個專案中有這樣的定義，凡是消費金額高於 5000 元的客戶，將加上 VIP 的標識，否則是一般使用者。透過第 13 行到第 18 行的程式，呼叫 map 函數即可實現這一對映的效果。

不過要注意的是，map 方法第二個參數需要是「可以檢查」（或可反覆運算）的物件，例如串列元素或字典等，如果像第 19 行那樣，把整數資料類型作為參數，則會出現以下的錯誤訊息，因為第二個參數不具有可反覆運算特性（Iteration）。

```
TypeError: argument 2 to map() must support iteration
```

2.4.2　篩選函數 filter

該函數的語法為 filter(function, iterable)。實際的含義是，根據第 1 個參數指定的函數，過濾掉第 2 個參數指定物件中不符合要求的元素。在下面的 FilterDemo.py 範例程式中來示範一下 filter 函數的相關用法。

```
1    # !/usr/bin/env python
2    # coding=utf-8
3    # 判斷輸入參數是否是小寫字母的函數
4    def isLowCase(str):
5        return str.lower() == str
6    strlist = filter(isLowCase, ["Hello","world"])
7    print(list(strlist)) # ['world']
8    # 判斷輸入參數是否為空的函數
9    def filterNull(empNo):
10       return empNo.strip() !=''
11   dataFromFile=['101','102','103','']
12   empList = filter(filterNull,dataFromFile)
13   print(list(empList)) # ['101', '102', '103']
```

在第 4 行和第 5 行中定義了 isLowCase 函數，在其中判斷輸入參數是否為小寫字母。

在第 6 行中定義的 filter 方法第一個參數即為 isLowCase ，指定判斷的規則是「都為小寫字母」，第二個參數是一個包含字串的串列。這裡 filter 方法的作用是，依次對 "Hello" 和 "world" 這兩個字串執行 isLowCase 函數，如果傳回 false 則過濾掉，傳回 true 則保留。這樣 strList 物件就只包含了小寫字母的字串，從第 7 行列印敘述的輸出結果中即可看到這一過濾結果。

在第 9 行和第 10 行的 filterNull 方法中，用來判斷輸入參數是否為空，在第 11 行中定義的 dataFromFile 串列裡，包含了一個空的元素，這樣執行第 12 行的 filter 方法，就能把其中空元素過濾掉，從第 13 行 print 敘述的輸出結果中即可看到過濾掉空元素之後的效果。

2.4.3 累計處理函數 reduce

Python 中的 reduce 函數會呼叫指定的函數對參數序列中的元素從左到右進行累計處理，這句話看上去有些難懂，下面透過 ReduceDemo.py 範例程式來看看這個函數的作用。

```
1    # coding=utf-8
2    from functools import reduce
3    # 定義一個加法的函數 add
4    def add(x, y):
5        return x + y
```

```
6    print(reduce(add, [1,2,3,4,5]))              # 輸出 15
7    print(reduce(add, [1,2,3,4,5],100))          # 輸出 115
8    # 定義乘法的函數
9    def multiply(x,y):
10       return x*y
11   print(reduce(multiply, [1,2,3,4,5]))         # 輸出 120
12   # 定義連接數字的函數
13   def combineNumber(x, y):
14       return x * 10 + y
15   print(reduce(combineNumber, [1,2,3,4,5]))    # 輸出 12345
```

在第 4 行和第 5 行中定義了一個實現加法功能的 add 函數（或稱為方法），在第 6 行中，reduce 的第一個參數即為 add，第二個參數是一個包含 1 到 5 的序列。

這裡 reduce 函數的含義是，先取左邊的兩個參數 1 和 2，把它們作為 add 方法的兩個輸入參數，經 add 函數傳回的結果是 3，再把 3 和從左到右的第 3 個序列（也是 3）作為 add 函數的兩個輸入參數，這時 add 函數的傳回值是 6，再用 6 和第 4 個序列（數字 4）作為 add 函數的兩個輸入參數，依此類推。所以結果是 1 到 5 的累加和，即 15，第 7 行的輸出敘述驗證了這一結果。同理，透過第 11 行的 reduce 方法，實現了 1 到 5 的階乘效果。

在第 13 行和第 14 行的 combineNumber 方法中，定義了拼裝兩個數字的函數，例如輸入參數是 1 和 2，那麼會傳回 12。在第 15 行中透過呼叫 reduce 方法，從左到右拼裝了 1 到 5 這個序列，傳回結果是 12345。

從這個範例程式的程式中可知，reduce 具有「遞迴操作」的功能，即從左到右讀取序列，把兩個數值（或上一次運算的結果和下一個數值）作為參數傳入指定的函數，由此完成針對整個序列的操作或運算。

2.4.4　透過 Lambda 運算式定義匿名函數

在之前的範例程式中，我們透過 def 敘述定義函數時，會指定函數的名字，但在某些場合，函數內的程式非常簡單，不值得「大張旗鼓」地定義函數名稱以及用 return 傳回結果，這時就可以透過 Lambda 運算式來定義匿名函數，以此來簡化程式。

在下面的 LambdaSimpleDemo.py 範例程式中示範了 Lambda 的用法，請大家注意 Lambda 和 map 等函數整合使用的程式設計邏輯。

```
1    # !/usr/bin/env python
2    # coding=utf-8
3    # 透過 lambda 運算式定義了一個匿名函數
4    add = lambda a,b,c:a+b+c
5    print(add(1,2,3)) # 輸出 6
6    # 計算奇數
7    numbers = [1,3,6,7,10,11]
8    # 與 filter 整合使用
9    numbers = filter(lambda input: input%2!=0, numbers)
10   print numbers #[1, 3, 7, 11]
11   numbers = [2, 3, 4]
12   # 與 map 整合使用
13   numbers = map(lambda x: x*x, numbers)
14   print numbers #[4, 9, 16]
15   # 與 reduce 整合使用
16   numbers = [1,2,3,4,5]
17   sum = reduce(lambda x, y: x + y, numbers)
18   print sum # 輸出 15
19   # 與 sorted 整合使用
20   numbers = [1,-2, 3, -4,5]
21   numbers = sorted(numbers, lambda x, y: abs(y)-abs(x))
22   print numbers # [5, -4, 3, -2, 1]
```

在第 4 行中示範了 Lambda 定義匿名函數的基本做法。這裡沒有定義函數名稱，也即是定義了個匿名函數。在 lambda 關鍵字之後有 3 個變數，即為匿名函數的三個參數，在冒號之後則定義了該 Lambda 運算式（也就是匿名函數）的傳回值，這個匿名函數是計算三個輸入參數的和，而在等號左邊的 add 則是這個 lambda 運算式的名字。第 5 行的程式敘述用到了 add 來呼叫第 4 行定義的 Lambda 運算式。

在第 9 行中把 Lambda 運算式和 filter 函數整合到一起。前面介紹過，filter 函數的第一個參數指定了過濾規則，這裡透過 Lambda 運算式指定「只保留滿足 input%2!=0 條件」的數，即只保留奇數，第 10 行的 print 敘述驗證了這個 filter 函數的效果。

在第 13 行中整合使用了 Lambda 運算式和 map 函數，依次對串列中的每個元素進行了「乘積」的操作，對第 16 行定義的 numbers 串列中的每個值進行了累加的操作，在第 17 行中整合了 Lambda 運算式和 reduce 函數。

　　在第 21 行中，在 sorted 函數的第二個參數中，透過 Lambda 運算式定義了針對 numbers 序列的排序規則。透過 Lambda 運算式定義的排序規則是：如果 y 的絕對值大於 x 的絕對值，則 y 排在 x 之前，反之則 y 在 x 之後。透過第 22 行的輸出即可驗證這一結果。

　　除了能定義匿名函數，Lambda 運算式的另一個用法是把函數作為「輸入參數」，即可以定義「進階函數」，在下面的 LambdaSeniorDemo.py 範例程式中示範了這種用法。

```
1   # !/usr/bin/env python
2   # coding=utf-8
3   # 第 3 個參數是 Lambda 運算式
4   def add(x,y,func):
5       return func(x) + func(y)
6   print(add(2,4,lambda a:a*a)) # 2 的平方加 4 的平方等於 20
7
8   print("My Stock List".find("stock")) # 輸出 -1，表示沒找到
9   def existKey(key,words,func):
10      return func(words).find(key)
11  # 輸出 3，表示找到了
12  print(existKey("stock","My Stock List" ,lambda words:words.lower()))
```

　　在第 4 行定義的 add 函數中，第 3 個參數 func 其實是個函數，在第 6 行的呼叫中，我們傳入的 func 函數是對輸入參數 a 進行平方運算，所以 add 函數傳回的結果是 x 和 y 的平方和。

　　在字串比較的過程中，一般不會區分字母大小寫，一般的做法是把目標字串轉成小寫字母，而把待比較的字串也轉換成小寫字母。

　　在第 9 行的 existKey 函數中，透過第 3 個參數定義了針對 words 輸入參數的操作。而在第 12 行的呼叫時，用 Lambda 撰寫的操作是透過 lower 把輸入參數轉小寫，所以在 existKey 的函數中，首先是呼叫 func 函數，把輸入參數 words 轉成小寫，隨後再看其中是否存在 key（即 stock），由於存在，因此第 12 行的 print 敘述會輸出 3，表示 stock 在字串中所處的位置。

　　從上述兩個範例程式中，大家看到了 Lambda 作為函數輸入參數的做法。請注意，一般透過 Lambda 運算式只會定義功能比較簡單的匿名函數。

　　如果函數需要實現的功能比較複雜，那麼應該採用比較複雜的 def 方式來定義函數，因為用 Lambda 運算式定義複雜的邏輯，第一是實現起來很難，第二則是可讀性很差。

2.5 本章小結

　　資料分析是 Python 語言比較廣泛的用途之一，資料儲存也是 Python 語言中的重要基礎知識，在本章裡，讀者學到了串列、元組和字典類別資料物件的常見操作用法。

　　資料儲存和資料操作是兩個密不可分的課題，所以本章沒有過於簡單地說明集合類別物件的用法，也沒機械地羅列出資料操作函數或方法的名稱和參數，而是重點說明了「資料操作」如何作用於「資料結構」的知識，讓大家透過範例程式看到 map、filter、reduce 函數（或稱為方法）和 Lambda 運算式作用於串列等集合類別物件的做法。

　　如果讀者在學習 Python 集合物件時，能圍繞「資料儲存方式」和「資料操作」這兩大主題，那麼在學習時一定能造成事半功倍的效果。

第 3 章
Python 物件導向程式設計思想的實作

開發程式的精髓在於「重複使用」和「可擴充」——首先能重複使用功能相同的模組，其次，當現有專案的需求點有變更時，程式設計師能用很小的代價實現對應的更改，要做到這兩點，離不開物件導向程式設計的思想。

封裝、繼承和多形是物件導向程式設計思想的三大要素，雖然在實際的專案中，開發者可能還沒意識到已經用到了物件導向。相反，如果不使用這三大要素，很多功能實現起來不是程式的結構很差，就是撰寫出來的程式很難擴充。

在本章中，讀者不會看到枯燥的關於物件導向理論的描述，也看不到條列式地列舉相關的語法，而會看到綜合性地使用物件導向三大要素提升程式結構的做法。並且，本章列出的大多數基礎知識不是「假大空」的萬金油，而是專門適用於 Python 語言。

3.1 把屬性和方法封裝成類別，方便重複使用

假如我們要經常實現買賣股票的功能，一種做法是在每一處都定義一遍股票價格交易日期等屬性，外帶實現買賣功能的方法。與這種極不方便做法相比，以物件導向為基礎的做法是，用類別（Class）把股票的相關屬性和方法封裝起來，用的時候再透過建立實例來操作實際的股票。注意：在物件導向的程式設計中，更習慣把傳統函數（Function）功能模組稱為方法（Method），因為方法是物件導向程式設計的標準術語。因此，在本書描述中當只強調功能時，會混用「函數」和「方法」不太加以區分。而在特別強調物件導向程式設計概念的描述中，則一般只使用「方法」。

上述描述中有關兩個概念：類別和物件。其中類別是比較抽象的概念，例如人類，股票類別，而物件也叫類別的實例，是相對實際的概念，例如人類的

實例是「張三」這個活生生的人，股票類別的實例則是某一隻實際的股票。物件是透過類別來建立的，建立物件的過程也叫「產生實體」。

3.1.1　在 Python 中定義和使用類別

當大家熟悉物件導向程式設計的思想後，一提到封裝，就應當想到類別，因為在專案中是在類別裡封裝屬性和方法。

在下面的 ClassUsageDemo.py 範例程式中，可以看到定義和使用類別的基本方式。透過這段程式，可以看到類別是透過封裝屬性（例如 stockCode 和 price）和方法實現了功能的重複使用（簡稱重用）。

```
1    # !/usr/bin/env python
2    # coding=utf-8
3    # 定義類別
4    class Stock:
5        def __init__(self, stockCode, price):
6            self.stockCode, self.price = stockCode,price
7        def get_stockCode(self):
8            return self.stockCode
9        def set_stockCode(self,stockCode):
10           self.stockCode = stockCode
11       def get_price(self):
12           return self.price
13       def set_price(self,price):
14           self.price = price
15       def display(self):
16           print(「Stock code is:{}, price
     is:{}.」.format(self.stockCode,self.price))
17   # 使用類別
18   myStock = Stock("600018",50)        # 產生實體一個物件 myStock
19   myStock.display() #Stock code is:600018, price is:50.
20   # 更改其中的值
21   myStock.set_stockCode("600020")
22   print(myStock.get_stockCode())      # 600020
23   myStock.set_price(60)
24   print(myStock.get_price())          # 60
```

在第 4 行中透過 class 關鍵字定義了一個名為 Stock 的類別，在之後的第 5 行到第 16 行中透過 def 定義了 Stock 類別的許多個方法，請注意，在這些方法中都能看到 self 關鍵字。

　　self 是指本身類別，這裡即是指 Stock 類別，例如在第 6 行的 init 方法中，是用 self.stockCode, self.price = stockCode,price 的方式，用參數傳入的 stockCode 和 price 給類別的對應屬性設定值。在第 7 行到第 14 行的 get 和 set 類別方法中，用參數給 self 指向的本類別的對應屬性設定值。而在第 16 行的 display 方法中，透過 print 敘述輸出了本類別中的兩個屬性的值。

　　在第 18 行中定義了 Stock 類別的實例物件 myStock，並在產生實體時，傳入了該物件對應的兩個屬性的值。在第 19 行中，透過 myStock 這個實例（請注意是 myStock 實例，而非 Stock 類別）呼叫了 display 方法。

　　請注意，呼叫方法（或函數）的主體是實例，而非類別（Stock.display），這是符合邏輯的。例如在展示股票資訊時，不是展示抽象的股票類別資訊（即 Stock 類別的資訊），而是要展示實際股票實例物件（例如 600018）的資訊。

　　在第 21 行和第 23 行中透過 set 方法變更了屬性值，在之後的第 22 行和第 24 行的 print 敘述中，是透過呼叫 get 方法獲得了 myStock 實例中的值。

3.1.2 透過 __init__ 了解常用的魔術方法

　　在剛才的範例程式中看到了一個現象，在透過 myStock = Stock("600018", 50) 產生實體一個股票物件時，會自動觸發 Stock 類別裡的 __init__ 方法。像這樣在開頭和結尾都是兩個底線的方法叫魔術方法，它們會在特定的時間點被自動觸發，例如 __init__ 方法會在初始化類別的時候被觸發。

　　魔術方法雖然不少，但在實際專案中經常被用到的卻不多。下面透過 MagicFuncDemo.py 範例程式來看看使用頻率比較高的魔術方法。

```
1    # !/usr/bin/env python
2    # coding=utf-8
3    # 定義類別
4    class Stock:
5        def __init__(self,stockCode):
6            print("in __init__")
7            self.stockCode = stockCode
8        # 回收類別的時候被觸發
9        def __del__(self):
10           print("In __del__")
11       def __str__(self):
12           print("in __str__")
```

```
13              return "stockCode is: "+self.stockCode
14      def __repr__(self):
15              return "stockCode is: "+self.stockCode
16      def __setattr__(self, name, value):
17              print("in __setattr__")
18              self.__dict__[name] = value   # 給類別中的屬性名稱分配值
19      def __getattr__(self, key):
20              print("in __setattr__")
21              if key == "stockCode":
22                      return self.stockCode
23              else:
24                      print("Class has no attribute '%s'" % key)
25  # 初始化類別，並呼叫類別裡的方法
26  myStock = Stock("600128")               # 觸發 __init__ 和 __setattr__ 方法
27  print(myStock)                          # 觸發 __str__ 和 __repr__ 方法
28  myStock.stockCode = "600020"            # 觸發 __setattr__ 方法
```

在第 5 行定義的 __init__ 方法內，在第 26 行建立物件實例時會被觸發，這裡的 __init__ 方法只有兩個參數，而前一節的範例程式中有 3 個。事實上，該方法可以支援多個或多種不同參數的組合，在後文提到「多載」（Overloaded）概念時會詳細介紹。

第 9 行的 __del__ 方法會在類別被回收時觸發，它有些像解構函數，可以在範例程式中使用列印敘述來檢視類別的回收時間點，如果在類別裡還開啟了檔案等的資源，也可以在這個方法中關閉這些資源，以交還給系統。

第 11 行的 __str__ 和第 14 行的 __repr__ 方法一般會搭配使用，這兩個方法是在第 27 行被觸發。當呼叫 print 方法列印物件時，首先會觸發 __repr__ 方法，這裡如果不寫 __str__ 方法，執行時期會顯示出錯，原因是在 print 方法的參數裡傳入的是 myStock 物件，而列印時，一般是會輸出字串，所以這裡就需要透過 __str__ 方法定義「把類別轉換成字串列印」的方法，在第 13 行中列印 stockCode 的資訊。

相比之下，第 16 行的 __setattr__ 和第 19 行的 __getattr__ 被呼叫的頻率就沒有之前的方法高，它們分別會在設定和取得屬性時被觸發。它們被呼叫的頻率不高的原因是，一般在程式中是透過諸如 get_price 和 set_price 的方式取得和設定指定的屬性值，而在設定和取得屬性值時，一般無需執行其他的操作，所以就無需在 __setattr__ 和 __getattr__ 這兩個魔術方法裡撰寫「自動觸發」的操

作。出於同樣的原因，__setitem__ 和 __getitem__ 這兩個魔術方法被呼叫的頻率也不高。

3.1.3 對外隱藏類別中的不可見方法

出於封裝性的考慮，類別的一些方法就不該讓外部使用，例如啟動汽車，就應該使用提供的「用鑰匙發動」的方法啟動汽車，而不該透過汽車類別裡的「連接線路啟動」的方法來啟動。

出於同樣的道理，為了防止誤用，在定義類別時，應當透過控制存取權限的方式來限制某些方法和屬性被外部呼叫。

在 Python 語言中，諸如 _xx 這樣以單底線開頭的是 protected（受保護）類型的變數和方法，它們只能在本類別和子類別中存取。而諸如 __xx 以雙底線表示的是 private（私有）類型的變數和方法，它們只能在本類別中被呼叫。

下面透過 ClassAvailableDemo.py 範例程式來示範私有變數和方法的使用或呼叫方式，而 protected 類型的變數和方法，將在介紹「繼承」章節中說明。

```python
1   # !/usr/bin/env python
2   # coding=utf-8
3   # 定義類別
4   class Car:
5       def __init__(self,owner,area):
6           self.owner = owner
7           self.__area = area
8       def __engineStart(self):
9           print("Engine Start")
10      def start(self):
11          print("Start Car")
12          self.__engineStart()
13      def get_area(self):
14          return self.__area
15      def set_area(self,area):
16          self.__area = area
17  # 使用變數
18  carForPeter = Car("Peter",'ShangHai')
19  # print(carForPeter.__area)
20  print(carForPeter.owner) # Peter
21  carForPeter.set_area("HangZhou")
22  print(carForPeter.get_area())        # HangZhou
```

```
23  carForPeter.start()
24  # carForPeter.__engineStart()          # 顯示出錯
```

在第 7 行的 __init__ 方法中透過輸入參數給 self.__area 變數設定值，這裡的 __area 是私有變數，而第 8 行的 __engineStart 是私有方法。

這些私有變數只能在 Car 類別內部被用到，如果去除第 19 行的註釋，程式執行就會出錯，因為企圖在類別的外部使用私有變數。與之相比，由於 owner 是公有變數，因此透過第 20 行的程式直接在類別的外部透過類別的實例來存取。同樣，如果去掉第 24 行的註釋，也會顯示出錯，因為企圖透過實例呼叫私有的方法。

下面列出在專案中使用私有變數和私有方法的一些呼叫準則。

（1）一定要把不該讓外部看到的屬性和方法設定成私有的（或受保護的），例如上述範例程式第 8 行的 __engineStart 屬於汽車啟動時的內部操作，不該讓使用者直接呼叫，所以應該毫不猶豫地設定成私有。

（2）私有的或受保護的屬性，應該透過如第 13 行和第 15 行的 get 類別和 set 類別的方法供外部呼叫。

（3）應該盡可能地縮小類別和屬性的可見範圍。例如把某個私有方法設定成公有的，這在語法上不會有錯，而且用起來會更方便，因為能在類別外部直接呼叫了。但是，一旦讓外部使用者能直接呼叫內部方法，就相當於破壞了類別的封裝特性，很容易導致程式出錯，所以上述「存取私有變數和私有方法而顯示出錯」的特性，其實是一種保護機制。

（4）如果沒有特殊理由，一般都是把屬性設定成私有的或受保護的，同時提供公有的 get 和 set 類別方法供外部存取，而不該直接把屬性設定成公有的。

3.1.4　私有屬性的錯誤用法

可以這樣說，初學者在使用私有變數時，很容易出現以下 PrivateBadUsage.py 範例程式中所示的問題。

```
1  # !/usr/bin/env python
2  # coding=utf-8
3  # 定義類別
4  class Car:
```

```
5       def __init__(self,area):
6           self.__area = area
7       def get_area(self):
8           return self.__area
9       def set_area(self,area):
10          self.__area = area
11  # 使用類別
12  carForPeter = Car("ShangHai")
13  carForPeter.__area="HangZhou"
14  print(carForPeter.get_area())         # 發現並沒改變 __area
15  carForPeter.set_area("WuXi")
16  print(carForPeter.get_area())         # WuXi
17  carForPeter._Car__area="Bad Usage"    # 不建議這樣做
18  print(carForPeter.get_area())         # 發現修改了 __area 的值
```

在這個範例程式的第 6 行中，在 __init__ 的初始化方法內，給 __area 這個私有變數設定值，同時在第 7 行和第 9 行中，定義了針對該私有屬性的 get 和 set 方法。

在第 13 行中，看上去是直接透過 carForPeter 物件給 __area 私有變數設定值，但這裡有兩點出乎我們的意料：第一，明明不能在外部直接存取私有變數，為什麼這行程式執行時期沒顯示出錯呢？第二，透過第 14 行的程式列印 carForPeter.get_area() 的值，發現 carForPeter 內部的 __area 變數依然是 ShangHai，沒有變成 HangZhou。

原因很簡單，在產生實體物件的時候，Python 會把類別的私有變數改個名字，該名字的規則如第 17 行所示，是 _ 類別名稱加上私有變數名稱。也就是說，前面定義的私有變數被轉換成 _Car__area，而在第 13 行中，是在 carForPeter 這個物件裡新增了一個屬性 __area，並給它賦了 HangZhou 這個值，因此在第 13 行中沒有對 Car 類別的私有變數 __area 進行修改。

在第 17 行中，進一步驗證了「對私有變數進行改名」的這個規則，這裡給 _Car__area 變數指定了一個新的值，在專案中不建議這樣做，應該透過對應的 get 和 set 方法操作私有屬性。第 18 行中的輸出結果是 Bad Usage，由此驗證了 _Car__area 變數確實對應到 Car 內部私有的 __area，也就是說驗證了 Python 對私有變數的「改名規則」。

最後要強調的是，本節說明了私有變數的改名規則，目的不是讓大家透過變更後的名字來存取私有變數，而是讓大家了解這個技術細節，進一步避免上述似是而非的使用私有屬性的不標準和不建議的用法。

3.1.5　靜態方法和類別方法

前文介紹了透過物件 . 方法 () 的形式來呼叫方法，例如張三 . 吃飯 ()，而非人類 . 吃飯 ()，因為吃飯的主體是實際的某個人，而非抽象的人類概念。但是，在一些應用場景裡，無需產生實體物件就可以呼叫方法。

例如在提供計算功能的工具類別裡，類別本身即可當成「計算工具」，再產生實體物件就沒意義了，對於這種情況就可以透過定義靜態方法和類別方法來簡化呼叫過程。

在 Python 語言中，類別方法（classmethod）和靜態方法（staticmethod）的差別是，類別方法的第一個參數必須是指向本身的參考，而靜態方法可以沒有任何參數。在下面的 MethodDemo.py 範例程式中來看一下兩者的常見用法。

```
1    # !/usr/bin/env python
2    # coding=utf-8
3    class CalculateTool:
4        __PI = 3.14
5        @staticmethod
6        def add(x,y):
7            __result = x+y
8            print(x + y)
9        @classmethod
10       def calCircle(self,r):
11           print(self.__PI*r*r)
12   CalculateTool.add(23, 22)              # 輸出 45
13   CalculateTool.calCircle(1)             # 輸出 3.14
14   # 不建議透過物件存取靜態方法和類別方法
15   tool = CalculateTool()
16   tool.add(23, 22)
17   tool.calCircle(1)
```

在第 6 行的 add 方法前面加了 @staticmethod 註釋，用來說明這個方法是靜態方法，而給第 10 行的 calCircle 方法在第 9 行加了 @classmethod 註釋，說明這個方法是類別方法。

在 add 這個靜態方法中，由於沒有透過 self 之類的參數來指向本身，因此它不能存取類別的內部屬性和方法，而對於 calCircle 這個類別方法而言，由於第一個參數 self 指向類別本身，因此能存取類別的變數 PI。在第 12 行和第 13 行中，透過類別名稱 CalculateTool 來直接存取靜態方法和類別方法，這裡不建議使用第 15 行到第 17 行的方式，即不建議透過物件來存取靜態方法和類別方法。

需要強調的是，靜態方法和類別方法會破壞類別的封裝性，那麼無需產生實體物件即可存取，所以使用時請慎重，確實有「無需產生實體物件」的需求時，才能使用。

3.2 透過繼承擴充新的功能

透過繼承可以重複使用已有類別的功能，並可以在無需重寫原來功能的基礎上對現有功能進行擴充。在實際應用中，會把通用性的程式封裝到父類別，透過子類別繼承父類別的方式最佳化程式的結構，避免相同的程式被多次重複撰寫。

3.2.1 繼承的常見用法

繼承的語法是在方法名稱後加個括號，在括號中寫要繼承父類別的名字。在 Python 語言中，由於 object 類別是所有類別的基礎類別，因此如果定義一個類別時沒有指定繼承哪個類別，就預設繼承 object 類別。在下面的 InheritanceDemo.py 範例程式中示範了繼承的一般用法。

```python
1   # !/usr/bin/env python
2   # coding=utf-8
3   class Employee(object):        # 定義一個父類別
4       def __init__(self,name):
5           self.__name = name
6       def get_name(self):
7           return self.__name
8       def set_name(self,name):
9           self.__name = name
10      def login(self):                    # 父類別中的方法
11          print("Employee In Office")
12      def changeSalary(self,newSalary):
```

```
13              self._salary = newSalary
14      def get_Salary(self):
15              return self._salary
16   # 定義一個子類別，繼承 Employee 類別
17   class Manager(Employee):
18      def login(self):        # 在子類別中覆蓋父類別的方法
19              print("Manager In Office")
20              print("Check the Account List")
21      def attendWeeklyMeeting(self):
22              print("Manager attend Weekly Meeting")
23   # 使用類別
24   manager = Manager("Peter")
25   print(manager.get_name())           # Peter
26   manager.login()                     # 呼叫子類別的方法，Manager In Office
27   manager.changeSalary(30000)
28   print(manager.get_Salary())         # 30000
29   manager.attendWeeklyMeeting()
```

　　在第 3 行中定義了名為 Employee 的員工類別，同時指定它繼承自預設的 object 類別，事實上，這句話等於 class Employee()。在這個父類別裡，定義了員工類別的通用方法，例如在第 4 行定義的建構函數中設定了員工的名字，在第 6 行和第 8 行開始分批定義了取得和設定名字屬性的方法，在第 12 行和第 14 行分別定義了更改和取得薪水的方法。

　　正是因為在 Employee 父類別中封裝了諸如設定薪水等的通用性方法，所以子類別 Manager 裡的程式就相對簡單。實際來說，在第 17 行定義 Manager 類別時，是透過括號的方式指定該類別繼承自 Employee 類別，在其中可以重複使用父類別公有的和受保護的方法。此外，在第 18 行中覆蓋（也叫覆載或重新定義）了父類別中的 login 方法，並在第 21 行定義了專門針對子類別的 attendWeeklyMeeting 方法。

　　在第 24 行中產生實體了一個名為 manager 物件，因為在 Manager 子類別裡沒定義 __init__ 方法，所以這裡呼叫的是父類別 Employee 裡的 __init__ 方法，可從第 25 行的列印敘述中看到。同樣，在第 27 和第 28 行中，manager 物件也重複使用了定義在父類別（即 Employee 類別）裡的方法。

　　從第 26 行 login 方法的列印結果來看，這裡執行的是子類別裡的 login 程式，這說明如果子類別覆蓋了父類別的方法，那麼最後會執行子類別的方法。

在第 29 行中，呼叫了子類別特有的 attendWeeklyMeeting 方法，結果會毫無疑問地輸出「Manager attend Weekly Meeting」。

3.2.2 受保護的屬性和方法

在 3.2.1 小節的範例程式中，除了在父類別中用到了 __name 這個私有變數外，還用到了帶一個底線的 _salary 受保護的變數，而帶一個底線開頭的方法叫受保護的方法。這種受保護的屬性和方法能在本類別和子類別中被用到。在下面的 ProtectedDemo.py 範例程式中來看一下如何合理地使用受保護的屬性和方法。

```python
1   # !/usr/bin/env python
2   # coding=utf-8
3   class Shape:          # 定義父類別
4       _size=0           # 受保護的屬性
5       def __init__(self,type,size):
6           self._type = type
7           self._size = size
8       def _set_type(self,type):        # 受保護的方法
9           self._type=type
10      def _get_type(self):             # 受保護的方法
11          return self._type
12  class Circle(Shape):        # 定義子類別
13      def set_size(self,size):
14          self._size = size    # 覆蓋了父類別的 _size 屬性
15      def printSize(self):
16          print(self._size)
17  class anotherClass:         # 定義不相干的類別
18      pass                    # 如果是空方法，則需要加個 pass，否則會顯示出錯
19  # 使用子類別
20  c=Circle("Square",2)
21  c._set_type("Circle")
22  print(c._get_type())
23  c.printSize()
24  anotherClass._set_type("Circle")      # 會顯示出錯
```

在第 3 行開始定義父類別 Shape 的部分，在其中的第 4 行定義了名為 _size 的受保護的屬性，同時在第 8 行和第 10 行中定義了兩個以單底線開頭的受保護的方法。在第 12 行開始定義 Shape 類別的子類別 Circle 部分，在其中的第 14 行和第 16 行用到了父類別定義的 _size 這個受保護的變數。

由於受保護的變數能在本類別和子類別裡被使用，因此在第 20 行初始化子類別時，其實是用子類別的 _size 覆蓋掉了父類別的 _size，同時，在第 21 行和第 22 行的呼叫中，我們可以看到子類別能呼叫父類別中受保護的方法。但是要注意的是，受保護的方法不能在非子類別中被呼叫，例如在第 24 行中，因為 anotherClass 不是 Shape 的子類別，所以呼叫 _set_type 時會顯示出錯。

前文說明過，需要把僅在本類別裡用到的屬性和方法封裝成私有的，以「封裝」特性為基礎的同樣考慮，這裡的「取得和設定形狀種類」的方法，它的有效範圍是在「形狀基礎類別」和對應的子類別裡，而其他的類別不該呼叫它們，因此對於這種的屬性和方法，就不應該定義成「公有的」，而應該定義成「受保護的」。

3.2.3　慎用多重繼承

在 Java 等語言中，一個類別只能繼承一個父類別，這叫「單一繼承」。但在 Python 語言中，一個子類別可以繼承多個父類別，這叫「多重繼承」。

這種做法看似提供了很大的便利，但如果專案裡的程式量很多，使用多重繼承會增加程式的維護成本，所以如果沒有特殊需求，最好只使用「單一繼承」，而不要使用「多重繼承」。在下面的 MoreParentsDemo.py 範例程式中，我們來看一下多重繼承帶來的困惑。

```python
1   # !/usr/bin/env python
2   # coding=utf-8
3   class FileHandle(object):      # 處理檔案的類別
4       def read(self,path):
5           print("Reading File")
6           # 讀取檔案
7       def write(self,path,value):
8           __path = path
9           print("Writing File")
10          # 寫入檔案
11  class DBHandle(object):       # 處理資料庫的類別
12      def read(self,path):
13          print("Reading DB")
14          # 讀取資料庫
15      def write(self,path,value):
16          __path = path
17          print("Writing DB")
```

```
18              # 寫資料庫
19   # Tool 同時繼承了兩個類別
20   # class Tool(FileHandle,DBHandle):
21   class Tool(DBHandle,FileHandle):
22      def businessLogic(self):
23          print("In Tool")
24   tool = Tool()
25   tool.read("c:\\1.txt")
```

在第 3 行和第 11 行的 FileHandle 和 DBHandle 這兩個類別中，都定義了
read 和 write 這兩個方法，且它們的參數相同。在第 21 行中的 Tool 類別同時繼
承了這兩個類別，請注意第 20 行和第 21 行程式的差別，它們在繼承兩個父類
別時，次序有差別。

如果在多重繼承時改變了繼承的次序，那麼透過第 25 行的輸出敘述，會發
現前面的類別方法會覆蓋掉後面類別的名稱相同方法，例如目前列印時，會輸
出 Reading DB。這是因為 DBHandle 類別的 read 方法會覆蓋掉 FileHandle 類別
的名稱相同方法。

如果註釋起來第 21 行的程式，同時去除掉第 20 行的註釋，就會發現輸
出的是 Reading File。這是因為，在第 20 行的程式中，多重繼承的次序是先
FileHandle 再 DBHandle，於是 FileHandle 類別的 read 方法會覆蓋掉 DBHandle
類別的名稱相同方法。

如果我們的本意是透過多重繼承同時在 Tool 引用讀寫檔案和資料庫的方法，
但從效果上來看，由於兩個父類別中的方法名稱相同，出現方法的覆蓋了，因
此就和我們使用多重繼承的本意不符。

遇到這種情況，如果還要繼續使用多重繼承，那麼就不得不改變其中一個
類別的方法名稱，但這樣會增加程式的維護難度，與其這樣，就不如不用多重
繼承，從根本上來避免這種困惑。

3.2.4 透過「組合」來避免多重繼承

在多重繼承的範例中，想要透過繼承多個類別在本類別中引用多個功能。
如果在這種應用場景中，子類別和父類別之間沒有從屬關係，就不該用繼承，
應該用「組合」，即在一個類別中組合多個類別，進一步引用其他類別提供的

方法。在下面的 CompositionDemo.py 範例程式中來看一下「組合」多個類別的用法。

```
1    # !/usr/bin/env python
2    # coding=utf-8
3    # 省略原來定義的 FileHandle 和 DBHandle 程式
4    # 改寫後的 Tool 類別
5    class Tool(object):
6        def __init__(self,fileHandle):
7            self.fileHandle = fileHandle
8            self.dbHandle = DBHandle()
9        def calDataInFile(self,path):
10           self.fileHandle.read(path)
11           # 統計檔案裡的資料
12       def calDataInDB(self,path):
13           self.dbHandle.read(path)
14           # 統計檔案裡的資料
15   # 使用類別
16   fileHandle =  FileHandle()
17   tool = Tool(fileHandle)
18   tool.calDataInFile("c:\\1.txt")              # 輸出 Reading File
19   tool.calDataInDB("localhost:3309/myDB")      # 輸出 Reading DB
```

在第 5 行定義的 Tool 的 __init__ 方法中，透過兩種方式引用了 FileHandle 和 DBHandle 這個類別：第一種方式是在第 6 行中，透過輸入參數傳入 FileHandle 類型的物件；第二種方式是直接在第 8 行中產生 DBHandle 類型的物件。透過這兩種方式在 Tool 類別中「組合」兩個工具類別後，即可在第 10 行和第 13 行使用。

在第 18 行和第 19 行呼叫 tool 物件的兩個方法時，就會發現沒有再出現之前看到的「方法被覆蓋」的現象，透過輸出結果可以看到，在 Tool 中正確地呼叫到了讀寫檔案和讀寫資料庫的方法。

3.3 多形是對功能的抽象

多形的含義是，實現同一個功能的方法可以有不同的表現形態。在實際應用中常常會整合性地使用「繼承」和「多形」這兩大特性。

如果兩個方法名稱相同，但參數個數不同，這在 Java 等語言裡是允許的，但在 Python 語言中不支援，所以多形特性在 Python 中的表現形式是，方法名稱相同但參數類型不同，或同一個方法能適用於不同類型的呼叫場景。

3.3.1 Python 中的多形特性

在前文提到過多形特性，下面透過 PolyDemo.py 範例程式從一些熟悉的程式敘述中來歸納一下「多形」的實際表現方式。

```
1    # !/usr/bin/env python
2    # coding=utf-8
3    print(1+1)               # 輸出是 1
4    print("1"+"1")           # 輸出是 11
5    areaList=["ShangHai","HangZhou"]
6    print(areaList)          # print 能適用於不同類型的參數
7    print("abc".index("a"))
8    print(["a","b","c"].index("b"))
```

從第 3 行和第 4 行的程式敘述，可以看到對於同一種運算子（即同一種功能）加號，當參數（或運算元）不同時，會執行不同的操作。例如參數是數字時，會執行加法操作，如果是字串時，會執行字串的連接操作。另外，對於同一個方法 print，當參數不同時（參數分別是數字類型和字串類型），也會執行不同的操作，即輸出數字類型和字串類型的物件。

這就是多形特性的實際表現方式，即同一種功能，例如上面範例程式中的 print 方法，隨著輸入參數類型的不同，會有不同的表現形態，即能輸出整數類型或字串類型。

在第 7 行和第 8 行中，可以看到 index 方法會隨著呼叫主體的不同，展現出不同的形態，例如在第 7 行中，會從字串裡找到單字的索引值，而在第 8 行中，是從串列裡找單字的索引值，這也表現了多形的特性。

3.3.2 多形與繼承結合

多形常常會和繼承結合使用，即當一個父類別的不同子類別呼叫同一個方法時，該方法會有不同的表現形式。在下面的 PolyInhertanceDemo.py 範例程式中可以看到整合多形和繼承這兩者的用法。

```
1    # !/usr/bin/env python
2    # coding=utf-8
3    class Employee(object):
4        def __init__(self,name):
5            self.__name = name
6        def work(self):
7            print(self.__name + " Work.")
8    class Manager(Employee):
9        def __init__(self,name):
10           self.__name = name
11       def check(self):
12           print("Manage check work.")
13       def work(self):
14           print(self.__name + " Work.")
15           self.check()
16   class HR(Employee):
17       def __init__(self,name):
18           self.__name = name
19       def calSalary(self):
20           print("HR calculate Salary.")
21       def work(self):
22           print(self.__name + " Work.")
23           self.calSalary()
24   # 呼叫類別
25   manager = Manager("Peter")
26   manager.work()
27   hr = HR("Mike")
28   hr.work()
```

第 8 行的 Manager 類別和第 16 行的 HR 類別都是 Employee 的子類別，在其中都有 work 方法，但在不同的子類別裡，work 方法有不同的功能，即表現形式不同。

第 25 行和第 27 行的程式敘述分別建立了 Manager 和 HR 這兩個類別的物件，雖然它們都是 Employee 的子類別，但在第 26 行和第 28 行呼叫其中的 work 方法時，能根據呼叫主體的不同，分別呼叫對應類別的 work 方法，下面的輸出敘述即可驗證出這一效果。

```
Peter Work.
Manage check work.
Mike Work.
HR calculate Salary.
```

3.4 透過 import 重複使用已有的功能

Python 語言是物件導向的程式語言,所以提供了以「模組」(Module)、「套件」(Package)和「函數庫」等不同形式的程式重複使用功能。在程式設計時若需要實現某項功能,可以優先考慮透過 import 敘述匯入已有的比較成熟的功能模組,而非從頭開始開發。註:Python 語言也被稱為「膠水」語言,有很多開放原始碼模組都可以透過 import(匯入或引用)到程式專案中來加快專案的實現,這些模組一般稱為套件或套裝程式,也被稱為函數庫。本書大部分地方都統一稱這些模組或套件為「函數庫」。在本書的行文中,在單獨說明函數庫名時,函數庫名的第一個英文字母都大寫,而在範例程式中用 import 匯入函數庫時,還要遵照函數庫的原始名字中的英文字母大小寫,否則無法正確匯入。

3.4.1 透過 import 匯入現有的模組

Python 的模組是一個副檔名為 py 的 Python 檔案,在模組中可以封裝方法、類別和變數。Python 中的模組分為三種:自訂模組、內建標準模組和協力廠商提供的開放原始碼模組。

通用性的方法、類別和屬性常常會被封裝到模組中,這樣就能達到「一次撰寫多次呼叫」的效果,而無需在每個呼叫類別中重複撰寫。在下面的 ModuleDemo.py 範例程式中示範了定義模組的正常方法。

```
1    # !/usr/bin/env python
2    # coding=utf-8
3    def displayModuleName():
4        print("CalModule")
5    def add(x,y):
6        return x+y
7    def minus(x,y):
8        return x-y
9    PI = 3.14 # 封裝變數
10   class Stock:
11       def __init__(self, stockCode,price):
12           self.stockCode, self.price = stockCode,price
13       def buy(self):
14           print("Buy " + self.stockCode + " with the price:" + self.price)
```

在第 3 行到第 8 行中定義了多個方法，在第 9 行中定義了 PI 這個變數，而在第 10 行到第 14 行定義了一個 Stock 類別。在模組中一般放的是「定義」類別的程式，而不會放「呼叫」類別的程式。

定義好模組後，就可以在其他 Python 檔案中透過 import 來匯入定義好的現有模組，並使用其中的功能，以下 ImportDemo.py 範例程式所示。

```
1    # !/usr/bin/env python
2    # coding=utf-8
3    import ModuleDemo as tool
4    from ModuleDemo import Stock as stockTool
5
6    print(tool.PI)          # 3.14
7    print(tool.add(1,2))    # 3
8    print(tool.minus(1,2))  # -1
9    tool.displayModuleName()    # CalModule
10   #stockTool.add(1,2)         # 出錯
11   myStockTool = stockTool("600001","10")
12   myStockTool.buy() #Buy 600001 with the price:10
```

在類別中匯入模組的方式一般有兩種：第一種如第 3 行所示，透過 import 敘述和模組名稱匯入指定的模組，並在 as 之後給這個模組起個別名；另一種方式是只匯入該模組中指定的內容，如第 4 行所示，透過 from 模組名稱 import 類別名稱（或方法名稱或屬性名稱）的方式匯入指定的內容，在 as 之後同樣可以起個別名。

匯入模組或指定內容後，在第 6 行到第 9 行中，即可透過 tool 這個別名存取模組中的屬性和方法。由於 stockTool 這個別名僅是指向模組中的 Stock 類別，因此透過它無法呼叫到 add 方法，而只能如第 11 行和第 12 行所示，呼叫 Stock 類別中的方法。

3.4.2　套件是模組的升級

如果以模組的形式重複使用程式出現了模組衝突的情況，則無法匯入實現功能不同但名字相同的模組，為了解決這個問題，可以用套件的形式來重複使用現有功能。

　　從表現形式上來看，套件是一個目錄，其中包含許多個副檔名為 .py 的模組，而且套件裡還得包含一個 __init__.py 的檔案，哪怕這個檔案是空的也行。這樣就可以透過「套件名稱.模組名稱」的方式來重複使用模組，進一步能避免模組衝突的情況。

　　下面來實作一下。按照以下步驟來建立一個套件，在 charter3 的專案中，新增一個名為 myPackage 的目錄，隨後在其中放入如圖 3-1 所示的檔案。

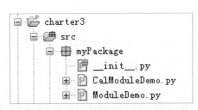

圖 3-1　套件組織結構的示意圖

　　__init__.py 檔案是每個套件所必有的，否則會出錯，這裡僅是個空檔案。範例程式 ModuleDemo.py 在 3.5.1 小節已經列出，新加的 CalModuleDemo.py 模組程式如下：

```
1    # !/usr/bin/env python
2    # coding=utf-8
3    E = 2.718
4    G = 9.8
5    def calGravity (m):
6        return m*G
```

　　在第 3 行和第 4 行定義了兩個變數，而在第 5 行中封裝了 calGravity 方法。這樣，在 myPackage 這個套件中放入一個 __init__.py 類別。

　　隨後在 charter3 專案中新增一個名為 UsePackageDemo.py 的檔案，在其中呼叫套件中的模組，程式如下。

```
1    # !/usr/bin/env python
2    # coding=utf-8
3    import myPackage.CalModuleDemo as calTool
4    from myPackage import ModuleDemo as myTool
5    print(myTool.PI)                    # 3.14
6    print (calTool.calGravity(10))      # 98.0
7    print (calTool.E)                   # 2.718
```

　　請注意第 3 行和第 4 行匯入套件中模組的方式，在第 3 行是透過「套件名稱．模組名稱」的方式匯入 CalModuleDemo 這個模組，而在第 4 行則是透過「from 套件名稱 import 模組名稱」的方式匯入模組。匯入後，則可以如第 5 行到第 7 行所示，透過「別名．屬性」和「別名．方法名稱」的方式來呼叫。

3.4.3　匯入並使用協力廠商函數庫 NumPy 的步驟

　　Python 中的模組（Module）和套件（Package）都能被稱為「函數庫」，在實際的專案中，很多時候是透過匯入協力廠商函數庫，也就是重複使用函數庫中封裝的諸多功能。為了全書名稱的統一，後面提及協力廠商模組或套件的時候，都統一稱為函數庫。單獨提及函數庫名的時候，函數庫名的第一個英文字母都用大寫，在程式碼中用 import 匯入函數庫或程式敘述中特指函數庫名稱時，則回歸函數庫名原始的英文名稱大小寫習慣。

　　例如之前用到的串列等功能類別即是封裝在 Python 標準函數庫中的，在本書之後的篇幅中還會用到一些開放原始碼函數庫。下面將以 NumPy 這個開放原始碼的科學計算函數庫為例，示範一下匯入並使用協力廠商函數庫的實際步驟。

步驟 01　由於我們安裝的是 python3.4.4 版本，因此在 Scripts 目錄中能看到 pip.exe，如圖 3-2 所示。

圖 3-2　pip.exe 所在的資料夾

　　請確保在環境變數的 Path 裡，已經設定了 pip.exe 所在的路徑 D:\Python34\Scripts。

步驟 02　在「命令提示字元」視窗中，執行指令 pip install -U numpy，其中 -U 表示以目前使用者的身份安裝，安裝好以後，會告知安裝到了哪個路徑。

步驟 03　依次點擊「Window」→「Preferences」選單，在隨後出現的對話方塊的左側，找到 PyDev，並在「Interpreter – Python」這個選項中，在 System PATHONPATH 框內，點擊「New Folder」按鈕，而後增加 NumPy 函數庫的安裝路徑，如圖 3-3 所示，這樣在專案中就可以呼叫 NumPy 函數庫中的方法或函數了。

圖 3-3　設定 NumPy 安裝所在的路徑

完成上述步驟後，就可以呼叫 NumPy 函數庫中的方法了，範例程式 NumpyDemo.py 中的程式如下。

```
1   # !/usr/bin/env python
2   # coding=utf-8
3   import numpy as np        # 匯入 NumPy 函數庫，起了個別名 np
4   arr = np.array(np.arange(4))  # 建立一個序列
5   print(arr)                # 輸出 [0 1 2 3]
6   print(np.eye(2))          # 建立一個維度是 2 的對角矩陣，輸出以下
7   # [[1. 0.]
8   # [0. 1.]]
```

透過呼叫 NumPy 函數庫提供的方法，就能對陣列序列和矩陣進行計算。本節的重點不是說明 NumPy 函數庫中有哪些方法，而是以這個函數庫為例，介紹如何透過 pip 指令安裝並匯入協力廠商函數庫。在後續章節中，還會用到其他協力廠商函數庫，也可以照此方法匯入。

3.5 透過反覆運算器加深了解多形性

在 3.1.2 小節中，我們看到了不同的類別都具有相同的魔術方法，例如當我們透過 print 列印某個類別時，會自動觸發該類別的 __repr__ 方法，也就是說，針對不同的類別，__repr__ 方法會表現出不同的形態，表現出「多形性」。

同樣，針對每個有「被檢查」需求的類別，也可以讓 __iter__ 和 __next__
方法以多形性的方式實現各種檢查功能。例如在下面程式碼的第 2 行中，就
是用 in 來檢查 myList 的每個元素，原因是串列物件中有能滿足檢查要求的 __
iter__ 和 __next__ 方法。

```
1    myList = [1,2,3,4]
2    for i in myList: # 輸出 1 到 4
3        print(i)
```

如果想讓自訂的類別具有「可檢查」的特性，即能以 in 的方式來輸出每個
元素，那麼也需要覆蓋（或稱為重新定義）這兩個方法。在下面的 IterDemo.py
範例程式中示範了「可檢查」的實現方式（也可以說是透過反覆運算的實現方
式），透過這個範例程式讓大家加深對多形性的認識。

```
1    # !/usr/bin/env python
2    # coding=utf-8
3    class createEven:              # 有「可檢查需求」的類別
4        def __init__(self, min, max):
5            self.value = min
6            self.min = min
7            self.max = max
8        def __iter__(self):        # 輸出全部
9            print("in iter")
10           return self
11       def __next__(self):        # 產生下一個偶數
12           print("in next")
13           self.value += 2
14           return self.value
15   myEvenList = createEven(0,6)
16   for i in myEvenList:           # 輸出 myEventList 串列中不大於 10 的偶數
17       print(i)
18       if(i>=10):
19           break
```

在第 8 行的 __iter__ 方法中傳回了 self，在第 11 行的 __next__ 方法中產生
了下一個偶數。在 15 行的程式敘述建立一個包含偶數序列的 myEvenList 物件
後，之後就能在第 16 行透過 in 來檢查其中的元素，這段程式的輸出如下。

```
in iter
in next
2
in next
4
in next
6
```

從執行結果可知，一旦透過 in 來檢查，即會觸發 __iter__ 方法，而在 for 循環裡檢查 myEvenList 中的每個元素時，都會觸發 __next__ 方法。

透過這個範例程式，我們看到了「多形性」的實作方式細節，以檢查性為例時，可以在對應類別中實現對應的方法（例如上面範例程式中的 __iter__ 和 __next__），於是在檢查不同類時，就會自動觸發該類別中的對應方法，進一步讓這兩個方法可以針對不同的類別表現出不同的形態（即多形性）。

3.6 本章小結

在本章前面部分的許多個範例程式中，用到了物件導向的程式設計思想，從中可以綜合性地了解「封裝」、「繼承」和「多形」這三大特性以及它們對開發專案的幫助。

在此基礎上，在 3.5 節和 3.6 節列出了許多個綜合使用物件導向程式設計思想實現的實用範例，讀者可以從中加深對物件導向程式設計思想理論知識的了解，還可以掌握這種設計思想在實際專案中使用的技巧。

第4章

異常處理與檔案讀寫

在語法上和功能上沒問題的程式也未必能成功執行,這是因為程式執行的環境會存在各種不確定的因素。例如當使用 remove 刪除串列元素時,如果元素不存在,系統就會拋出異常。又如,當程式讀寫檔案時,如果檔案不存在,系統也會拋出異常。

如果沒有任何異常處理機制,出現異常情況時程式就被迫中止執行了。而作為開發者實際所期望的是:第一能看到異常的細節進一步知道該如何處理;第二程式能繼續進行而非因異常而中止。對這種情況,就需要用到 Python 提供的異常處理機制。檔案讀寫是異常處理機制的比較典型的使用場景,所以本章將綜合它們來說明這兩方面的內容。

4.1 異常不是語法錯誤

在簡單的專案中,會觸發異常處理流程的場景並不多,所以有些初級程式設計師更重視語法和功能方面的問題,而對異常處理流程不大關注,甚至在程式中看不到異常處理相關的程式。

所謂異常(Exception),也被稱為例外,它不是語法錯誤,更不是功能缺陷,而是專案在執行時期遇到意料之外的問題,例如讀取檔案時目的檔案並不存在,或是操作資料庫時無法連到資料庫。正確地處理異常情況,不僅能保障專案能繼續正常執行,更能明確列出異常的細節,進一步能有效地執行異常(或故障)處理和恢復等操作。

4.1.1　透過 try…except 從句處理異常

在 Python 中，監控並處理異常的基本語法格式是 try…except 從句，例如有以下的程式。

```
1    stockInfoList = ['600001','600002']
2    stockInfoList.remove('600003')
3    print('following job')
```

在第 2 行中，程式敘述想要刪除 stockInfoList 中不存在的元素，執行這段程式時，程式會立即中止，在主控台中會出現如圖 4-1 所示的錯誤訊息資訊。

```
Traceback (most recent call last):
  File "D:\software\java web\清華出版社\PythonWorkSpace\charter4\src\TryDemo.py", line 2, in <module>
    stockInfoList.remove('600003')
ValueError: list.remove(x): x not in list
```

圖 4-1　程式異常終止的輸出結果

從錯誤訊息資訊中可知，異常在第 2 行，同時，第 3 行的輸出敘述並沒有執行。這種不對異常進行處理的做法是非常危險的，例如 ATM 需要不斷執行，如果其中的程式遇到了異常情況，程式應當能自動處理進一步保障 ATM 能繼續執行，如果本身無法處理，也應該立即發出警告資訊，讓人工及時干預。出於這個原則，我們在 TryDemo.py 範例程式中改寫了上述程式，在其中增加了異常處理的敘述。

```
1    # !/usr/bin/env python
2    # coding=utf-8
3    stockInfoList = ['600001','600002']
4    try:
5        stockInfoList.remove('600003')
6    except:
7        print('Could not Remove from List')
8    print('following job')
```

在改寫後的範例程式中，用第 4 行的 try 敘述來監控第 5 行的 remove 操作，所以當找不到要刪除的元素時，就跳躍到 except 從句中的第 7 行程式敘述，之後第 8 行的程式就能繼續執行，因而遇到這種異常情況時就不會再意外中止程式。

這段範例程式的執行結果如下所示，從中可以看到 try…except 從句的處理流程，當在 try 部分出現異常後，拋出的異常會被 except 從句捕捉並進行處理，處理之後就能繼續執行 except 之後的程式敘述。

```
Could not Remove from List
following job
```

4.1.2 透過不同的異常處理類別處理不同的異常

在範例程式 TryDemo.py 的第 6 行中，except 後面沒有透過參數來指定處理異常的類別，這時 Python 系統將預設地用 Except 類別來處理所有種類的異常。事實上，Python 還提供了諸多專業處理各種異常的類別，可以在 except 從句中透過參數來指定這段 except 從句能捕捉和處理哪一種異常。

在下面的 ExceptionUsageDemo.py 範例程式中，將看到各種常用異常處理類別的應用場景。

```
1   # !/usr/bin/env python
2   # coding=utf-8
3   stockInfoList = ['600001','600002']
4   try:
5       print(stockInfoList[4]) # 索引出錯時會觸發
6       # 1/0
7   except IndexError:
8       print('Index Error')
9   try:
10      # 參數類型正確，但傳回值不符合預期時會觸發
11      print(stockInfoList.index('600003'))
12  except ValueError:
13      print('Value Error')
14  try:
15      2+'error' # 函數參數類型不正確時會觸發
16  except TypeError:
17      print('Type Error')
18  try:
19      1/0 # 除零異常
20  except ZeroDivisionError:
21      print('ZeroDivision Error')
22  class Car:
23      def __init__(self,owner):
```

```
24          self.owner = owner
25  myCar = Car("Peter")
26  try:
27      print(myCar.price) # 參考屬性錯誤時觸發
28  except AttributeError:
29      print('Attribute Error')
```

在第 7 行的 except 從句中引用了 IndexError 異常處理類別，用它來處理諸如索引出錯的異常。由於在第 5 行的程式中，我們故意用錯誤的索引值來讀取 stockInfoList 中的物件，因此會觸發 IndexError 異常。

請注意，專業的異常處理類別只能處理「本職」範圍內的異常，如果註釋起來第 5 行的程式，同時取消第 6 行的註釋，以便讓除零敘述生效，就會發現 IndexError 無法處理除零異常。

第 12 行的 ValueError 異常類別能處理「參數類型正確，但傳回值不符預期」的異常情況，例如在第 11 行中，index 方法的參數正確，但輸入該參數後，傳回的是「索引值找不到」的結果，所以會觸發 ValueError 異常。

第 16 行的 TypeError 異常處理類別會在「函數參數類型不正確」時被觸發，例如在第 15 行執行「加法」運算時，預期的參數應該都是數值型態，但這裡出現了字串類型，不符合「加法」運算要求的參數類型，所以會拋出這種異常。

第 19 行的 ZeroDivisionError 會捕捉並處理除零異常，這個比較好了解。第 28 行的 AttributeError 異常會在「參考物件屬性錯誤」時被觸發，例如在第 27 行中參考了 Car 類別中不存在的 price 屬性，所以觸發了該類別異常。

除了上面提到的各種異常處理類別之外，在表 4-1 中，歸納了 Python 語言中其他常用的異常處理類別。

表 4-1　Python 語言中其他常用的異常處理類別總表

異常處理類別名	觸發場景
OSError	無法完成作業系統級的任務時，會觸發該類別異常，例如無法開啟檔案時，會觸發這種異常
FloatingPointError	浮點類別計算錯誤
OverflowError	數值運算時超過此種類型數值的最大範圍
UnicodeTranslateError	Unicode 轉換時出錯

4.1.3 在 except 中處理多個異常

在之前的範例程式中，其中的 except 敘述裡只傳入了一個參數，因而 except 程式敘述區塊只能捕捉並處理一種異常。

在實際的應用場景中，無法保障在 try 程式敘述區塊中只發生一種異常，所以可以在 except 後透過參數來傳入多個異常處理類別，用以處理可能發生的多類別異常。在下面的範例程式 HandleMoreExceptDemo.py 中示範這種處理多類別異常的情況。

```python
1   # !/usr/bin/env python
2   # coding=utf-8
3   def divide(x,y):
4       try:
5           return x/y
6       except(ZeroDivisionError, TypeError, Exception) as e:
7           print(e)
8   # 以下是各種錯誤的呼叫
9   print(divide(1,'1'))    # 觸發 TypeError 異常
10  print(divide(1,0))      # 觸發 ZeroDivisionError
```

在第 3 行的 divide 方法中，是想對兩個數字類型的參數進行除法運算並傳回，但在實際應用中，由於無法預料輸入參數的類型以及實際數字，因此在第 4 行到第 7 行的方法程式區塊中，是透過 try…except 從句捕捉並處理可能發生的各種異常情況。

在實際呼叫時，在第 9 行中觸發了 TypeError 異常，在第 10 行中觸發了 ZeroDivisionError 異常。因為在第 6 行的 except 從句中的括號裡傳入了多個異常處理類別，所以這兩種異常都能被第 6 行的 except 程式敘述區塊捕捉並處理。

需要說明的是，畢竟我們無法預料之前 try 從句中發生異常的種類，所以如果在 except 從句中傳入了多個異常處理類別，那麼最好再用 Except 這個能處理所有異常的類別來統括，以免出現「異常情況不在處理範圍內」進一步導致程式因無法處理異常而中止的情況。

4.1.4　透過 raise 敘述直接拋出異常

在前面的 TryDemo.py 範例程式中，當異常發生時，是自動觸發並進入到 except 的異常處理流程。此外，也可以透過 raise 敘述以顯性的方式觸發異常，下面的 RaiseDemo.py 範例程式將示範這種用法。

```python
1    # !/usr/bin/env python
2    # coding=utf-8
3    def divide(x,y):
4        if y==0:
5            raise Exception('Divisor is 0')
6        try:
7            return x/y
8        except(TypeError):
9            raise Exception('Parameters Type Error')
10   try:
11       print(divide(1,0))
12   except(Exception) as e:
13       print(e) # 輸出 Divisor is 0
14   try:
15       print(divide(1,'1'))
16   except(Exception) as e:
17       print(e)  # 輸出 Parameters Type Error
```

在第 3 行定義的 divide 方法中實現了 x 除以 y 的功能，在其中第 4 行的 if 條件陳述式中，當 divide 方法中除數 y 是 0 時，則在第 5 行使用 raise 敘述拋出一個異常，而且透過 Exception 類別的參數指定了該異常的提示訊息。

在第 11 行呼叫 divide 方法時，透過傳入參數的方式觸發了除數為 0 的異常，由此進入第 12 行的 except 處理異常的流程。執行第 13 行的列印敘述之後，就能看到「Divisor is 0」的輸出資訊，由此明確了異常發生的原因。

可以比較一下第 5 行的 raise 敘述和第 7 行被 try 監控的敘述，在第 5 行的程式敘述是主動拋出異常，而在第 7 行則是一旦出現「類型錯誤」等異常情況，這種異常就會自動被第 8 行的 except 從句處理。

此外，還可以像第 5 行和第 9 行的程式那樣，透過 raise 敘述拋出異常以此來重新組織描述異常的資訊。這樣的話，與系統列出的異常資訊相比，我們自訂的異常描述資訊會更具有操作性，這也是平時開發專案中實作的要點。

4.1.5 引用 finally 從句

在 try…except 從句後面還可以引用 finally 從句。finally 的特性是：不管發生異常與否，或不管發生何種異常，finally 程式敘述區塊都會被執行到。在下面的 FinallyDemo.py 範例程式中示範了 finally 從句的正常用法。

```
1   # !/usr/bin/env python
2   # coding=utf-8
3   stockInfoList = ['600001','600002']
4   try:
5       stockInfoList.remove('600003')
6       #stockInfoList.remove('600001')
7   except:
8       print('Could not Remove from List')
9   finally:
10      print('in finally')
11  print('following job')
```

上面這個範例程式是根據 TryDemo.py 範例程式改編而來，由於第 5 行的 remove 會觸發異常，因此會執行第 8 行的敘述，之後也會執行第 10 行 finally 從句中的敘述。這個範例程式的輸出結果如下：

```
Could not Remove from List
in finally
following job
```

如果去除第 6 行的註釋同時註釋起來第 5 行的程式碼，此時不會觸發異常，不過依然會執行第 10 行 finally 從句中的敘述，執行結果如下：

```
in finally
following job
```

在實際的使用中，finally 從句能直接和 try 從句比對而無需帶 except。這時哪怕 try 中有 return 敘述，依然會執行 finally 從句中的程式敘述，下面再來看一下 FinallyWithReturnDemo.py 範例程式。

```
1   # !/usr/bin/env python
2   # coding=utf-8
3   def funcWithFinally():
```

```
4      try:
5          print("In Try")
6          return "Return in Try"
7      finally:
8          print("In Finally")
9          return "Return in Finally"
10  print(funcWithFinally())
```

在第 6 行中，雖然在 try 敘述中使用 return 敘述來傳回，但依然會執行第 7 行 finally 從句中的程式敘述，執行結果如下，從執行結果可知，第 9 行的 return 敘述跳過了第 6 行 return 敘述的執行，即提前傳回了。

```
In Try
In Finally
Return in Finally
```

如果註釋起來第 9 行的 return 敘述，那麼就能看到以下的執行效果，這說明執行完 finally 從句後，依然會執行 try 中的 return 敘述。

```
In Try
In Finally
Return in Try
```

4.2　專案中異常處理的經驗談

從前文的介紹中可知，異常處理的語法其實並不複雜。不過在實際專案中，應確保系統在異常情況下也能正常繼續執行。在本節中，讀者能看到實際專案中異常處理的許多準則以及常見的實施方式。

4.2.1　用專業的異常處理類別來處理專門的異常

之前說明的實現方式是透過在 except 中設定參數來引用多個異常處理類別，如下所示。

```
1    except(ZeroDivisionError, TypeError, Exception) as e:
2        處理異常的程式敘述
```

在一般的應用場景中，如果可以用同一段程式處理多種不同類型的異常，上面這種撰寫方式是可以的，但在有些應用場景中發生不同類型異常時，則需要採用不同的處理措施。

例如連接資料庫異常時需要重連，讀取檔案時發現檔案不存在，都需要提示錯誤訊息，這時就不能用同一個 except 來處理不同的異常，而應該用不同的 except 來分別處理，相關程式如下所示。

```
1    except(DatabaseError) as dbError:
2        重新連接資料庫
3    except(FileNotFoundError) as fileError:
4        提示檔案找不到的資訊
5    except(Exception) as e:
6        提示錯誤訊息
```

在這種應用場景中，雖然在第 1 行到第 4 行，用專門的異常類別針對性地處理了資料庫和檔案的異常，但在之前的 try 敘述中，還是可能出現其他種類的異常。也就是說，用各種專門的異常處理類別未必能涵蓋所有可能發生的異常類型，所以，還得像第 5 行和第 6 行那樣，用 Exception 類別來一併處理那些用專門的異常類別無法涵蓋到的異常。

4.2.2 儘量縮小異常監控的範圍

在處理實際業務的時候，例如某個方法有 50 行，其中第 4 行到第 10 行的程式敘述用來連接資料庫，第 30 行到 40 行的程式敘述用來讀取檔案。一種比較省事的方法是，直接用一個 try 來包圍第 4 行到第 40 行的程式敘述，把一些不需要監控的程式敘述也用 try 包圍起來了。

```
4    try:
......
8        連接資料庫的程式敘述
......
11 行到 23 行，不必監控的程式敘述區塊
30
......    讀取檔案的程式敘述
40
41    except(Exception) as e:
42        處理異常資訊
```

這樣做的後果是，一旦第 8 行出現資料庫異常，那麼會直接跳躍到第 41 行的異常處理程式，這樣原本不該受到影響的程式敘述（例如第 30 行到第 40 行讀取檔案的程式敘述）也不會被執行了。

由此可知，應該在程式中用多個 try…catch 來包圍應該被監控到的程式敘述，對於無需監控的程式敘述，確保不該受到 try 影響。修改好的程式敘述樣式如下所示：

```
4    try:
......
8    連接資料庫的程式敘述
......
10   except(Exception) as e:
         處理資料庫異常的程式敘述

11 行到 23 行，不必監控的程式敘述區塊無須包含在 try…catch 中
30   try:
......    讀取檔案的程式敘述
40   except(Exception) as e:
41       處理檔案異常的程式敘述
```

4.2.3　儘量縮小異常的影響範圍

除了剛才提到的盡可能縮小 try 敘述的監控範圍之外，當發生異常情況時，還應當把異常造成的影響控制到最小的程度。下面來看一個範例程式 TryComplexDemo.py。

```
1    # !/usr/bin/env python
2    # coding=utf-8
3    stockPirceList = [100,200,'600001',300,400]
4    # try:
5    #    for item in stockPirceList:
6    #        print("Current Price：",item + 100)
7    #except:
8    #    print('Error when printing current price.')
9    for item in stockPirceList:
10       try:
11         print("Current Price：",item + 100)
12       except:
13           print('Error when printing current price.')
```

在這段範例程式中，目的是想檢查 stockPriceList 這個串列，取得其中的元素後加 100 再輸出。如果去除第 4 行到第 8 行的註釋，同時註釋起來第 9 行到第 13 行的程式敘述，就會發現當檢查到 '600001' 這個字串類型的元素時，程式即會中止，而不會再處理後續的 300 和 400 這兩個元素，輸出結果如下所示：

```
Current Price： 200
Current Price： 300
Error when printing current price.
```

在這個應用場景中我們期望的是，處理完串列中所有正確的元素。也就是說，遇到串列中有不標準資料的情況，可以跳過不處理，也可以提示訊息，但不能中止對串列後續元素的處理。

對此，請看第 10 行到第 13 行的程式敘述，範例中是把 try 敘述寫在 for 循環內，這樣哪怕是檢查單一元素時出現異常，也會繼續檢查串列中的後續元素，而不會意外中止。改寫後程式的執行結果如下：

```
Current Price： 200
Current Price： 300
Error when printing current price.
Current Price： 400
Current Price： 500
```

在處理異常時，還需要注意這樣的場景：例如有兩個平行處理的業務，即使其中一個業務出現異常，針對這個業務拋出異常了，不過另一個業務應該不受影響繼續執行。

現在看一下下面的程式，由於用同一個 try 敘述包含了兩個平行的業務，因此在執行到第 2 行讀取檔案業務方法而拋出異常時，第 3 行讀取資料庫的方法也會被連帶中止（執行不到）。

```
1   try:
2       tool.calDataInFile("c:\\1.txt")                # Reading File
3       Tool.calDataInDB(「localhost:3309/myDB」)        # Reading DB
4   except:
5       異常處理的程式敘述
```

對此，需要用 2 個 try 敘述分別處理這兩個不同的業務，範例程式如下：

```
1   try:
2       tool.calDataInFile("c:\\1.txt")                    # Reading File
3   except:
4       處理檔案類別的異常
5   try:
6       tool.calDataInDB("localhost:3309/myDB")            # Reading DB
7   except:
8       處理資料庫類別的異常
```

4.2.4　在合適的場景下使用警告

　　在程式的偵錯環境和生產環境中可以引用不同的異常等級，例如在偵錯環境發生資料處理異常時，可能需要列印出這種錯誤訊息，以便確認程式敘述是否已經對此做了充分的處理。但在生產環境中，如果記錄檔列印過多，一方面會影響系統的效能；另一方面也不利於問題的定位。而且，在生產環境的程式敘述一般是經過在偵錯環境上反覆確認過的，出現問題的機率很小，所以無需再輸出一些嚴重程度不高的異常提示訊息。

　　可以用警告（Warning）等級的輸出來列印「應當在偵錯環境中列印但不該在生產環境中列印」的異常情況。在下面的 WarningDemo.py 範例程式中可以看到「警告類別」的用法。

```
1   # !/usr/bin/env python
2   # coding=utf-8
3   import warnings
4   # warnings.filterwarnings("ignore")
5   stockInfoList = ['600001','600002']
6   try:
7       stockInfoList.remove('600003')
8   except:
9       warnings.warn('Could not Remove from List')
10  finally:
11      print('in finally')
12  print('following job')
```

　　在第 3 行中透過 import 匯入了 warnings 這個異常類別，請注意，由於第 7 行的 remove 方法會觸發異常（找不到要刪除的元素），因此會執行第 9 行的程式敘述，這個範例程式的執行結果如下，其中第 3 行和第 4 行輸出的是 warnings.warn 的結果。

```
in finally
following job
D:\software\java web\ 清華出版社 \PythonWorkSpace\charter4\src\WarningDemo.py:9:
 UserWarning: Could not Remove from List
warnings.warn('Could not Remove from List')
```

在偵錯環境中有必要這樣做，因為需要發現每個可能觸發異常的地方，並確保這些異常不會影響業務。經過確認，remove 導致的異常不會影響主流程，所以在上線到生產環境執行之前，可以去掉第 4 行的註釋，指定程式無需輸出 warnings 等級的異常。取消註釋後，執行結果如下所示，再也看不到警告等級的異常資訊了。

```
in finally
following job
```

4.3 透過 IO 讀寫檔案

檔案讀寫是專案中不可或缺的功能，Python 本身的標準函數庫中就提供了檔案讀寫的方法，呼叫這些方法可以方便地操作檔案。

4.3.1 以各種模式開啟檔案

在本節中，先透過一個讀 txt 檔案的範例程式來示範一下 Python 讀取檔案的一般方式。

首先，在 c:\1 目錄中新增一個名為 python.txt 的檔案，在其中寫入以下三行文字。

```
Hello Python!
This is second line.
This is third line.
```

隨後，撰寫範例程式 ReadFileDemo.py，在其中實現讀取檔案的功能。

```
1    # !/usr/bin/env python
2    # coding=utf-8
```

```
3    f = open("c:\\1\\python.txt",'r')
4    line = f.readline()
5    while line:
6        print(line, end='')
7        line = f.readline()
8    f.close()
```

在第 3 行中透過 open 方法開啟指定的檔案，請注意，如果出現描述路徑的單斜線，則需要用雙斜線「\\」來逸出，而 open 方法的第二個參數表示開啟檔案的模式，這裡「r」表示以「讀取」模式開啟，這也是預設的檔案開啟模式。

檔案開啟後，由於檔案裡有多行文字，則需要透過第 4 行的 readline 敘述以及第 5 行到第 7 行的循環方式逐行列印從檔案中讀取的內容，列印完成後，則需要透過第 8 行的 close 方法關閉檔案物件。

由於檔案物件會佔用系統資源，而且作業系統同時能開啟的檔案數量也是有限的，因此在用完檔案後，別忘記呼叫 close 方法關閉檔案。這個範例程式的執行結果如下，從執行結果可知，該程式實現了逐行輸出的功能。

```
Hello Python!
This is second line.
This is third line.
```

除了剛才提到的用「r」參數以「讀取」的模式開啟檔案外，Python 中的 open 方法還支援用表 4-2 列出的其他常見模式來開啟檔案。

表 4-2　開啟檔案時常用的各種模式總表

參數值	含義
r	讀取模式
w	寫入模式
r+	讀寫模式，從檔案表頭開始寫，保留原文件中沒有被覆蓋的內容
w+	讀寫模式，寫的時候如果檔案存在，原文件會被清空，從頭開始寫
a	附加寫模式（不讀取），若檔案不存在，則會建立該檔案，如果檔案存在，寫入的資料會被加到檔案尾端，即檔案原來的內容會被保留
a+	附加讀寫模式。若檔案不存在，則會建立該檔案，如果檔案存在，寫入的資料會被加到檔案尾端，即檔案原來的內容會被保留
b	二進位模式，而非文字模式

4.3.2 引用異常處理流程

在前文介紹的讀取檔案範例程式中，當要讀取的檔案不存在時，應當提示對應的資訊，而不該中止程式。而且，在讀完檔案後，應當確保在發生和沒發生異常的各種場景下都要呼叫 close 方法關閉檔案物件。所以一般會在操作檔案（不僅讀，還有寫）的程式碼中引用 try…except…finally 從句來處理檔案讀寫操作觸發的異常。

在下面的 ReadFileWithTry.py 範例程式中將透過引用異常處理流程來確保讀寫檔案程式碼的穩固性。

```
1    # !/usr/bin/env python
2    # coding=utf-8
3    try:
4        #filename = 'c:\\1\\python1.txt'
5        filename = 'c:\\1\\python.txt'
6        f = open(filename,'r')
7        line = f.readline()
8        while line:
9            print(line, end='')
10           line = f.readline()
11   except:
12       print("Error when handling the file:" + filename)
13   finally:
14       try:
15           f.close()
16       except:
17           print("No Need to close file:" + filename)
```

與之前範例程式不同的是，第 4 行到第 10 行讀取檔案的程式碼被包含到了第 3 行所示的 try 敘述內部，這樣一旦發生讀取檔案異常時，例如去掉第 4 行的註釋，讀到了一個不存在的檔案，則會執行第 12 行的敘述，程式不會因異常而中止。

由於無論是發生異常還是沒發生異常，都需要關閉檔案物件，因此要把 close 敘述寫到在第 13 行到第 17 行的 finally 從句中。

如果讀取檔案時沒發生異常，那麼 finally 從句中的第 15 行 close 敘述能正常執行，如果開啟了一個不存在的檔案，例如第 4 行的 c:\\1\\python1.txt'，那麼 f 物件其實是不存在的，所以第 15 行呼叫 close 關閉檔案物件 f 時會拋出異常，但是由於檔案沒有開啟，因而無需關閉，這就是要把 close 敘述包含在 try…except 從句中的原因。

4.3.3　寫入檔案

可以透過呼叫 write 方法來寫入檔案，在下面的 WriteFileDemo.py 範例程式中示範了 Python 寫入檔案的程式撰寫邏輯，寫入檔案的程式邏輯同樣是用 try 包含起來。

```
1    # !/usr/bin/env python
2    # coding=utf-8
3    try:
4        filename = 'c:\\1\\myFile.txt'
5        f = open(filename,'w')
6        f.write('Hello,')
7        f.write('Python!')
8    except:
9        print("Error when writing the file:" + filename)
10   finally:
11       try:
12           f.close()
13       except:
14           print("No Need to close file:" + filename)
```

在第 5 行中呼叫 open 方法，以 w（寫）模式開啟了 c:\\1\\myFile.txt 這個檔案，隨後在第 6 行和第 7 行用兩個 write 敘述向這個檔案中寫了兩段話。

這段範例程式有兩點需要注意：第一，當用 'w' 模式開啟檔案並寫入檔案時，如果檔案不存在，就會建立一個，如果存在，則會清空原文件再寫入新的東西。如果不想清空原文件而是直接追加新的內容，就需要使用 'a' 模式開啟檔案；第二，寫入檔案時，系統一般不會立刻寫，而會先放到快取中，只有當呼叫 close() 方法時，系統才會把快取中的內容全部寫入檔案中。

4.4 讀寫檔案的範例

在前面的各節中，說明了讀寫檔案的常用方法，從本節開始將透過一些實際的範例，讓大家進一步了解在 Python 中讀寫檔案的實際技能。

4.4.1 複製與移動檔案

複製和移動檔案的差別是，複製後原始檔案依然存在而移動後原始檔案會被刪除。在下面的 CopyAndMoveFile.py 範例程式中，透過呼叫 Python 的 os 和 shutil 這兩個附帶的函數庫來實現檔案的複製和移動功能。

```python
1   # !/usr/bin/env python
2   # coding=utf-8
3   import os,shutil  # 透過 import 匯入兩個函數庫
4   def moveFile(src,dest):
5       if not os.path.isfile(src):
6           print("File not exist!" + src)
7       else:
8           fpath=os.path.split(dest)[0]        # 取得路徑
9           if not os.path.exists(fpath):
10              os.makedirs(fpath)              # 如果路徑不存在，則建立
11          shutil.move(src,dest)               # 移動檔案
12          print('Finished Moving')
13  def copyFile(src,dest):
14      if not os.path.isfile(src):
15          print("File not exist!" + src)
16      else:
17          fpath=os.path.split(dest)[0]        # 取得路徑
18          if not os.path.exists(fpath):
19              os.makedirs(fpath)              # 建立路徑
20          shutil.copyfile(src,dest)           # 複製檔案
21          print('Finished Copying')
22  # 呼叫方法
23  srcForCopy='c:\\1\\python.txt'
24  destForCopy='c:\\1\\python1.txt'
25  copyFile (srcForCopy,destForCopy)
26  srcForMove='c:\\1\\python.txt'
27  destForMove='c:\\1\\python2.txt'
28  moveFile (srcForMove,destForMove)
```

在第 4 行的 moveFile 方法中實現了移動檔案的功能，它的兩個參數分別表示要移動的原始檔案和目的檔案。在第 5 行中透過呼叫 os.path.isfile 方法來判斷原始檔案是否存在，不存在則提示出錯的資訊。

在第 8 行中透過 os.path.split(dest)[0] 來取得目的檔案的路徑，split 方法會傳回一個陣列，其中第一個元素表示路徑，第二個元素表示檔案名稱。如果路徑不存在，則執行第 10 行，呼叫 os 函數庫的 makedirs 方法建立路徑，一切準備就緒後，再執行第 11 行的 shutil.move 方法移動檔案。

第 13 行的 copyFile 和 moveFile 很相似，在第 20 行呼叫了 shutil.copyfile 實現了檔案的複製。

第 23 行到第 28 行的程式敘述分別指定了移動和複製檔案的源位址和目標位址，而第 25 行和第 28 行的程式敘述分別呼叫了複製和移動方法，呼叫完成後，在 c:\\1 目錄中即可發現有了 python1.txt 和 python2.txt 兩個檔案，由於是移動，原始檔案 python.txt 會被刪除。

4.4.2　讀寫 csv 檔案

在程式專案中，一般會用 csv 來儲存表格形式的檔案，而且 csv 檔案還能被 Excel 以表格的形式開啟。csv 檔案有以下兩個特點：第一，每行記錄一筆資訊；第二，每筆記錄被分隔符號（一般是逗點）分隔為許多個欄位序列，而且每行的欄位序列都是相同的。

下面是範例程式 WriteCsv.py，從中不僅能看到透過 Python 中 csv 模組寫 csv 檔案的方法，還能看到產生 csv 檔案後該檔案的樣式。

```
1   # !/usr/bin/env python
2   # coding=utf-8
3   import csv   # 匯入 csv 模組
4   head=['code','price','Date']
5   stock1=['600001',26,'20181212']
6   stock2=['600002',32,'20181212']
7   stock3=['600003',32,'20181212']
8   # 以 'a' 追加寫模式開啟檔案
9   file = open('c:\\1\\stock.csv','a',newline='')
10  # 設定寫入的物件
11  write = csv.writer(file)
12  # 寫入實際的內容
```

```
13   write.writerow(head)
14   write.writerow(stock1)
15   write.writerow(stock2)
16   write.writerow(stock3)
17   print("Finished Writing CSV File.")
```

從第 4 行到第 7 行的程式敘述分別定義了 csv 檔案的標頭和三組資料。在第 9 行中呼叫 open 方法以 'a' 追加寫的模式方式開啟了檔案 c:\\1\\stock.csv，其中 newline='' 是說明每寫完一行資料後無需換行。

	A	B	C
1	code	price	Date
2	600001	26	20181212
3	600002	32	20181212
4	600003	32	20181212

圖 4-2　stock.csv 檔案示意圖

在第 11 行中設定了寫入的物件為 write，隨後從第 13 行到第 16 行的程式敘述，透過 write 物件寫入了 csv 的檔案表頭和三行內容。執行這段程式碼後，在 c:\1 路徑下就可以看到 stock.csv 檔案，該檔案的內容如圖 4-2 所示。

在下面的 ReadCsv.py 範例程式中，就能讀取到剛才建立的 stock.csv 檔案。

```
1    # !/usr/bin/env python
2    # coding=utf-8
3    import csv,os
4    fileName="c:\\1\\stock.csv";
5    if not os.path.isfile(fileName):          # 判斷檔案是否存在
6        print("File not exist!" + fileName)
7    else:
8        file = open(fileName,'r')             # 以讀的模式開啟檔案
9        reader = csv.reader(file)
10       for row in reader:                    # 逐行讀取 csv 檔案
11           try:
12               print(row)
13           except:
14               print("Error when Reading Csv file.")
15       file.close()                          # 讀完後關閉檔案
```

在第 5 行中透過 os.path.isfile 來判斷要讀取的檔案是否存在，如果不存在，則執行第 6 行的程式敘述輸出提示訊息。如果檔案存在，則執行第 8 行的敘述

以讀的模式開啟檔案，隨後透過第 10 行到第 14 行的 for 循環逐行讀取 csv 檔案中的內容。這裡要注意 try 的寫法，如果讀取到檔案中的某行出錯時，僅是中止讀取目前行的內容，而非中止讀取 csv 檔案。讀完檔案後，需要執行如第 15 行所示的敘述，呼叫 close 關閉檔案。

4.4.3　讀寫 zip 壓縮檔

在程式專案中，經常會壓縮或解壓縮 zip 檔案，在下面的 CreateZip.py 範例程式中示範了把一個目錄下的所有檔案（包含該目錄下子目錄裡的所有檔案）壓縮成一個 zip 檔案。

```
1    # !/usr/bin/env python
2    # coding=utf-8
3    import zipfile,os                        # 匯入兩個函數庫
4    zip=zipfile.ZipFile('c:\\1.zip', 'w')     # 指定壓縮後的檔案名稱
5    try:
6        for curPath, subFolders, files in os.walk('c:\\1'):
7            for file in files:               # 壓縮所有的檔案
8                print(os.path.join(curPath, file))
9                zip.write(os.path.join(curPath, file))
10   except:
11       print("Error When Creating Zip File")
12   finally:
13       zip.close()
```

在第 6 行的外層 for 循環內，執行 os.walk 敘述，檢查並壓縮了 c:\\1 目錄下的所有檔案。os.walk 方法傳回一個包含三個元素的元組，它們分別是每次檢查的路徑名稱、該路徑下的子目錄串列以及目前的目錄（以及子目錄）下的檔案列表。

在第 7 行的內層循環裡，依次檢查由執行第 6 行 os.walk 所得到的所有檔案，之後是執行第 9 行的 write 敘述，把檔案寫入 c:\1.zip 中。這裡呼叫了 os.path.join 方法，用來組裝路徑和檔案名稱，執行第 8 行的 print 敘述即可看到呼叫 join 方法後的結果（也就是 zip 檔案中包含的所有檔案）。

執行該範例程式後，在 C 磁碟根目錄下就能找到 zip 檔案，用滑鼠點擊這個 zip 檔案後，就能看到該壓縮檔中包含了 c:\1 目錄下的所有檔案，而且還可以透過第 8 行的列印敘述看到被壓縮的檔案列表。

請注意這個範例程式中 try…except…finally 從句的寫法，如果在壓縮其中任何一個檔案時出錯，則是中止整個壓縮流程，這和正常的做法是相符的，在第 13 行的 finally 從句中，透過呼叫 close 方法關閉了操作 zip 檔案的物件。

完成檔案的壓縮後，透過下面的 UnZip.py 範例程式能以兩種方法來解壓縮 zip 檔案。

```
1    # !/usr/bin/env python
2    # coding=utf-8
3    import shutil,zipfile
4    # shutil.unpack_archive('c:\\1.zip','c:\\2')
5    f = zipfile.ZipFile("c:\\1.zip",'r')
6    for file in f.namelist():
7        f.extract(file,"c:\\2")
8    f.close()
```

第一種解壓縮的方式是直接呼叫 shutil.unpack_archive 方法，該方法第一個參數表示要解壓縮的 zip 壓縮檔，第二個參數則表示解壓縮後釋放出檔案要儲存到的路徑。

在第 5 行到第 8 行中列出了第二種解壓縮方式，首先是在第 5 行呼叫 zipFile 方法，開啟要解壓縮的 1.zip 壓縮檔，隨後執行第 6 行的 for 循環，依次檢查壓縮檔裡的每個檔案，並在第 7 行呼叫 extract 方法，把檔案解壓縮到 c:\\2 目錄下。解壓縮完成後，同樣是在第 8 行呼叫 close 方法關閉操作 zip 檔案的 f 物件。

4.5 本章小結

本章說明的異常處理要點均是從專案中歸納而來，異常處理的原則是：「出現異常不要緊，但要把異常影響的範圍限制到最小」。實際的實施要點是：第一是正確地提示異常資訊；第二是合理設定監控範圍和異常處理的措施；第三是使用 finally 從句回收系統資源。

為了讓讀者更進一步地了解處理異常的實施方法，本章還說明了與檔案讀寫操作有關的內容，讓讀者不僅能從實例中進一步體會異常處理的原則，還能掌握讀寫檔案的方法，可謂一舉兩得。

第5章
股市的常用知識與資料準備

以前面章節中說明了 Python 的基礎知識為起點，從本章開始，結合股票交易資料分析與處理的範例，進一步說明 Python 相關的知識。

在本章中，首先將用通俗容易的敘述說明股票交易的相關知識以及一些股市的常用術語，而且會透過描述「競價制度」讓大家了解「股票為什麼會漲跌」這個本源性的問題。

隨後，透過使用各種 Python 函數庫，從網站、網頁等通道，下載股票資料並儲存到 csv 等格式的檔案中。在後續章節說明各個基礎知識時，會以分析和處理股票交易資料的範例來一個一個展開。另外，在這些範例中將使用本章列出的方法取得股票資料。

5.1 股票的基本常識

股票也叫股份憑證，是股份有限公司為籌集資金而發行的持股憑證，每股股票都代表著股東對該股份公司擁有一個基本單位的所有權。股票可以轉讓、買賣或作價抵押，是資金市場的主要長期信用工具。

5.1.1 交易時間與 T+1 交易規則

股票的交易日期是，除法定休假日之外的週一至週五，交易時間是上午 9:30 到 11:30，下午 1:00 到 3:00。

自 1995 年 1 月 1 日起，上海證券交易所和深圳證券交易所對股票交易實行「T+1」的交易方式，即指投資者當天買入的股票在當天不能賣出，需要等到第二天方可賣出。

5.1.2　證券交易市場

在中國大陸有兩個證券交易的場所，分別是上海證券交易所和深圳證券交易所，我們通常所說的滬深股市指的就是這兩個交易市場。

上海證券交易所簡稱「上交所」（Shanghai Stock Exchange），成立於 1990 年 11 月 26 日，而深圳證券交易所簡稱「深交所」（ShenZhen Stock Exchange）成立於 1990 年 12 月 1 日。

5.1.3　從競價制度分析股票為什麼會漲跌

競價制度包含集合競價和連續競價制度。其中，集合競價是指在每個交易日上午 9 點 15 分到 9 點 25 分，投資者按自己心理價位申報股票買賣價格，交易所對全部有效的委託進行一次集中撮合處理的過程。如果在集合競價時間段內的有效委託單未成交，那麼這些委託單會自動進入 9 點半開始的連續競價階段的交易流程。

在集合競價過程中，投資者在這段時間裡輸入的價格無需按時間優先和價格優先的原則交易，而是按最大成交量的原則來定出股票的價位，這個價位就被稱為集合競價的價位。集合競價的流程大致如下所述。

（1）確定有效委託。即在漲跌幅限制的前提條件下，根據該股上一交易日收盤價以及確定的漲跌幅度來計算當日的最高限價、最低限價。

（2）選取成交價位。在有效價格範圍內選取使所有委託產生最大成交量的價位。如有兩個以上這樣的價位，則按以下的規則選取成交價位：高於選取價格的所有買委託和低於選取價格的所有賣委託能夠全部成交，與選取價格相同的委託的一方必須全部成交。

（3）集中撮合處理所有的買委託按照委託限價由高到低的順序排列，限價相同者按照進入系統的時間先後排列，而所有賣委託則按委託限價由低到高的順序排列，限價相同者按照進入系統的時間先後排列。

依序逐筆將排在前面的買委託與賣委託配對成交，即按照「價格優先，同等價格下時間優先」的成交順序依次成交，直到成交條件不滿足為止，即不存在限價高於等於成交價的叫買委託或不存在限價低於等於成交價的叫賣委託。所有成交都以同一成交價成交。

（4）行情揭示。集合競價中未能成交的委託，自動進入連續競價。

集合競價結束後，交易開始，在上午 9 點 30 分到 11 點 30 分，下午 13 點到 15 點，即進入連續競價階段。在此期間每一筆買賣委託進入電腦自動撮合系統後，當即判斷並進行不同的處理，能成交者予以成交，不能成交者等待機會成交，部分成交者則讓剩餘部分繼續等待。按照相關規定，在無撤單的情況下，委託當日有效。若遇到股票停牌，停牌期間的委託無效。

連續競價處理按時間優先和價格優先兩個原則。實際來講，申買價高於即時揭示的最低賣價，以最低申賣價成交，申賣價低於最高申買價，以最高申買價成交。兩個委託如果不能全部成交，剩餘的繼續留在買賣單上，等待下次成交。

從上述競價制度的描述來看，如果投資者對某股有信心，認為它會漲，想要買進，在競價時就會申報一個相對目前價格而言比較高的價格，這時就會按比較高的價格成交，於是股票就漲了。相反，如果投資者對某股沒有信心，認為後市會跌，那麼就會賣出。為了儘快拋售，就會定一個低於目前價的賣單，這樣一來按競價制度，股票就跌了。

5.1.4 指數與板塊

股票指數即股票價格指數，是由證券交易所或金融服務機構編制的表明股票行市變動的一種供參考的指示數字。投資者透過指數的上漲和下跌，可以判斷出股票價格的變化趨勢，這種股票指數，也就是表明股票行市變動情況的價格平均數。

常見的指數有上證綜合指數，深圳綜合指數，滬深 300 指數，香港恒生股票指數，道瓊股票指數和金融時報股票價格指數等。

股票板塊是指某些公司在股票市場上有某些特定的相關要素，就以這一要素命名該板塊。

板塊的分類方式主要有兩種，按企業分類和按概念分類。

企業板塊分類是指，中國證監會對上市公司有分類標準，這個是官方的。每季要求對公司大於 50% 的業務來歸類公司所屬企業。這部分內容可以在證監會網站上查到上一個季的所有上市公司的企業分類。

概念板塊沒有統一的標準。常用的概念板塊分類法有地域分類：如上海板塊、雄安新區板塊等，還可以按政策分類，例如新能源板塊、自貿區板塊等，按指數分類可以是，滬深 300 板塊、上證 50 板塊等，按熱點經濟分類舉例來說，網路金融板塊、物聯網板塊等。

5.1.5　本書會用到的股市術語

在股市中通常都有一些約定俗成的詞語來表示一些特定的含義，這就是股市術語，在本書後續的章節中，在驗證以各種指標為基礎的買賣策略時，也會用到一些術語，下面就大致介紹一下。

- 牛市：也稱多頭市場，指人們對市場行情普遍看漲，延續時間較長的大升市。

- 熊市：也稱空頭市場，指人們對市場行情普遍看淡，延續時間相對較長的大跌市。

- 多頭：是指投資者對股市前景看好，預計股價就會上漲而逢低買進股票，等股價上漲至一定價位再賣出股票，以取得差價收益的投資行為。

- 空頭：是指投資者對股市前景看壞，預計股價就會下跌，而逢高賣出股票，等股價下跌至一定價位再買回股票，以取得差價收益的投資行為。

- 利多：又叫利好。是指刺激股價上漲的資訊，如上市公司經營業績好轉、銀行利率降低和市場繁榮等，以及其他政治、經濟、軍事、外交等方面對股價上漲有利的資訊。

- 利空：對於空頭有利，能刺激股價下跌的各種因素和訊息，稱為利空。

- 空倉：指投資者將所持有的股票全部拋出，手中持有現金而無股票的狀態。

- 建倉：指投資者判斷股價將要上漲而開始買進股票的投資行為。

- 滿倉：是指投資者將資金全部買入了股票而手中已沒有現金的狀態。

- 減倉：是指賣出手中持有的股票，減少所擁有股票的數量。

- 倉位：是指投資人實際投資和實有投資資金的比例。例如投資者整體投資金額為 10 萬元，現在用了 5 萬元買入了股票，那麼該投資者的倉位就是50%。

- 追漲：就是當股票開始漲起來時，不管價位是多少都買入股票的投資行為。

- 殺跌：就是在股市下跌的時候，不管當初股票買入的價格是多少，都立刻賣出，以求避免更大的損失。這種行為稱為殺跌。

- 長線：又叫長線投資，看準一檔股票在長時間內持有它，透過它獲利的投資行為。

- 短線：又叫短線投機，在比較短的時間內，例如在幾天內，甚至當天內買進賣出股票以取得差價收益的投資行為。

- 主力：是持股數較多的機構或大戶，每檔股票都存在主力，但是不一定都是莊家，莊家可以操控一檔股票的價格，而主力只能短期影響股價的波動。

- 籌碼：投資人手中持有的一定數量的股票。

- 績優股：是指那些在其所屬企業內佔有重要支配性地位、業績優良，成交活躍、紅利優厚的大公司的股票稱為績優股。其特點是具有優良的業績、收益穩定、股本規模大、紅利優厚、股價走勢穩健、市場具體良好。

- 龍頭股：在股票市場的炒作中對同產業板塊的其他股票具有影響和號召力的股票，它的漲跌常常對其他同產業板塊股票的漲跌起啟動和示範作用。

- 支撐線：又稱為抵抗線。當股價跌到某個價位附近時，股價停止下跌，甚至有可能回升，這是因為多方在此買入造成的。支撐線起阻止股價繼續下跌的作用。

- 阻力線：股價上漲到達某一價位附近，股價停止上揚，甚至回跌，這是因為空方在此賣出造成的。阻力線起阻止股價繼續上漲的作用。

- 技術指標：泛指一切透過數學公式計算得出的股票資料集合。目前，證券市場上的各種技術指標非常多，例如相對強弱指標（RSI）、隨機指標（KDJ）、趨向指標（DMI）、平滑異同平均線（MACD），等等。

- 黃金交換（金叉）：是指上升的中短期指標曲線由下而上穿過長期指標曲線，表示股價將繼續上漲，行情看好。

- 死亡交換（死叉）：是指下降的中短期指標曲線由上而下穿過長期指標曲線，表示股價將繼續下跌，行情看壞。

- 背離：是指技術指標曲線的運動方向與股票價格的執行方向不一致。說明股價的變化沒有獲得指標的支援。背離分為頂部背離和底部背離。

5.2 撰寫股票範例程式會用到的函數庫

在 Python 語言的發展過程中，Python 系統的開發者和協力廠商函數庫的開發者會把一些常用的功能封裝到 Python 函數庫中，例如之前在讀寫檔案時用到的 os 和 shutil 函數庫。

在本章中，我們會從網站抓取資料，在後續章節中，還會用這些資料繪製各種股票指標，在撰寫範例程式的過程中，會用到如表 5-1 所示的函數庫。

表 5-1　撰寫股票相關範例程式會用到的庫

函數庫名	功能點
pandas_datareader	是一個遠端取得金融資料的 Python 工具，是協力廠商函數庫
urllib	可以用來以 GET 和 POST 的方式抓取網路資料，是 Python 標準函數庫
requests	是以 urllib 函數庫為基礎的，可以用於抓取網路資料，是協力廠商庫
pandas	是協力廠商函數庫，包含一些標準的資料模型，能高效操作大類型資料集
re	是 Python 核心函數庫，封裝了處理正規表示法的功能
matplotlib	是協力廠商函數庫，封裝了實現視覺化功能的方法，在本書內，主要透過它來繪製股票指標
Tushare	Tushare 是一個免費開放原始碼的協力廠商財經資料介面套件，封裝了用於擷取分析和加工股票等金融資料的功能

在表 5-1 中，除了 urllib 和 re 是 Python 核心函數庫之外，其他都是協力廠商函數庫，都需要單獨安裝。之前我們安裝過 NumPy 函數庫，安裝這些函數庫的步驟也很相似。

切換到 Python 的安裝目錄，筆者電腦中對應的 Python 安裝目錄為 d:/python34，在其中能看到 Scripts 目錄，在「命令提示字元」視窗中透過命令列切換到這個 Scripts 目錄，而後執行指令 pip install -U 函數庫名（例如 matplotlib），系統會透過 pip 指令下載並安裝最新的函數庫。

下載時，如果提示 pip 安裝程式不是最新版，則可以執行以下的指令更新 pip：

```
python -m pip  install --upgrade pip
```

如果安裝的 Python 版本和最新的函數庫不相容,則可以透過以下的指令指定版本,例如指定安裝 3.0 以下的 Matplotlib 函數庫的最新版本:

```
pip install -U "matplotlib<3.0"
```

5.3 透過爬取股市資料的範例程式來學習 urllib 函數庫的用法

透過不同的網站(即網址),可以收集到由參數指定的股票資料,例如透過網易網站對應網址,可以收集到指定股票在指定時間範圍段內的資料。

透過 Python 的核心函數庫 urllib,可以爬取到網站的資料,事實上,urllib 函數庫中封裝了網路爬蟲的功能。

5.3.1 呼叫 urlopen 方法爬取資料

本節將透過網址 http://quotes.money.163.com/service/chddata.html,以 get 的方式請求資料,實際的格式是:

```
http://quotes.money.163.com/service/chddata.html?code=0600895&start= 20190101&end
=20190110&fields=TCLOSE;HIGH;LOW;TOPEN;CHG;PCHG;TURNOVER;VOTURNOVER; VATURNOVER
```

在表 5-2 中列出了爬取網易網站資料所使用的各個參數及其含義。

表 5-2　爬取網易網站資料所使用的各個參數及其含義

參數名	說明
code	股票代碼
start	抓取股票資料的開始時間,格式是 yyyymmdd
end	抓取股票資料的結束時間,格式是 yyyymmdd
fields	要抓取的資訊欄位

網易網站傳回的資料帶有很多欄位,下面透過 fields 參數只抓取對本書有用的,表 5-3 列出了 fields 參數所指定的欄位清單。

表 5-3　網易網站傳回的資料欄位對應表

參數名	說明
TCLOSE	收盤價
HIGH	最高價
LOW	最低價
TOPEN	開盤價
CHG	漲跌額
PCHG	漲跌幅
TURNOVER	換手率
VOTURNOVER	成交量
VATURNOVER	成交金額

　　如果直接在瀏覽器中輸入上述 url，則可以看到如圖 5-1 所示的 csv 格式資料，根據輸入的參數，傳回了 600895（張江高科）從 2019 年 1 月 1 日到 1 月 10 日指定欄位的交易資料。

```
日期,股票代碼,名稱,收盤價,最高價,最低價,開盤價,漲跌額,漲跌幅,換手率,成交量,成交金額
2019-01-10,'600895,張江高科,15.2,16.11,15.12,15.88,-0.82,-5.1186,3.4353,53202090,829197046.0
2019-01-09,'600895,張江高科,16.02,16.33,15.75,16.02,-0.02,-0.1247,3.3991,52641127,844641306.0
2019-01-08,'600895,張江高科,16.04,16.56,15.81,16.28,-0.25,-1.5347,3.5851,55522302,895511540.0
2019-01-07,'600895,張江高科,16.29,16.65,16.03,16.2,-0.01,-0.0613,3.8241,59222671,969185655.0
2019-01-04,'600895,張江高科,16.3,16.58,15.6,15.7,0.06,0.3695,4.4545,68985635,1109319288.0
2019-01-03,'600895,張江高科,16.24,16.65,15.31,15.78,0.31,1.946,6.117,94733382,1522054615.0
2019-01-02,'600895,張江高科,15.93,16.33,14.71,15.06,0.98,6.5552,4.9061,75979904,1188520419.0
```

圖 5-1　在瀏覽器中請求股票資料後傳回的結果

　　透過呼叫 Python 中 urllib.request 模組的 urlopen 方法，可以從上述網站取得資料，在下面的 urllibDemo.py 範例程式中將示範爬取資料的基本程式設計邏輯。

```
1    # coding=utf-8
2    import urllib.request        # 匯入函數庫
3    stockCode = '600895'         # 要爬取的股票「張江高科」所對應的股票代碼
4    url = 'http://quotes.money.163.com/service/chddata.html?code=0'+stockCode+
     \'&start=20190102&end=20190102&fields=TCLOSE;HIGH;LOW;TOPEN;CHG;PCHG;TURNOVER
     ;VOTU RNOVER;VATURNOVER'
5    print(url)      # 列印出要爬取的 url
6    # 呼叫 urlopen 方法爬取資料
7    response = urllib.request.urlopen(url)
8    # 由於傳回結果中有中文，因此要用 gbk 解碼
```

```
9    print(response.read().decode("gbk"))
10   response.close();          # 關閉物件
```

在第 4 行中指定了要爬取網站的 url 位址，其中使用了連接參數的方式來指定爬取股票的資訊。在第 7 行中呼叫了 urlopen 方法，傳入的參數是剛才連接後的 url。

第 9 行透過 urlopen 傳回的 response 物件呼叫它的 read 方法來輸出爬取到的資料，由於傳回資料裡有中文字元，因此要呼叫 decode("gbk") 方法進行轉碼。在完成爬取資料後，應當像第 10 行那樣，呼叫 close 方法關閉爬取所用到的 response 物件。

執行這個範例程式，可以看到如下所示的 3 行輸出，其中第一行輸出了爬取股票資料所用到的 url 位址，後兩行則是輸出了爬取到的結果，爬取的結果和使用瀏覽器看到的是一致的。

```
http://quotes.money.163.com/service/chddata.html?code=0600895&start=
20190102&end=20190102&fields=TCLOSE;HIGH;LOW;TOPEN;CHG;PCHG;TURNOVER;
VOTURNOVER;VATURNOVER
日期,股票代碼,名稱,收盤價,最高價,最低價,開盤價,漲跌額,漲跌幅,換手率,成交量,成
交金額
2019-01-02,'600895,張江高科,15.93,16.33,14.71,15.06,0.98,6.5552,4.9061,759799
04,1188520419.0
```

5.3.2 呼叫帶有參數的 urlopen 方法爬取資料

在 5.3.1 小節中，在呼叫 urlopen 方法時，是直接傳入了一個很長的經過連接的 url 位址，其實 urlopen 方法還支援以下的參數傳入方式。

```
urllib.request.urlopen(url,data=None,[timeout])
```

其中 url 表示要造訪網站對應的網址，data 則表示要提交的資料，在呼叫過程中可以用它來傳入參數，而 timeout 則表示存取 url 網站的逾時，單位是秒。

在下面的 urllibWithParam.py 範例程式中，用到了 urlopen 方法的 data 和 timeout 參數，從效果上來看，輸入參數並沒有帶一串很長的字串，這樣程式的可讀性就加強了。

```
1    # coding=utf-8
2    import urllib.request
3    stockCode = '600895'          # 張江高科
4    # 請注意，url 後沒有透過問號來傳各種參數
5    url = 'http://quotes.money.163.com/service/chddata.html'
6    # 參數是透過 url.parse 的方式來傳入的
7    param = bytes(urllib.parse.urlencode({'code': '0'+stockCode,'start':
     '20190102','end':'20190102','fields':'TCLOSE;HIGH;LOW;TOPEN;CHG;PCHG;TURNOVER;
     VOTU RNOVER;VATURNOVER'}), encoding='utf8')
8    # 帶各種參數
9    response = urllib.request.urlopen(url,data=param,timeout=1)
10   print(response.read().decode("gbk"))
11   response.close();
```

第 5 行的 url 位址只有主幹，沒有再透過問號來傳入各種參數。在第 7 行中透過 urllib.parse 來整合各種輸入參數，輸入參數的格式是 ' 鍵 ':' 值 '，中間用逗點分隔，例如 'start':'20190102','end':'20190102'。

請注意第 9 行的 urlopen 方法，在其中透過 data 傳入了參數，透過 timeout 傳入了逾時，呼叫之後同樣執行第 10 行的程式來輸出結果，第 11 行的程式則用於關閉物件。

5.3.3 GET 和 POST 的差別和使用場景

在 5.3.1 小節的 urllibDemo.py 範例程式中，是在 url 位址之後透過問號來連接參數，其實這是透過 GET 方式來請求資料，而在 5.3.2 小節的 urllibWithParam.py 範例程式中，是透過 data 來傳入參數，這其實是 POST 方式。

GET 和 POST 都是以 HTTP 協定為基礎的請求方式，GET 把請求的資料（包含主體和參數）放在 url 中，POST 則把資料放在 HTTP 資料封包中。GET 提交的資料尺寸最大為 2KB，而 POST 在理論上資料封包的大小沒有限制。

綜合比較下來，透過 GET 方式傳輸的成本比較小，但由於會曝露參數，因此一般用於發送參數無需加密的請求，但如果要傳送密碼等安全性比較高的參數時，就不適宜用 GET 方式了，而建議用 POST 方式。

5.3.4 呼叫 urlretrieve 方法把爬取結果存入 csv 檔案

透過網站爬取到的資料應當存入到 csv 等格式的檔案中，以作為後續繪製股票指標的基礎，呼叫 urllib.request.urlretrieve 方法就可以把請求獲得的資料存入指定的目錄中。

該方法的定義如下，其中 url 表示要爬取資料的網站網址，filename 表示爬取資料存入的檔案名稱，而 data 則表示爬取時要傳入的參數。

```
urlretrieve(url, filename=檔案名稱 , data=參數物件 )
```

在 getStockAsCsv.py 範例程式中示範了透過呼叫 urlretrieve 爬取股票資料並存入 csv 檔案的程式撰寫邏輯。

```
1   # coding=utf-8
2   import urllib.request
3   def getAndSaveStock(stockCodeList,path) :
4       for stockCode in stockCodeList:
5           url = 'http://quotes.money.163.com/service/chddata.html'
6           param = bytes(urllib.parse.urlencode({'code': '0'+stockCode, 'start':
    '20190101','end':'20190131','fields':'TCLOSE;HIGH;LOW;TOPEN;CHG;PCHG;TURNOVER;
    VOTURNOVER;VATURNOVER'}), encoding='utf8')
7           urllib.request.urlretrieve(url, path+stockCode+'.csv',data=param)
8   # 定義要爬取的股票串列
9   stockCodeList = []
10  stockCodeList.append('600895')      # 張江高科
11  stockCodeList.append('600007')      # 中國國貿
12  getAndSaveStock(stockCodeList,'d:\\stockData\\ch5\\')
```

從第 3 行到第 7 行的程式敘述定義了實現爬取並存入爬取結果的 getAndSaveStock 方法，該方法的參數是要爬取的股票串列和結果檔案的儲存路徑。

該方法的第 5 行敘述定義了是從網易網站爬取資料，由於本次是採用 POST 的方式，因此在 url 之後並沒有透過問號來連接參數。第 6 行的敘述與之前一樣，傳入爬取資料所用到的各種參數，這些參數表明要爬取 2019 年 1 月份的資料。第 7 行的程式敘述呼叫了 urlretrieve 方法，把爬取到的資料儲存到用 path+stockCode+'.csv' 指定的檔案中。

從第 10 行到第 11 行的程式敘述，在 stockCodeList 物件中放入了兩個股票代碼，分別是 600895 張江高科和 600007 中國國貿。第 12 行的程式敘述呼叫 getAndSaveStock 方法執行爬取操作。這個範例程式執行後，在 D:\stockData\ ch5 目錄中，就能看到兩個 csv 的檔案，如圖 5-2 所示。

圖 5-2　爬取後結果儲存的檔案

開啟其中任意一個檔案，就能看到該股票在 2019 年 1 月的交易資料。

5.4　透過以股票資料為基礎的範例程式學習正規表示法

在爬取資料時，一般需要對傳回結果進行處理，這時就需要用到正規表示法。

正規表示法（Regular Expression，簡寫為 regex、regexp 或 RE），通常用來搜尋和取代符合特定規則的文字。在 Python 語言中，是在 re 函數庫裡封裝了正規表示法的相關方法。

5.4.1　用正規表示法比對字串

在開發過程中，經常會遇到針對字串的比對取代和截取操作，例如比對某個字串是否全都是數字，或是截取字串中用引號括起來的內容，這種需求可以透過正規表示法來實現。在下面的 regexMatchDemo.py 範例程式中列出了正規表示法「比對規則」的用法。

```
1    import re      # 匯入函數庫
2    numStr = '1c'
3    numPattern = '^[0-9]+$' # 比對數字的正規表示法
4    if re.match(numPattern,numStr):
5        print('All Numbers')
6    lowCaseStr = 'abc'
7    strPattern = '^[a-z]+$' # 比對小寫字母的正規表示法
8    if re.match(strPattern,lowCaseStr):
9        print('All Low Case')
10   stockPattern='^[6|3|0][0-9]{5}$'    # 比對滬深 A 股主機板和創業板股票
```

```
11    stockCode='300000'
12    if re.match(stockPattern,stockCode):
13        print('Is Stock Code')
```

在這個範例程式的第 3 行，第 7 行和第 10 行中，分別定義了三個比對規則，在隨後第 4 行，第 8 行和第 12 行中，呼叫 re.match 方法進行了比對。

而第 10 行用於比對滬深 A 股主機板和創業板的正規表達規則是，以 6（滬）、3（創業板）或 0（深）開頭，後面跟 5 位數字，實際規則的含義可參考表 5-4 的說明。

在三個比對規則中，可以看到一些用於判斷規則的正規字元，在表 5-4 中，歸納了一些常用的正規字元的含義。

表 5-4 常用正規字元總表

符號	說明	用法舉例
^	開始標記	^[0-9]+$，其中 ^ 的含義是以 0~9 的數字開始
$	結束標記	^[0-9]+$，其中 $ 的含義是以 0~9 的數字結尾
+	比對 1 次或多次	^[0-9]+$，+ 的含義是 0~9 的數字出現 1 次或多次
*	比對 1 次或多次，也能比對空字串	1. re.match('^[0-9]*$','')，目標字串是空，能比對上 2. re.match('^[0-9]*$','0')，目標字串是數字，能比對上 3. re.match('^[0-9]*$','c')，目標字串是字母，不能比對上
[]	表示一個字元集	^[0-9]+$，其中 ^ 的含義是以 0~9 的數字開始，這裡 [0-9] 表示包含 0~9 的字元集，也就是數字。 結合其他正規字元，這個運算式的規則是：以 0~9 的數字開頭，以 0~9 的數字結尾，該數字字元出現一次或多次，歸納起來就是比對數字
a-z	表示小寫字母集，同理 A-Z 表示大寫字母集	^[a-z]+$，則表示以小寫字母開頭和結尾，中間小寫字母出現 1 次或多次，也就是說比對目標字串是否都是小寫字母
		表示「或」	例如 [6|3|0]，則表示該字元不是 6，就是 3，或是 0
{}	比對指定字元 n 次	^[6|3|0][0-9]{5}$，其中 [0-9]{5} 需要連起來解讀，說明比對數字 5 次，這個運算式規則的完整含義是：以 6、3 或 0 開頭，後面連接 5 位數字

Python 中用正規表示法比對字串的一般用法如下。

```
1    myStr = 'n'
2    myPattern = '^[0-9]*$'
```

```
3    if re.match(myPattern,myStr):
4        print('Match')
```

其中第 1 行是要符合的字串，第 2 行表示符合的規則，在第 3 行中，呼叫 match 方法來比對。還可以利用上述正規字元定義的其他規則，例如要定義判斷是否是手機號碼的規則，那麼 myPattern 就可以這樣寫：^1[3|4|5|7|8][0-9]{9}$，以 1 開頭，第 2 位是 3 或 4 或 5 或 7 或 8，再跟上 9 位數字（共 11 位數字）。

5.4.2 用正規表示法截取字串

當用 urlopen 等方式取得網路資料後，有時需要再處理一下，常見的場景有以下三種：

- 取得某個字元（例如等號）右邊或左邊或兩邊的字串。
- 取得某對字元（例如左括號右括號對或引號對）中間的字串。
- 用特定字元（例如逗點）分隔字串，把分隔結果放入陣列。

在下面的 regexSplitDemo.py 範例程式中將示範正規表示法的上述用法。

```
1    # coding=utf-8
2    import re
3    # 以等號分隔，輸出等號兩邊的字串 ['content', 'Hello World']
4    print(re.split('=','content=Hello World'))
5    # 輸出等號左邊的字串 content
6    print(re.split('=','content=Hello World')[0])
7    # 輸出等號右邊的字串 Hello World
8    print(re.split('=','content=Hello World')[1])
9
10   str = 'content=code:(600001),price:(20)'
11   pattern = re.compile(r'[(](.*?)[)]')
12   # 輸出括號內的所有內容 ['600001', '20']
13   print(re.findall(pattern, str))
14
15   # 取得 <> 之間的所有內容
16   rule = r'<(.*?)>'
17   result = re.findall(rule, 'content=<123>')
18   print(result)        # 輸出 ['123']
19
20   # 取得引號之間的內容
21   rule = r'"(.*?)"'
```

```
22   result = re.findall(rule, 'content="456"')
23   print(result)        # 輸出 ['456']
24
25   # 用逗點分隔
26   str='600001,10,12,15'
27   item=re.split(',',str)
28   print(item)          # 輸出 ['600001', '10', '12', '15']
```

在第 4 行、第 6 行和第 8 行中，呼叫了 re.split 方法，把字串按照等號進行分隔，該方法傳回的是串列，從第 6 行和第 8 行程式敘述的輸出看，re.split 傳回的串列中分別包含了等號左邊和右邊的字串。

在第 10 行到第 13 行的程式碼中，是從字串中截取了小括號之間的內容，實際做法是，呼叫第 11 行的 re.compile 方法定義了字串截取的規則，在第 13 行中呼叫 re.findall 方法，把按規則截取的字串放入了串列中並輸出。

在第 15 行到第 18 行以及第 20 行到第 23 行之間的程式碼，分別實現了「截取」字串的另外一種用法，即透過 rule = r'<(.*?)>' 定義規則，該規則表示比對「<」和「>」之間的所有字串，隨後呼叫 findall 方法來尋找符合規則的字串。如果把規則改成 r'"(.*?)"'，則是截取引號內的字串。

從第 25 行到第 27 行的程式敘述實現了「按逗點分隔」字串的功能，是透過呼叫 rc.split 方法實現的，該方法的傳回結果也是串列，在執行第 28 行的 print 敘述之後，即可看到字串截取的結果。

5.4.3 綜合使用爬蟲和正規表示法

在之前的範例程式中是呼叫 urllib 核心函數庫中的方法來爬取資料，事實上還可以呼叫 urllib 函數庫的升級版 requests 函數庫中的方法來爬取資料。

下面的範例向 http://hq.sinajs.cn/list=sh600895 這個新浪的網址請求資料，其中，list= 之後跟的是要請求其交易資料的股票代碼，如果是滬股，前面需要加 sh 作為字首。在瀏覽器中輸入該請求後，可以看到以下的傳回結果。

```
   var hq_str_sh600895="張江高科,13.910,13.800,14.200,14.240,13.870,14.200,
14.210,19546288,274647248.000,35900,14.200,82825,14.190,202300,14.180,168400,
14.170,25100,14.160,225200,14.210,78800,14.220,45500,14.230,64977,14.240,
128600,14.250,2019-02-01,15:00:00,00";
```

　　也就是說，在等號之後的引號中包含了最近一個交易日的交易資料。由於本書的範例程式中不是從這個網址取得資料，因此就不解析這些資料的含義了。在下面的 getFromSinaAPI.py 範例程式中，將示範透過 requests 函數庫爬取資料並用正規表示法整理傳回結果。

```
1    # coding=utf-8
2    import requests
3    import re
4    # 定義爬取列印和儲存資料的方法
5    def printAndSaveStock(code):
6        url = 'http://hq.sinajs.cn/list=' + code
7        response = requests.get(url).text
8        rule = r'"(.*?)"'          # 設定截取字串的規則
9        result = re.findall(rule, response)
10       print(result[0])
11       filename = 'D:\\stockData\\ch5\\'+code+".csv"
12       f = open(filename,'w')
13       # findall 方法傳回的是串列，這裡第 0 號索引儲存所需的內容
14       f.write(result[0])        # 寫入檔案
15       f.close()                 # 關閉檔案
16   # 爬取張江高科和中國國貿這兩檔股票的交易資料
17   codes = ['sh600895', 'sh600007']
18   for code in codes:
19       printAndSaveStock(code)
```

　　在第 5 行的 printAndSaveStock 方法中封裝了爬取、列印和儲存資料的功能。其中在第 6 行中定義了要取得資料的對應網站的 url 位址，在第 7 行透過 response = requests.get(url).text 的方式，從指定的 url 網站中獲得了傳回的文字，根據從瀏覽器中觀察到的效果，我們只需要引號之間的內容，所以在第 8 行中定義了字串截取的規則，在第 9 行透過呼叫 re.findall 方法取得所需的內容。

　　請注意，由於 re.findall 方法傳回的是一個串列，而在傳回的結果中包含在引號內的文字數量只有 1 個，因此需要像第 10 行那樣，用 result[0] 的索引方式取得字串的內容。

　　從第 11 行到第 15 行的程式敘述，把結果寫入到指定的檔案中，寫完後呼叫 close 方法關閉檔案物件。這部分的程式在之前的章節裡已經講過，這裡就不再詳述了。

在第 17 行中定義了兩個要爬取的股票串列，分別是 sh600895（張江高科，需要以 sh 為字首）和 sh600007（中國國貿），在第 18 行和第 19 行使用 for 循環執行爬取並儲存這兩個股票相關資料的操作。

執行這個範例程式之後，就能在主控台中看到爬取後往 csv 檔案中寫入的內容，如圖 5-3 所示，從中可以看到，只有引號之間的內容被寫入了檔案。

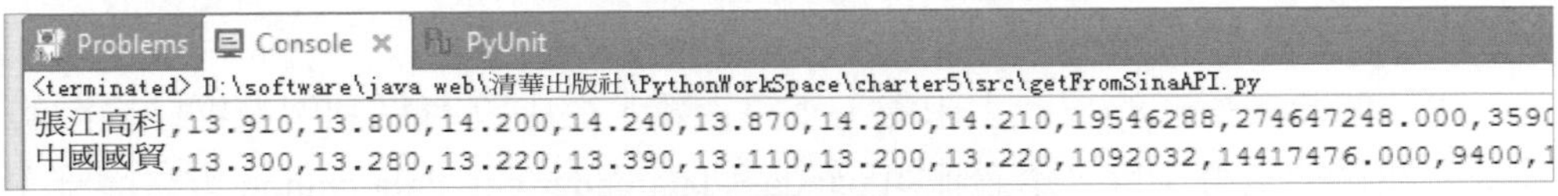

圖 5-3　範例程式執行的結果

在 D:\stockData\ch5 目錄中還能看到 sh600895.csv 和 sh600007.csv 這兩個 csv 檔案，這兩個檔案中的內容和在主控台上輸出的內容是一致的。

在這個範例程式中，我們只是從結果中抓取了引號之間的內容，但在 5.4.2 小節中，我們說明了抓取其他格式字串的方式。在用 urllib 或 requests 等函數庫爬取網路資料時，大家可以根據傳回資料的格式，透過定義不同的截取規則獲得所需格式的資料。

5.5 透過協力廠商函數庫收集股市資料

在之前的範例程式中，透過 urllib 或 requests 等函數庫，以輸入 url 的方式從指定網站取得資料。而事實上，一些諸如 pandas_datareader 和 Tushare 等的 Python 協力廠商函數庫也提供了一些取得股市資料的方法。

本書無意於比較各種取得股市資料的方式，而著意於列出各種取得資料的方式，以便讀者可以根據實際的專案需求，靈活地選用合適取得資料的方式。

5.5.1 透過 pandas_datareader 函數庫取得股市資料

pandas_datareader 是一個能讀取各種金融資料的函數庫，在下面的 getDataByPandasDatareader.py 範例程式中示範了透過這個函數庫取得股市資料的正常方法。

```
1    # coding=utf-8
2    import pandas_datareader
3    code='600895.ss'
4    stock = pandas_datareader.get_data_yahoo(code,'2019-01-01','2019-01-30')
5    print(stock)   # 輸出內容
6    # 儲存為 excel 和 csv 檔案
7    stock.to_excel('D:\\stockData\\ch5\\'+code+'.xlsx')
8    stock.to_csv('D:\\stockData\ch5\\'+code+'.csv')
```

從這個範例程式的程式上來看，不算複雜，從中沒有見到爬取網站之類的程式。關鍵的是第 4 行，透過呼叫 pandas_datareader.get_data_yahoo 方法從雅虎網站取得資料，這個方法的參數分別是股票代碼，開始日期和結束日期。

在這個範例程式中獲得了 600895（張江高科）2019 年 1 月份的資料，雖然結束時間是 1 月 30 日，但從結果中能看到 1 月 31 日的資料。

在第 7 行和第 8 行分別呼叫了 to_excel 和 to_csv 方法，把結果存入了指定目錄下的檔案中。這個範例程式執行後，我們首先能在主控台中看到輸出，其次會在 D:\stockData\ch5\ 目錄中，看到 600895.ss.xlsx 和 600895.ss.csv 這兩個儲存股票資料的檔案。開啟 600895.ss.xlsx 檔案，能看到如圖 5-4 所示的資料內容，其實在主控台中和另一個 csv 檔案中，可以看到一樣的資料。

Date	High	Low	Open	Close	Volume	Adj Close
2019-01-02 0:00:00	16.33	14.71	15.06	15.93	75979904	15.93000031
2019-01-03 0:00:00	16.65	15.31	15.78	16.24	94733382	16.23999977
2019-01-04 0:00:00	16.58	15.6	15.7	16.3	68985635	16.29999924
2019-01-07 0:00:00	16.65	15.6	15.7	16.29	59222671	16.29000092
2019-01-08 0:00:00	16.56	15.81	16.28	16.04	55522302	16.04000092
2019-01-09 0:00:00	16.33	15.75	16.02	16.02	52641127	16.02000046
2019-01-10 0:00:00	16.11	15.12	15.88	15.2	53202090	15.19999981
2019-01-11 0:00:00	15.8	15.06	15.2	15.56	42057493	15.56000042
2019-01-14 0:00:00	16.08	15.35	15.67	15.46	43255147	15.46000004
2019-01-15 0:00:00	15.64	15.09	15.4	15.54	31687291	15.53999996
2019-01-16 0:00:00	16.17	15.46	15.75	15.71	44711686	15.71000004
2019-01-17 0:00:00	17.05	15.6	15.6	16.98	86309543	16.97999954
2019-01-18 0:00:00	16.8	16.05	16.72	16.29	62198832	16.29000092
2019-01-21 0:00:00	16.53	15.92	16.22	16.4	38675827	16.39999962
2019-01-22 0:00:00	16.91	16.22	16.3	16.36	47087722	16.36000061
2019-01-23 0:00:00	16.68	15.91	16.36	16.4	40190374	16.39999962
2019-01-24 0:00:00	16.65	15.93	16.65	16.07	39457212	16.06999969
2019-01-25 0:00:00	16.04	15.27	15.92	15.33	42175769	15.32999992
2019-01-28 0:00:00	15.57	15.21	15.5	15.35	21769886	15.35000038
2019-01-29 0:00:00	15.5	14.18	15.27	14.54	31401261	14.53999996
2019-01-30 0:00:00	14.77	14.33	14.49	14.37	16274136	14.36999989
2019-01-31 0:00:00	14.75	13.58	14.69	13.8	32695437	13.80000019

圖 5-4　用 pandas_datareader 函數庫獲得股票資料的效果圖

而傳回資料的標頭含義如表 5-5 所示的欄位。

表 5-5　欄位對應表

參數名	說明
Date	交易時間
High	最高價
Low	最低價
Open	開盤價
Close	收盤價
Volume	成交量
Adj Close	複權收盤價

在上述範例程式中，在呼叫 get_data_yahoo 方法時，傳入的股票代碼帶有 .ss 的尾碼，這表示該代碼是滬股的。此外，還能透過 .sz 的尾碼來表示深股，透過 .hk 的尾碼表示港股。如果要取得美股的資料，則直接用美股的股票代碼即可。在下面的 printDataByPandasDatareader.py 範例程式中示範了取得美股，港股和深股相關資料的方式。

```
1   # coding=utf-8
2   import pandas_datareader
3   stockCodeList = []
4   stockCodeList.append('600007.ss')   # 滬股「中國國貿」
5   stockCodeList.append('000001.sz')   # 深股「平安銀行」
6   stockCodeList.append('2318.hk')     # 港股「中國平安」
7   stockCodeList.append('IBM')         # 美股，IBM，直接輸入股票代碼不帶尾碼
8   for code in stockCodeList:
9       # 為了示範，只取一天的交易資料
10      stock = pandas_datareader.get_data_yahoo(code,'2019-01-02','2019-01-02')
11      print(stock)
```

這個範例程式的程式是第 10 行，即呼叫 get_data_yahoo 方法獲得資料。在第 4 行到第 7 行增加要取得股票資料的股票串列時，分別設定了要取得滬股，深股，港股和美股的股票資料，設定時請注意股票代碼的尾碼。

這個範例程式執行後，就能從主控台中看到輸出的 4 個股票在指定日期內的交易情況，由於資料量比較多，本書就不羅列實際的資料了。

5.5.2　使用 Tushare 函數庫來取得上市公司的資訊

Tushare 是一個免費的用於 Python 的財經資料介面套件（或稱為函數庫），它的官網是 http://tushare.org/，在官網上，我們可以看到以下的描述：

Tushare 是一個免費、開放原始碼的 Python 財經資料介面套件。主要實現對股票等金融資料從資料獲取、清洗加工到資料儲存的過程，能夠為金融分析人員提供快速、整潔、和多樣的便於分析的資料，為他們在資料取得方面相當大地減輕工作量，使他們更加專注於策略和模型的研究與實現上。

我們可以透過呼叫 Tushare 函數庫中的方法來取得各種有幫助的資料。在下面的 getStockInfoByTS.py 範例程式中，將示範呼叫 get_stock_basis 方法來取得各上市公司的資訊，實際的程式碼如下。

```
1    # coding=utf-8
2    import tushare as ts          # 匯入函數庫
3    # 指定儲存的檔案名稱
4    fileName='D:\\stockData\\ch5\\stockListByTs.csv'
5    stockList=ts.get_stock_basics()           # 呼叫方法獲得資訊
6    print(stockList)                # 在主控台列印
7    stockList.to_csv(fileName,encoding='gbk')    # 儲存到 csv 中
```

第 5 行的程式敘述呼叫了 get_stock_basis 方法，第 6 行的程式碼在主控台裡輸出了相關資訊，而在第 7 行則是透過呼叫 to_csv 方法把資訊儲存到指定的 csv 檔案中，由於檔案中含有中文字元，因此需要指定編碼為 gbk。

開啟對應的 csv 檔案，就能看到上市公司的詳細資訊，由於傳回的欄位和記錄數比較多，因此圖 5-5 展示出的只是該 csv 檔案中的部分資料。

code	name	industry	area	pe	outstandi	totals	totalAsse	liquidAss	fixedAsse	reserved
2947	N 恆銘達	元器件	江蘇	28.64	0.3		62481.23	47050.62	12937.01	19640.3
2218	拓日新能	半導體	深圳	39.93	12.16	12.36	630969.4	227080	293907	131576.1
600537	億晶光電	半導體	浙江	43.93	11.76	11.76	680322.4	315329.6	317004.4	128309.5
300167	迪威迅	通訊設備	深圳	0	3	3	117731.2	65099.73	6401.46	31287.58
2681	奮達科技	家用電器	深圳	22.53	11.05	20.65	877962.6	303593.8	99794.32	270590.4
2333	羅普斯金	鋁	江蘇	0	4.85	5.03	155933.2	50139.26	78160.71	45438.65
2113	天潤數娛	網際網路	湖南	78.46	8.25	15.33	312240	119134	402.05	124397.1
300023	寶德股份	專用機械	陝西	0	1.44	3.16	662435.3	480009.8	12312.28	58975.38
601908	京運通	電氣設備	北京	11.26	19.93	19.95	1518373	367535.7	830927.4	289949.5
300040	九洲電氣	電氣設備	黑龍江	26.24	2.35	3.43	383770.3	193841.6	140037.8	79762.31
300304	雲意電氣	汽車配件	江蘇	25.67	8.46	8.72	216902	143668.5	49021.78	39300.51

圖 5-5　用 Tushare 函數庫取得的上市公司資訊

從官網上，可以看到該方法傳回所有欄位的以下描述：

code 表示代碼，name 表示名稱，industry 表示所屬企業，area 表示地區，pe 表示市盈率，outstanding 表示流通股本，單位是億，totals 表示總股本，單位是億，totalAssets 表示總資產，單位是萬，liquidAssets 表示流動資產，fixedAssets 表示固定資產，reserved 表示公積金，reservedPerShare 表示每股公積金，esp 表示每股收益，bvps 表示每股淨資產，pb 表示市淨率，timeToMarket 表示上市日期，undp 表示未分利潤，perundp 表示每股未分配利潤，rev 表示收入相較去年（%），profit 表示利潤相較去年（%），gpr 表示毛利率（%），npr 表示淨利潤率（%），holders 表示股東人數。

在上述範例程式中，獲得了所有的上述公司的資訊，在不少應用場景中，則需要根據股票代碼去抓取資料，所以需要對上述範例程式進行修改，在下面的 printStockCodeByTS.py 範例程式中，透過呼叫 Tushare 函數庫中的方法列印出所有上市股票的代碼。

```
1   # coding=utf-8
2   import tushare as ts
3   stockList=ts.get_stock_basics()
4   for code in stockList.index:
5       print(code)
```

在第 3 行透過呼叫 ts.get_stock_basics() 取得所有的上市公司資訊後，第 4 行用 for 迴圈檢查 stockList.index，也就是股票代碼，第 5 行則列印出全部的股票代碼，讀者也可以參照前一個範例程式把這些資料儲存到 csv 檔案中。

5.5.3 透過 Tushare 函數庫取得某時間段內的股票資料

透過呼叫 Tushare 函數庫中的 get_hist_data 方法，可以獲得指定股票在指定時間範圍內的交易資料，在下面的 saveStockToCsvByTS.py 範例程式中，呼叫 get_hist_data 方法來取得並儲存指定股票在指定時間範圍內的交易資料。

```
1   import tushare as ts
2   def saveStockByTS(code):    # 定義取得並儲存指定股票交易資料的方法
3       start='2019-01-01'
4       end='2019-01-31'
5       ts.get_hist_data(code=code,start=start,end=end).to_csv('d: \\stockData\\
    ch5\\' +code+'.csv',columns=['open','high','close','low', 'volume'])
6   # 開始呼叫
```

```
7    code='600895'       # 股票「張江高科」
8    saveStockByTS(code)
9    # 也可以去掉下面的註釋，在取得股票代碼的同時取得該股票的資訊
10   # stockList=ts.get_stock_basics()
11   # for code in stockList.index:
12       # saveStockByTS(code)
```

在第 2 行的 saveStockByTs 方法中，透過呼叫第 5 行的 get_hist_data 方法取得股票的交易資料，該方法的參數分別表示股票代碼，開始和結束時間。在取得交易資料之後，呼叫了 to_csv 方法，透過指定檔案名稱和要儲存的欄位清單來儲存取得到的交易資料。

在第 8 行中透過呼叫 saveStockByTs 方法，取得並儲存了股票「張江高科」在 2019 年 1 月份的交易資料。同時，可以採用 printStockCodeByTS.py 範例程式中的用法，如第 10 行到第 12 行所示，在取得股票代碼的同時就取得該股票的所有基本資訊。

5.6 本章小結

由於本書的目的是透過股票相關的範例程式來學習 Python，因此在本章的前面內容，列出了股票的基本常識以及需要用到的相關 Python 函數庫；之後透過各種函數庫，示範了如何實現取得並儲存股票資料的功能。一方面，讀者可以透過股票相關的範例程式來學習爬蟲和正規表示法等相關知識的使用技巧；另一方面，讀者可以掌握取得股票相關資料的方法，這是後續章節撰寫股票範例程式的基礎。

由於在一些協力廠商函數庫裡已經封裝了取得股票資料的相關方法，因此在本章的最後還說明了透過這些函數庫取得並儲存股票資料的用法。學習完本章，讀者不僅能了解到股票的相關知識，還能掌握多種取得股票資料的方法，這為後續章節的學習打下了堅實的基礎。

第 *6* 章
透過 Matplotlib 函數庫繪製 K 線圖

在之前的章節中說明了股票的基礎，透過收集股票資料的範例程式讓大家了解了爬取網路資料的方法。在本章中，將透過 Matplotlib 等函數庫來示範如何繪製股票的 K 線圖。

本書的目的是透過股票相關的範例程式向讀者說明 Python 知識，所以在說明 K 線圖之前，會系統地說明各種 Matplotlib 的必備知識，例如設定座標軸的技巧、設定子圖的方式以及繪製各種子圖的方法。

在學會用 Python 繪製出 K 線圖後，本章會透過範例程式，進一步說明了借助各種 K 線形態觀察股票後市走勢的相關理論。

6.1 Matplotlib 函數庫的基礎用法

在 Python 語言中，透過 Matplotlib 函數庫只需要少量程式，就能繪製出諸如橫條圖等圖表。在本節中，將說明 Matplotlib 函數庫的一些基礎用法。

6.1.1 繪製柱狀圖和聚合線圖

在股票的各種指標中，人們看到最多的是柱狀圖（例如 K 線圖和成交量）和聚合線圖（例如均線和 KDJ），在下面的 matplotlibSimpleDemo.py 範例程式中就示範這兩種圖來作為入門之始。

```
1    # !/usr/bin/env python
2    # coding=utf-8
3    import numpy as np
4    import matplotlib.pyplot as plt
5    # 聚合線圖
6    x = np.array([1,2,3,4,5])
7    y = np.array([20,15,18,16,12])
```

```
8    plt.plot(x,y,color="green",linewidth=10)
9    # 柱狀圖
10   x = np.array([1,2,3,4,5])
11   y = np.array([14,16,18,12,21])
12   plt.bar(x,y,alpha=1,color='#ffff00',width=0.2)
13   plt.show()
```

在這個範例程式的第 3 行和第 4 行匯入了 NumPy 和 Matplotlib 函數庫，在第 6 行和第 7 行中定義了繪製聚合線圖需要的資料，即 x 軸和 y 軸的座標，在第 8 行中透過呼叫 matplotlib.pyplot 函數庫中的 plot 方法繪製了聚合線圖。在繪製聚合線圖時，會把 x 和 y 陣列包含的座標點連接起來，即聚合線會連接（1,20），（2,15）等 5 個座標點，而且會根據諸如 color="green" 等參數定義聚合線的規格，例如本範例程式繪製出的聚合線是綠色，寬度是 10。

在第 10 行和第 11 行設定完柱狀圖的座標點之後，第 12 行則透過呼叫 matplotlib.pyplot 函數庫中的 bar 方法繪製柱狀圖，bar 方法的前兩個參數同樣是指座標點，例如（1,14）表示在座標點 1 的柱狀圖高度是 14，bar 方法的後 3 個參數則指定了透明度，顏色和寬度等規格。這裡請注意，指定顏色時，不僅可以透過「red」「green」等方式，而且還可以透過以 # 開頭的十六進位數的方式來指定顏色。

最後需要像第 13 行那樣用 show 方法展示出整個圖形，本範例程式的執行結果如圖 6-1 所示，需要說明的是，雖然本範例程式繪製出的圖形是有顏色的，但本書採用黑白兩色出版，所以在圖中未必能看到彩色的效果，不過讀者可以在自己的電腦上執行本範例程式，以檢視顏色的效果。

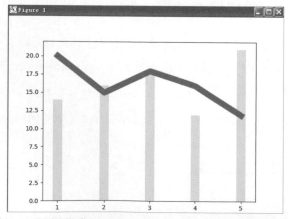

圖 6-1　範例程式 matplotlibSimpleDemo.py 執行的結果

從這個範例程式可知，在呼叫 matplotlib.pyplot 的 plot 和 bar 方法繪製聚合線圖和柱狀圖時，可以透過參數名稱＝參數值的方式來指定聚合線的規則，本範例中是設定了顏色和寬度等屬性，在後續章節中，還將透過更多範例程式說明其他常用參數的用法。

6.1.2 設定座標軸刻度和標籤資訊

在 6.1.1 小節的範例程式中， x 和 y 軸的刻度文字是數字，而在繪製股票等資訊的圖表時，就有可能是日期或其他字串，並且在某些應用中，有可能還要動態設定座標軸設定值的上下限範圍。對於這種的需求，在 matplotlibAxisDemo. py 範例程式中示範了設定座標軸資訊的常見用法。

```python
1   # !/usr/bin/env python
2   # coding=utf-8
3   import numpy as np
4   import matplotlib.pyplot as plt
5   # 聚合線圖
6   x = np.array([1,2,3,4,5])
7   y = np.array([20,15,18,16,25])
8   plt.xticks(x, ('20190101','20190105','20190110','20190115','20190120'),
    color='blue')
9   plt.yticks(np.arange(10,30,2),rotation=30)
10  plt.ylim(10,30)
11  plt.xlabel("Date")
12  plt.ylabel("Price")
13  plt.plot(x,y,color="red",linewidth=1)
14  plt.show()
```

在第 6 行和第 7 行中設定了連接聚合線的 5 個座標點的 x 和 y 軸的值。

在第 8 行中透過呼叫 xticks 方法設定了 x 軸的刻度資訊。這裡呼叫該方法時，傳入了三個參數：第一個參數表示座標軸的位置，實際是第 6 行定義的 x 陣列；第二個參數表示要顯示的刻度內容，由於在這個範例中 x 軸上有 5 個值，因此這 5 個值分別和第二個參數中的 5 個日期相對應，例如 '20190101' 則對應於原來刻度為 1 的位置；第三個參數表示 x 軸的刻度資訊用藍色顯示。

在第 9 行中透過呼叫 yticks 方法設定了 y 軸的刻度資訊，這裡呼叫了 arange 方法，表示 y 軸的刻度是從 10 開始到 30，步進值是 2 的等差數列，而且還透過 rotation 屬性設定了 y 軸標籤文字的旋轉角度。

在第 10 行中透過呼叫 ylim 方法設定了 y 軸刻度的下限和上限，這裡分別是 10 和 30。在第 11 行和第 12 行中，分別呼叫 xlable 和 ylabel 方法設定了 x 和 y 軸的主題標籤。

在第 13 行中透過呼叫 plot 方法，根據上述資訊繪製了一條寬度是 1 的紅色聚合線，最後在第 14 行透過呼叫 show 方法完成了繪製操作。執行這個範例程式，就能看到如圖 6-2 所示的結果，注意其中座標軸的顯示效果。

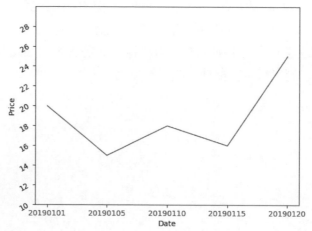

圖 6-2 設定座標軸刻度和標籤資訊的範例程式之執行結果

6.1.3 增加圖例和圖表標題

為了讓圖表更易於了解，常常會增加圖例和標題，一般來說是呼叫 title 方法設定標題，呼叫 legend 方法設定圖例。在 matplotlibTitleDemo.py 範例程式中將示範如何增加圖例和標題。

```
1    # !/usr/bin/env python
2    # coding=utf-8
3    import numpy as np
4    import matplotlib.pyplot as plt
5    x=np.arange(-2,3)
6    plt.xlim(-2,2)
7    plt.plot(x,2*x,color="red",label='y=2x')
8    plt.plot(x,3*x,color="blue",label='y=3x')
9    plt.legend(loc='2')
```

```
10   # plt.legend(loc='upper left' ) 和第 9 行相等
11   plt.title("Func Demo",fontsize='large',fontweight='bold',loc ='center')
12   plt.show()
```

在第 6 行中設定了 x 軸的設定值上下限，在第 7 和第 8 行中分別呼叫 plot 方法繪製了 y=2x 和 y=3x 這兩個函數的圖形，請注意，透過 plot 方法的第三個參數，設定了這兩個聚合線的 label（標籤）值，而在第 9 行呼叫 legend 設定圖例時，則是顯示這裡設定的標籤資訊。

第 9 行呼叫 legend 方法時，傳入了一個參數 loc=2，該參數表示圖例的顯示位置，也可以像第 10 行那樣，透過字串的方式指定顯示位置，它們兩者是相等的，相關參數含義如表 6-1 所示。

表 6-1 loc 參數值及其含義的總表

數值參數值	字串參數值	圖例位置
0	best	最適合的位置
1	upper right	右上角
2	upper left	左上角
3	lower left	左下角
5	right	右側
6	center left	左側中間
7	center right	右側中間
8	lower center	下側中間
9	upper center	上側中間
10	center	中間

在第 11 行中透過呼叫 title 方法設定了圖表的標題，其中第一個參數表示標題的文字，後面的參數則表示設定標題的字型等屬性。

在範例程式的最後，即第 12 行，呼叫 show 方法繪製了圖表，結果如圖 6-3 所示。

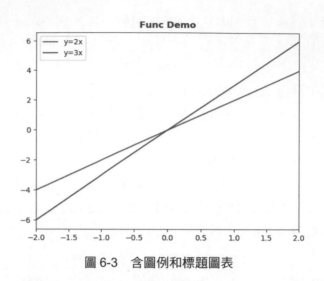

圖 6-3　含圖例和標題圖表

6.2 Matplotlib 圖形函數庫的常用技巧

在 6.1 節，透過繪製柱狀圖和聚合線圖的範例程式，讀者應該了解了 Matplotlib 函數庫的基本用法，在本節中，將進一步說明 Matplotlib 函數庫的其他常見用法，包含如何在圖形中顯示中文，以及座標軸相關的進階實用技能。

6.2.1 繪製含中文字元的圓形圖

透過圓形圖可以直觀地展示統計資料中每一項在總數中的百分比，在 Matplotlib 函數庫中，可以透過呼叫 pyplot.pie 方法來繪製圓形圖。

舉例來說，在一個月中，某家庭的各項收益是薪水 23000，股票 2000，基金 2000，著書收益 1500，視訊教學收益 2000，其他收益 800。在下面的 matplotlibPieDemo.py 範例程式中將示範如何繪製各項收入的百分比。

```
1    # !/usr/bin/env python
2    # coding=utf-8
3    import matplotlib.pyplot as plt
4    # 顯示中文字元
5    plt.rcParams['font.sans-serif']=['SimHei']
6    labels = ['薪水','股票','基金','著書收益','視訊教學收益','其他']
```

```
7   sizes = [23000,2000,2000,1500,2000,800]
8   explode = (0,0.1,0.1,0.1,0.1,0.1)
9   colors=['red','blue','green','#ffff00','#ff00ff','#f0f000']
10  plt.pie(sizes,explode=explode,labels=labels,startangle=45,colors=colors)
11  plt.title(" 本月收入情況 ")
12  plt.show()
```

透過第 5 行的設定就能在繪製的圖形中顯示中文，在第 6 行和第 7 行中以串列的形式定義了各項收入的名稱及其資料。在第 10 行中透過呼叫 pie 方法繪製了以各項收入為基礎的圓形圖。該方法的常用參數如表 6-2 所示，而在第 11 行透過呼叫 title 方法指定了圓形圖的標題。

表 6-2　pie 方法中常用參數總表

參數	含義
label	該塊圓形圖的說明文字
sizes	每個統計項的數字
explode	該塊圓形圖離開中心點的位置
radius	半徑，預設是 1
colors	每塊圓形圖的顏色
startangle	起始角度，預設圖是從 x 軸正方向逆時鐘畫起，這裡設定是 45，表示從 x 軸逆時鐘方向 45 度開始畫起

執行這個範例程式，就能看到如圖 6-4 所示的圓形圖。

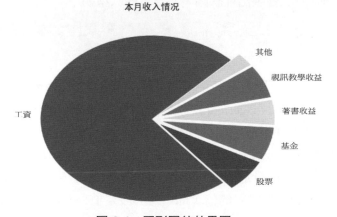

圖 6-4　圓形圖的效果圖

6.2.2　柱狀圖和長條圖的區別

柱狀圖和長條圖從形狀上看很相似，但在統計學中，它們表示的含義卻不相同。

人們一般透過柱狀圖（Bar）來展示統計資料的個數，舉例來說，有一組某周星期一到星期五股票上漲的個數的資料，就可以透過柱狀圖的形式展示出來。下面的 drawBar.py 範例程式示範了這個效果。

```python
1   # !/usr/bin/env python
2   # coding=utf-8
3   import matplotlib.pyplot as plt
4
5   day = ['Monday','Tuesday','Wednesday','Thursday','Friday']
6   increase_number = [100,150,180,80,130]
7   plt.bar(range(len(day)), increase_number, width=0.8,bottom=None,
    color='red',tick_label=day)
8   # plt.bar(range(len(day)), increase_number,width=0.8, color='red',tick_
    label=day)
9   plt.rcParams['font.sans-serif']=['SimHei']
10  plt.xlabel(' 日期 ')
11  plt.ylabel(' 股票上漲個數 ')
12  plt.title(' 股價上漲個數的柱狀圖 ')
13  plt.show()
```

在第 5 行和第 6 行中分別定義了週一到週五股票上漲的個數，在第 7 行中透過呼叫 plt.bar 方法繪製出柱狀圖，該方法的原型如下：

```
matplotlib.pyplot.bar(left, height, width=0.8, bottom=None, hold=None,
**kwargs)
```

下面來解釋一下這個方法其中常用參數的含義：left 表示每個柱子的 x 軸左邊界，在範例程式中為 range(len(day))，len(day) 表示顯示資料的個數，為 5 個；range 表示每個柱子展示的左邊界分別是從 0 到 4 的整數；height 表示柱子的高度，在範例程式中是 increase_number，表示星期 x 上漲股票的個數；width 表示每個柱子的寬度，這裡設定值是 0.8；bottom 表示每個柱子的 y 軸下邊界，這裡設定值為 None，表示用預設的值，即下邊界設定值是 0；最後 **kwargs 參數表示繪製該柱狀圖的樣式，這裡的值是 color='red',tick_label=day，表示柱狀圖的填充色是紅色，x 軸座標的刻度是天數。

透過第 9 行的程式碼的設定，以允許在繪製該柱狀圖時顯示中文，透過第 10 行到第 12 行的程式分碼別設定了 x 軸和 y 軸的標籤以及圖表的標題，最後是透過第 13 行的程式碼繪製出該柱狀圖，結果如圖 6-5 所示。

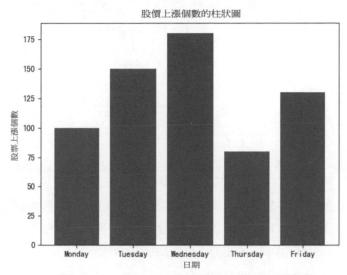

圖 6-5　drawBar.py 範例程式繪製出的柱狀圖

長條圖（Histogram）是由一組高度不等的垂直線段表示資料分佈的情況，在長條圖中，一般是用 x 軸表示資料類型，y 軸表示資料的分佈情況。例如用長條圖可以統計在某些價格區間範圍內股票的數量。在下面的 drawHist.py 範例程式中將示範如何繪製長條圖。

```
1   # !/usr/bin/env python
2   # coding=utf-8
3   import matplotlib.pyplot as plt
4   import numpy as np
5   stockPrice = [10.5, 21.6, 11.7, 20.8, 30.7,17.8, 15.7, 20.9]
6   group = [10, 20, 30, 40]
7   plt.hist(stockPrice, group, histtype='bar', rwidth=0.8)
8   plt.xticks(np.arange(0,50,10))
9   plt.yticks(np.arange(0,5,1))
10  plt.rcParams['font.sans-serif']=['SimHei']
11  plt.xlabel(' 股價分組 ')
12  plt.ylabel(' 個數 ')
13  plt.title(' 統計股價分組的長條圖 ')
14  plt.show()
```

在第 5 行中列出了許多個股票的價格，在第 6 行中列出了價格的分組，在第 7 行中透過呼叫 plt.hist 方法來繪製長條圖，表 6-3 列出了常用參數的說明。

表 6-3　hist 方法中常用參數總表

參數	含義	本範例程式中的設定值
n	指定每個箱子分佈的資料，對應 x 軸	stockPrice，表示股票價格
bins	指定對應的柱狀圖的個數	group，表示價格在 10 到 20，20 到 30，30 到 40 範圍內的股票個數
histtype	長條圖的形狀	設定值是 bar，表示是以柱狀圖的樣式繪製
rwidth	寬度	0.8
color	顏色	本例中沒有設定這個值
**kwargs	相關式樣的參數	本例中沒有設定這個值

在第 8 行和第 9 行中設定了 x 軸和 y 軸的刻度，在第 10 行中指定了本圖中允許使用中文，在從第 11 行到第 13 行的程式碼中指定了 x 軸和 y 軸的標籤以及圖形的標題，最後的第 15 行程式碼繪製出了長條圖。

這個範例程式中的執行結果如圖 6-6 所示，從中可以看到在指定區間內（例如價格從 10 元到 20 元）股票的個數。

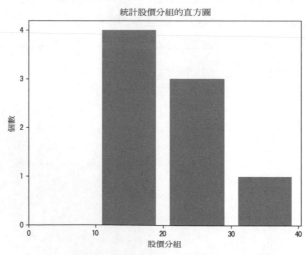

圖 6-6　drawHist.py 範例程式繪製的長條圖

6.2.3 Figure 物件與繪製子圖

在 Matplotlib 函數庫中，Figure 物件就相當於一塊白板，透過 Figure 物件可以設定白板的大小、背景顏色、邊界顏色，之後即可在這塊白板上繪圖。該物件的建構方法如下所示：

```
figure(num=None, figsize=None, dpi=None, facecolor=None, edgecolor=None,
frameon=True)
```

其中，num 表示圖形的編號或名稱；figsize 表示目前 Figure 物件的寬度和高度，請注意這裡的單位是英吋；dpi 參數用來指定解析度，即每英吋多少個像素，預設值是 80；facecolor 用來指定背景顏色；edgecolor 表示邊框顏色；frameon 用於設定是否顯示邊框，預設值為 True，表示繪製邊框。

既然 Figure 物件可以用來承載影像，所以可以透過該物件同時繪製多個子圖，在下面 matplotlibFigureDemo.py 範例程式中，首先將示範 figure 物件的常見用法，其次將示範基本的繪製子圖的方式。

```
1    # !/usr/bin/env python
2    # coding=utf-8
3    import matplotlib.pyplot as plt
4    import numpy as np
5    # 定義資料
6    x = np.array([1,2,3,4,5])
7    # 第一個 figure
8    plt.figure(num=1, figsize=(3, 3),facecolor='yellow')
9    plt.plot(x, x*x)
10   # 第二個 figure
11   plt.figure(num=2, figsize=(4, 4),edgecolor='red')
12   plt.plot(x, x*x*x)
13   plt.show()
```

在該範例程式的第 8 行和第 11 行中，分別透過呼叫 plt.figure 方法建立了兩塊白板，在這兩個方法中，分別透過參數指定了圖形的編號、大小、背景顏色和邊框顏色等屬性。在這兩塊白板上，分別在第 9 行和第 12 行呼叫 plot 方法，繪製了兩個聚合線圖。

這個範例程式的執行結果如圖 6-7 所示，由於 Figure1 的大小是 3*3，Figure2 是 4*4，因此能看到這兩個子圖大小不等，而且為 Figure1 設定了黃色的背景顏色，讀者在自己的電腦上執行這個範例程式就可以看到這一效果。

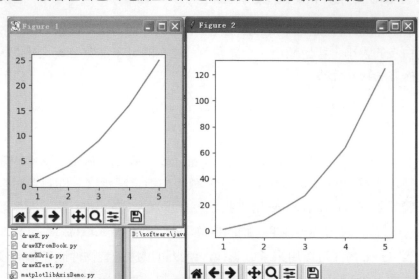

圖 6-7　使用 Figure 物件的繪製圖形

　　從執行結果可知，這兩個圖形是分開顯示的，此外還可以透過 figure 物件的 add_subplot 方法，在一個圖形裡繪製多個子圖。

　　add_subplot 方法的基本樣式是 add_subplot(221)，表示子圖將以 2*2 的形式排列，即在一塊白板上可以繪製 4 個子圖，最後一位 1 則表示，目前子圖繪製在 4 個子圖的第一個位置。在下面的 matplotlibAddSubplotDemo.py 範例程式中將示範如何透過該方法繪製子圖。

```
1    # !/usr/bin/env python
2    # coding=utf-8
3    import numpy as np
4    import matplotlib.pyplot as plt
5    x = np.arange(0, 10)
6    # 新增 figure 物件
7    fig=plt.figure()
8    # 子圖 1
9    ax1=fig.add_subplot(3,3,1)
10   ax1.plot(x, x)
11   # 子圖 2
12   ax3=fig.add_subplot(3,3,5)
13   ax3.plot(x, x * x)
```

```
14   # 子圖 4
15   ax4=fig.add_subplot(3,3,9)
16   ax4.plot(x, 1/x)
17   plt.show()
```

在第 7 行中建立了一個 figure 物件，在第 9 行、第 12 行和第 15 行中透過呼叫 add_subplot 方法分別建立了 3 個子圖，從參數中可知，這三個子圖分別位於 3*3 位元置中的第 1、第 5 和第 9 個位置，而透過第 10 行、第 13 行和第 16 行的程式指定了在三個子圖中繪製的函數圖形。在圖 6-8 中可以看到這 3 個子圖的效果。

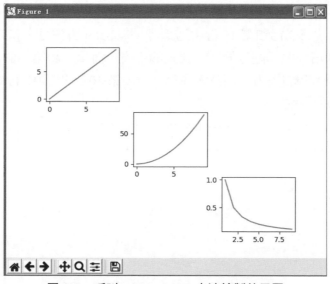

圖 6-8　呼叫 add_subplot 方法繪製的子圖

6.2.4　呼叫 subplot 方法繪製子圖

在 6.2.3 小節的範例程式中，是透過呼叫 Figure 物件的 add_subplot 方法來繪製子圖，此外，還可以呼叫 pyplot. Subplot 方法在一塊白板裡繪製多個子圖。

前 一 節 的 範 例 程 式 中，各 子 圖 的 大 小 是 一 致 的，在 下 面 的 matplotlibSubplotsDemo.py 範例程式中將示範如何繪製不同大小的子圖。

```
1    # !/usr/bin/env python
2    # coding=utf-8
3    import numpy as np
4    import matplotlib.pyplot as plt
5    x = np.arange(0, 5)
6    plt.figure()                # 設定白板
7    plt.subplot(2,1,1)          # 第一個子圖在 2*1 的第 1 個位置
8    plt.plot(x,x*x)
9    plt.subplot(2,2,3)          # 第二個子圖在 2*2 的第 3 個位置
10   plt.plot(x,1/x)
11   plt.subplot(224)            # 第三個子圖在 2*2 的第 4 個位置
12   plt.plot(x,x*x*x)
13   plt.show()
```

在第 7 行、第 9 行和第 11 行中透過呼叫 subplot 方法分別指定了 3 個子圖的位置。其中第一個子圖位於 2*1 樣式的上方，而第二和第三個子圖位於 2*2 樣式中的左下方和右下方，同時，在第 8 行、第 10 行和第 12 行中指定了三個子圖中所繪製的函數。

請注意，呼叫 subplot 方法的主體是 pyplot 物件，而非 Figure 物件，這個範例程式的執行結果如圖 6-9 所示。

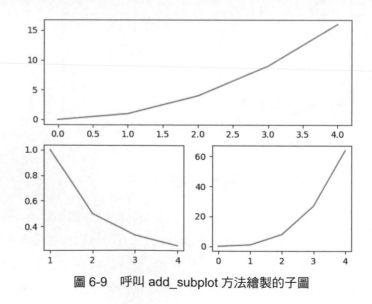

圖 6-9　呼叫 add_subplot 方法繪製的子圖

6.2.5 透過 Axes 設定數字型的座標軸刻度和標籤

Axes 的中文含義是「軸線」，放在 Matplotlib 的上下文中，可以了解成由「座標軸」組成的子區域。

在實際的應用中，透過 Axes 物件不僅可以繪製子圖，還可以設定座標軸的資訊。在之前的範例程式中是透過呼叫 pyplot 中的 xticks 等方法設定座標軸，透過 Axes 物件，可以更靈活地設定座標軸的刻度和標籤。

先來看看下面的 matplotlibAxisMoreDemo.py 範例程式，該範例程式示範了 Axes 物件設定座標軸的基本用法。

```
1   # !/usr/bin/env python
2   # coding=utf-8
3   import numpy as np
4   import matplotlib.pyplot as plt
5   from matplotlib.ticker import MultipleLocator, FormatStrFormatter
6
7   xmajorLocator = MultipleLocator(5)           # 將 x 軸主刻度設定為 5 的倍數
8   xmajorFormatter = FormatStrFormatter('%1.1f') # 設定 x 軸標籤的格式
9   xminorLocator = MultipleLocator(1)           # 將 x 軸次刻度設定為 1 的倍數
10  ymajorLocator = MultipleLocator(0.5)         # 將 y 軸主刻度設定為 0.5 的倍數
11  ymajorFormatter = FormatStrFormatter('%1.2f') # 設定 y 軸標籤的格式
12  yminorLocator = MultipleLocator(0.1)         # 將 y 軸次刻度設定為 0.1 的倍數
13
14  x = np.arange(0, 21, 0.1)
15  ax = plt.subplot(111)
16  # 設定主刻度標籤的位置，標籤文字的格式
17  ax.xaxis.set_major_locator(xmajorLocator)
18  ax.xaxis.set_major_formatter(xmajorFormatter)
19  ax.yaxis.set_major_locator(ymajorLocator)
20  ax.yaxis.set_major_formatter(ymajorFormatter)
21
22  # 顯示次刻度標籤的位置，沒有標籤文字
23  ax.xaxis.set_minor_locator(xminorLocator)
24  ax.yaxis.set_minor_locator(yminorLocator)
25  y = np.sin(x)      # 繪圖，圖形為 y=sinx
26  plt.plot(x,y)
27  plt.show()
```

在這個範例程式中的第 15 行，透過呼叫 subplot 方法設定了目前畫布上只有 1 個子圖，透過第 14 行呼叫的方法設定了 x 軸的設定值，即從 0 開始到 21，步進值為 0.1。

在第 25 行中設定了將要繪製的函數是 y=sinx，第 26 行和第 27 行的程式碼繪製出了如圖 6-10 所示的圖形。

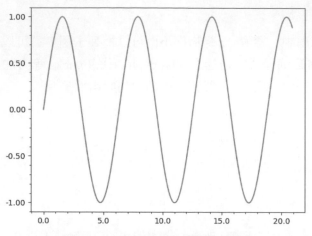

圖 6-10　座標軸刻度是數字的範例

透過圖 6-10，再結合程式，可以看到本程式中設定座標軸標籤和刻度的相關方法，和 6.1.2 小節的範例程式相比，本節的這個範例程式的程式能更靈活地設定座標軸資訊。

（1）第 7 行到第 9 行的程式碼設定了 x 軸的主刻度是 5 的倍數，次刻度是 1 的倍數，而刻度標籤的顯示格式是 1.1f，即帶一位小數位。

（2）第 10 行到第 12 行的程式碼設定了 y 軸的主刻度、次刻度和標籤的格式，相關設定從圖 6-10 中的刻度值 10.10 也能獲得驗證。

（3）在第 17 行中透過呼叫 ax.xaxis.set_major_locator(xmajorLocator) 方法，指定了 ax 物件的主刻度是第 7 行定義的描述 x 主刻度的 xmajorLocator 物件，同樣，第 23 行透過呼叫 set_minor_locator 方法，指定了 ax 的次刻度是 xminorLocator 物件（次刻度是 1 的倍數）。在第 18 行中，透過呼叫 set_major_formatter 方法，指定了 x 軸刻度的格式是 xmajorFormatter，即帶 1 位小數的格式。

（4）在第 19 行、第 20 行和第 24 行，呼叫了和（3）相同的方法，設定了 y 軸的主刻度，次刻度和標籤的格式。請注意，由於 y 軸刻度的標籤格式是 1.2f，因此 y 軸上標籤文字帶有 2 位元小數。

6.2.6 透過 Axes 設定日期型的座標軸刻度和標籤

在諸如畫 K 線圖等的圖表類型的應用中，座標軸的主刻度和次刻度有可能是日期，在下面的 matplotlibAxisForDate.py 範例程式中來示範一下相關的用法。

```python
1   # !/usr/bin/env python
2   # coding=utf-8
3   from matplotlib.dates import WeekdayLocator, DayLocator, MONDAY
4   import matplotlib.pyplot as plt
5   import numpy as np
6   import matplotlib as mpl
7   import datetime as dt
8
9   fig = plt.figure()
10  ax = fig.add_subplot(111)    # 定義圖的位置
11  startDate = dt.datetime(2019,4,1)
12  endDate = dt.datetime(2019,4,30)
13  interval = dt.timedelta(days=1)
14  dates = mpl.dates.drange(startDate, endDate, interval)
15  y = np.random.rand(len(dates))*10                    # 產生許多個隨機數
16  ax.plot_date(dates, y, linestyle='-.')               # 設定時間序列
17  # ax.plot_date(dates, y, linestyle='-.')             # 可以檢視這個樣式
18  dateFmt = mpl.dates.DateFormatter('%Y-%m-%d')        # 時間的顯示格式
19  # 設定主刻度和次刻度的時間
20  mondays = WeekdayLocator(MONDAY)
21  alldays = DayLocator()
22  ax.xaxis.set_major_formatter(dateFmt)
23  ax.xaxis.set_major_locator(mondays)
24  ax.xaxis.set_minor_locator(alldays)
25  fig.autofmt_xdate() #自動旋轉
26  plt.show()
```

在第 3 行引用了 matplotlib.date 中與時間相關的開發套件（即函數庫）。在第 11 行和第 12 行中設定了座標軸的開始和結束時間，透過第 13 行和第 14 行的程式碼設定了座標軸中時間的遞進序列，即按天的單位遞進。

如果 x 軸和 y 軸都是數字，那麼可以透過 (x,y) 的形式繪製點，對於時間等類型的座標軸，則需要像第 16 行那樣，呼叫 plot_date(dates, y, linestyle='-.') 方法繪製連線，其中第一個參數表示 x 軸的時間值，第二個參數表示 y 軸的值，第三個參數表示線的格式。在執行這個範例程式時，讀者可以比較一下第 16 行和第 17 行執行的結果。

在第 18 行中定義了時間的顯示格式，在第 20 行到第 24 行中定義了 x 軸的主刻度是時間範圍內每週一的日期，次刻度是每天的日期，而顯示的時間格式為「年 - 月 - 日」。

為了避免顯示的時間內容相互重疊，於是撰寫了第 25 行的程式碼，旋轉了 x 軸上的時間，最後執行第 26 行的程式碼繪製整體圖形。

在圖 6-11 中，可以看到主刻度，例如 4 月 1 日，是週一，而兩個主刻度之間有 6 個次刻度，分別代表兩個週一之間的六天。

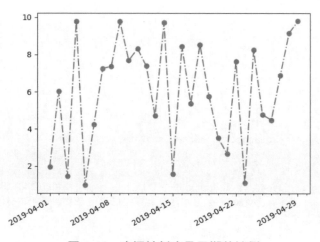

圖 6-11　座標軸刻度是日期的範例

6.3 繪製股市 K 線圖

前面說明了 Matplotlib 函數庫中與圖形相關的知識，在本節將透過繪製 K 線圖的範例程式，以綜合實作的方式加深對 Matplotlib 知識的運用。

6.3.1 K 線圖的組成要素

K 線是由開盤價、收盤價、最高價和最低價這四個要素組成。

在獲得上述四個值之後，首先用開盤價和收盤價繪製成一個長方形實體。隨後根據最高價和最低價，把它們垂直地同長方形實體連成一條直線，這條直線就叫影線。如果再細分一下，長方形實體上方的就叫上影線，下方的就叫下影線。

在實際的股票交易中，如果收盤價比開盤價高，則為上漲，就把長方形實體繪製成紅色，這樣的 K 線叫陽線。反之為下跌，則把長方形實體繪製成綠色，這樣的 K 線就叫陰線。

透過 K 線可以具體地記錄價格變動的情況，常用的有日 K 線，周 K 線和月 K 線。其中，周 K 線是指以週一的開盤價，週五的收盤價，全周最高價和全周最低價這四個要素組成的 K 線。同理可以推知出月 K 線的定義。

6.3.2 透過長條圖和直線繪製 K 線圖

從 6.3.1 小節可知，K 線圖其實是由長方形（即矩形）和直線組成，在下面的 drawKWithBar.py 範例程式中，透過 Python 中的長條圖和直線這兩大要素來繪製 K 線圖。

```
1   # !/usr/bin/env python
2   # coding=utf-8
3   import matplotlib.pyplot as plt
4   def drawK(open,close,high,low,pos):
5       if close > open:        # 收盤價比開盤價高，上漲
6           myColor='red'
7           myHeight=close-open
8           myBottom=open
9       else:                   # 下跌
10          myColor='green'
11          myHeight=open-close
12          myBottom=close
13      # 根據開盤價和收盤價繪製長方形實體
14      plt.bar(pos, height=myHeight,bottom=myBottom, width=0.2,color=myColor)
15      # 根據最高價和最低價繪製上下影線
16      plt.vlines(pos, high, low, myColor)
17  # 定義時間範圍
18  day = ['20190422','20190423','20190424','20190425','20190426','20190429',
        '20190430']
19  drawK(10.2,10.5,9.5,11,0)           # 0422 交易情況
20  drawK(10.5,10,10.6,9.8,1)           # 0423 交易情況
21  drawK(10,10.7,10.9,9.9,2)           # 0424 交易情況
22  drawK(10.7,10.1,10.9,9.9,3)         # 0425 交易情況
23  drawK(10.1,10.2,10.5,9.5,4)         # 0426 交易情況
24  drawK(10.2,10.8,10.8,10.1,5)        # 0429 交易情況
25  drawK(10.8,11.5,10.8,11.1,6)        # 0430 交易情況
26
```

```
27    plt.ylim(0,15)      # 設定 y 軸的設定值範圍
28    plt.xticks(range(len(day)),day)  # 設定 x 軸的標籤
29    plt.rcParams['font.sans-serif']=['SimHei']
30    plt.title('xx 股票 K 線圖 (20190422 到 20190430)')
31    plt.show()
```

從第 4 行到第 16 行的程式敘述定義了名為 drawK 的方法來繪製每天的 K 線圖。從第 5 行到第 12 行的 if…else 敘述中，根據開盤價和收盤價來判斷當日是上漲還是下跌，並據此設定了繪製長條圖的各種參數，如果上漲，K 線的顏色為紅色，反之則為綠色。

在 drawK 方法程式區塊內的第 14 行中，透過呼叫 bar 方法繪製了 K 線中的實體長方形，請注意它的底部是開盤價或收盤價的最小值，高度則是開盤價和收盤價兩者之差，顏色為紅色或為綠色。在第 16 行中透過呼叫 vlines 方法連接當日的最高價和最低價，vlines 方法其實就是畫出上下影線。

定義好 drawK 方法之後，在第 18 行中定義了要繪製 K 線的日期，並在第 19 行到第 25 行中，透過傳入開盤價等參數，呼叫 drawK 方法繪製了從 20190422 到 20190430 這幾天的 K 線圖。

在第 27 行中，透過呼叫 ylim 方法設定了 y 軸的設定值範圍。在第 28 行中，透過呼叫 xticks 設定了 x 軸的標籤。在第 29 行中設定了支援中文的顯示。在第 30 行中設定了包含中文的圖形標題，最後透過第 31 行的 show 方法繪製了圖形，這個範例程式的執行結果如圖 6-12 所示。

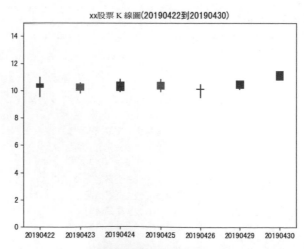

圖 6-12　使用長條圖和直線繪製出的 K 線圖

6.3.3 透過 mpl_finance 函數庫繪製 K 線圖

在 6.3.2 小節的範例程式中，繪製出了 K 線圖的大致效果。此外，mpl_finance 函數庫中的 candlestick2_ochl 方法也可用於實現類似的功能。該方法不僅能接受一組資料並批次地繪製出一組 K 線圖，還支援從指定檔案中讀取股市的相關資料，它的原型如下。

```
candlestick2_ochl(ax,opens,closes,highs,lows,width=4,colorup='red',
colordown='green',alpha=0.75)
```

其中，ax 表示要繪製 K 線圖的 Axes 物件，opens,closes,highs,lows 分別代表一組開盤價，收盤價，最高價和最低價，width 表示 K 線圖的寬度，colorup 和 colordown 分別代表漲或跌時 K 線圖長方形實體中填充的顏色，而 alpha 表示透明度。在下面的 drawK.py 範例程式中將示範呼叫這個方法的實際用法。

```
1   # !/usr/bin/env python
2   # coding=utf-8
3   import pandas as pd
4   import matplotlib.pyplot as plt
5   from mpl_finance import candlestick2_ochl
6   # 從檔案中取得資料
7   df = pd.read_csv('D:/stockData/ch6/600895.csv',encoding='gbk',index_col=0)
8   # 設定圖的位置
9   fig = plt.figure()
10  ax = fig.add_subplot(111)
11  # 呼叫方法繪製 K 線圖
12  candlestick2_ochl(ax = ax, opens=df["Open"].values, closes=df["Close"].
    values, highs=df["High"].values, lows=df["Low"].values, width=0.75,
    colorup='red', colordown='green')
13  # 設定 x 軸的標籤
14  plt.xticks(range(len(df.index.values)),df.index.values,rotation=30 )
15  ax.grid(True)  # 帶格線
16  plt.title("600895 張江高科的 K 線圖 ")
17  plt.rcParams['font.sans-serif']=['SimHei']
18  plt.show()
```

在第 7 行從檔案中讀取了第 5 章中透過爬蟲獲得的 csv 格式的股票資料，該檔案內的資料格式如圖 6-13 所示。該 csv 檔案中的第 1 行描述了資料的標題，後面的許多行則是每天的股票交易資料。

```
Date,High,Low,Open,Close,Volume,Adj Close
2019-01-02,16.329999923706055,14.710000038146973,15.060000419616,15.930000305175781,75979904,15.930000305175781
2019-01-03,16.649999618530273,15.31000041961,15.779997329711913,16.239999771118164,94733382,16.239999771118164
2019-01-04,16.579999923706055,15.600000381469727,15.699999809265137,16.29999923706055,68985635,16.29999923706055
2019-01-07,16.649999618530273,15.600000381469727,15.699999809265137,16.299999155273440,59222671,16.29999915527344
2019-01-08,15.559999465942383,15.810000419616,16.28000068665508,16.04000091552734,55222302,16.04000091552734
2019-01-09,16.329999923706055,15.75,16.020000457763672,16.020000457763672,52641127,16.020000457763672
2019-01-10,16.110000610351562,15.11999988555908,15.880001144409,15.199998092651367,53202090,15.199998092651367
2019-01-11,15.800000190734863,15.600000381469727,15.199999809265137,15.560000419616,42057493,15.560000419616
2019-01-14,16.079999923706055,15.350003814697,15.670000762939453,15.460000038146973,43255147,15.460000038146973
2019-01-15,15.640000343322754,15.09000152587,15.399999618530273,15.539999961853027,51688291,15.539999961853027
2019-01-16,16.170000076293945,15.460000038146973,15.75,15.710000038146973,44711686,15.710000038146973
2019-01-17,17.049999237060547,15.600000381469727,15.600000381469727,16.97999954223683,86309543,16.979999542236328
2019-01-18,16.799999237060547,16.04999923706054,16.71999931335449,16.29000091552734,62198832,16.29000091552734
2019-01-21,16.530000686645508,15.92000007629394,16.21999913335449,16.399999618530273,38675827,16.399999618530273
2019-01-22,16.90999984741211,16.21999913335449,16.29999923706054,16.360000610351562,47087722,16.360000610351562
2019-01-23,16.680000305175780,15.90999984741211,16.36000061035156,16.399999618530273,40190374,16.399999618530273
2019-01-24,16.649999618530273,15.9300003051751,16.649999618530273,16.069999694482420,39457212,16.069999694482422
2019-01-25,16.040000915527344,15.270000457763672,15.920000762939453,15.329999923706055,42175769,15.329999923706055
2019-01-28,15.569999694824219,15.210000381469730,15.5,15.350003814697270,21769886,15.350003814697270
2019-01-29,15.5,15.180000305175781,15.270000457763672,15.399999961853027,31401261,15.399999961853027
2019-01-30,14.770000457763672,14.329999923706055,14.489999771118164,14.369999885559082,16274136,14.369999885559082
2019-01-31,14.75,13.579999923706055,14.68999958083833,13.800001907348630,32695437,13.800001907348630
```

圖 6-13　包含股票資料的 csv 檔案

在上述範例程式的第 12 行中，透過呼叫 candlestick2_ochl 方法繪製了 K 線圖，其中以 df["Open"] 等的方式從 csv 檔案中讀取資料並作為參數傳入。

在第 14 行把 x 軸的標籤文字設定為 csv 檔案中的 "Date" 欄位。第 15 行的程式碼設定了格線，最後在第 18 行呼叫 plt.show 方法繪製出整個圖形。

這個範例程式的執行結果如圖 6-14 所示，從中可以看到，呼叫 candlestick2_ochl 方法繪製 K 線圖不僅簡便而且效果好。

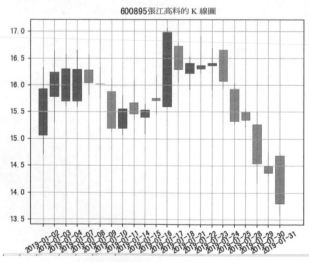

圖 6-14　呼叫 mpl_finance 函數庫中的 candlestick2_ochl 方法繪製的 K 線圖

6.4 K 線對未來行情的預判

K 線是股市中應用最為廣泛的技術指標，前面說明了使用 Python 語言繪製 K 線的技巧，本節將說明股票理論中如何透過 K 線來預判未來的行情。

6.4.1 不帶上下影線的長陽線

不帶上下影線的長陽線也叫光頭光腳長陽線，這表示在當日的交易中，股票的最高價和收盤價相同，最低價和開盤價相同，長方形的實體較大，如圖 6-15 所示。

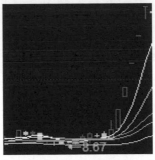

圖 6-15　光頭光腳長陽線

這說明多方（買方）強勁，空方（賣方）無力招架，這種形態經常出現在回呼結束後的上漲或高位拉升階段，有時候，在嚴重超跌後的反彈中也能看到這種形態。

從圖 6-16 中，可以看到在 2019 年 1 月，太空通訊（600677）出現了多個這種的大陽線，在出現這種形態的後市，該股票繼續上漲的機率大一些。

圖 6-16　股票「太空通訊」在 2019 年 1 月的 K 線走勢圖

6.4.2　不帶上下影線的長陰線

　　與光頭光腳長陽線對應的是不帶上下影線的長陰線形態。在這種形態裡，股票的最高價和開盤價相同，最低價和收盤價相同，長方形的實體較大，如圖 6-17 所示。這種 K 線表示賣方（空方）佔絕對優勢，買方（多方）無力還手。這種形態經常出現在高位開始下跌的初期以及反彈結束後的下跌走勢中。

圖 6-17　不帶上下影線的長陰線

　　舉例來說，金花股份（600080）於 2019 年 4 月出現了上述不帶上下影線的長陰線的形態，在後市，該股繼續下跌的機率大一些，如圖 6-18 所示。

圖 6-18　股票「金花股份」在 2019 年 4 月的 K 線走勢圖

6.4.3　預測上漲的早晨之星

　　除了分析單日的 K 線之外，還可以透過分析多日的 K 線形態來預測後市的走向，例如圖 6-19 列出的早晨之星的形態。

早晨之星

圖 6-19　K 線的早晨之星形態

早晨之星一般出現在明顯的下跌趨勢中，通常由三根連續的 K 線組成，它一般是個底部反轉訊號。其中，第 1 天的 K 線是一根實體較長的陰線，第 2 天是一根帶上下影線的小陽線或十字星，第 3 天是一根大陽線，第 3 天的收盤價一般要超過第 2 天的最高價，且要超過第 1 天 K 線實體的一半以上。在這種形態中，第 3 天的 K 線實體越長，並且收盤價相對於第 1 天的 K 線的位置越高，則後市反彈的可能性就越大，反彈的強度也就越大。

參考圖 6-20，在康欣新材（600076）2019 年 3 月和 4 月的 K 線形態中，其最左邊的部分，可以看到由 3 根 K 線組成的早晨之星的形態，在之後的交易日，該股票出現了一波上漲。

圖 6-20　股票「康欣新材」在 2019 年 3 月和 4 月的 K 線走勢圖

6.4.4　預測下跌的黃昏之星

和早晨之星相對應，黃昏之星是一個預測頂部反轉的訊號，如圖 6-21 所示。

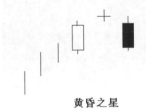

黃昏之星

圖 6-21　黃昏之星的 K 線形態

它一般出現在上升趨勢中，通常也是由三根連續的 K 線組成。第 1 天 K 線為一根實體較長的陽線，第 2 天則是一根帶上下影線的小陰線或十字星，第 3 天是一根大陰線，第 3 天的收盤價一定要超過第 2 天 K 線的最低價，同時要超過第 1 天 K 線實體的一半以上。在這種形態中，一般第 3 天 K 線的實體越長且收盤價相對於第 1 天 K 線的位置越低，則下跌的可能性就越大，下跌的幅度也就越大。

6.4.5　預測上漲的兩陽夾一陰形態

　　該形態是由三根 K 線組成，一般會出現在股價的上升通道中。第 1 天股價上漲收陽線，第 2 天下跌收陰線，第 3 天再度上揚收陽線，如圖 6-22 所示。

兩陽夾一陰

圖 6-22　兩陽夾一陰的形態

　　一般如果出現這種形態，則說明買方（多方）力量強勁，短期該股有可能上漲。其中，第 2 天陰線底部（即第 2 天的最低價）越高，實體越短（開盤價和收盤價之間的差距越小），則後市上漲的可能性就越大。

　　參考圖 6-23，在皖維高新（600063）2019 年 2 月和 3 月的 K 線走勢圖中，最左邊的 3 根 K 線組成了兩陽夾一陰的形態，從後市看出，出現該形態後，該股走出了一波上揚的行情。

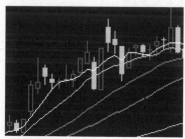

圖 6-23　股票「皖維高新」在 2019 年 2 月和 3 月的 K 線走勢圖

6.4.6　預測下跌的兩陰夾一陽形態

　　這種 K 線的形態一般出現在股價的下行通道中。其中第 1 天的股價下跌收陰線，第 2 天股價上升收陽線，第 3 天再度下跌收陰線，K 線圖如圖 6-24 所示。

兩陰夾一陽

圖 6-24　兩陰夾一陽的形態

如果出現這種形態，則說明目前股價呈下降趨勢，其中，第 2 天陽線的頂部越低，實體越短，則下跌的可能性就越大，下跌的幅度也可能就越大。

參考圖 6-25，在浙江廣廈（600052）2019 年 4 月的 K 線走勢圖中，從最左邊的 3 根 K 線中，可以看到兩陰夾一陽的形態，出現該形態後，該股走出了一波下跌的行情。

圖 6-25　股票「浙江廣廈」在 2019 年 4 月的 K 線走勢圖

6.5 本章小結

本章分為三個部分，在第一部分中說明了繪製 K 線圖的基礎，Matplotlib 函數庫的基本用法，透過 Matplotlib 函數庫繪製各種圖形的技巧以及設定各種座標軸的方式。在此基礎上，本章第二部分示範了用兩種方式繪製出 K 線圖。在本章的最後部分，說明了透過 K 線圖型分析股票後市走勢的正常理論。

透過本章列出的各個 K 線圖的範例程式，相信讀者不僅能具體地了解圖形視覺化函數庫 Matplotlib 的常見用法，還能夠掌握基本的股市分析技巧。

第 7 章

繪製均線與成交量

在第 6 章中說明了透過 Matplotlib 函數庫繪製 K 線圖。不過，在正常股市分析中，一般會結合 K 線圖、均線圖和成交量綜合評判，所以在本章中將繼續透過 Matplotlib 函數庫繪製出均線圖和成交量這兩種股票指標。

本章透過均線和成交量相關的範例程式，將進一步地綜合使用 NumPy、Pandas 和 Matplotlib 等函數庫，將用 DataFrame 物件儲存從 csv 等檔案中讀取的資料，再呼叫 Matplotlib 座標軸、長條圖和聚合線圖等方法繪製相關的指標。

在本章中，還將綜合性地使用「異常處理」、資料計算和方法的定義和呼叫等知識，根據股票買賣的理論，計算相關的買賣點。在這個過程中，讀者不僅能掌握與股票相關的知識，還能進一步掌握相關知識在實際 Python 專案中的使用技巧。

7.1 NumPy 函數庫的常見用法

NumPy（Numerical Python）是 Python 的擴充程式庫，它支援多維陣列與矩陣運算，而且該函數庫還內建了很多經最佳化處理的科學計算函數。

7.1.1 range 與 arange 方法比較

在前面章節中的範例程式中，在產生座標軸資料序列時用到過 range 方法，和它相似的還有 arange 方法。在實際的程式專案中，經常呼叫這兩個方法來建立數字序列。

range(start, end, step) 方法是 Python 語言附帶的，在建立的數字序列時，該方法的三個參數其含義依次為：start 表示數字序列的起始值，end 表示數字序列的終止值（但數字序列中不含終止值本身），step 為數字序列的步進值。這個方法只能建立整數類型的數字序列，不能建立浮點數態的數字序列。在下面的 RangeDemo.py 範例程式中示範了 range 方法的一些用法。

```
1    # !/usr/bin/env python
2    # coding=utf-8
3    # 輸出 0 到 4 的整數，但不包含 5
4    for val in range(0,5):
5    # 相等 for val in range(0,5,1):
6        print(val)
7    # 輸出 0,2,4
8    for val in range(0,5,2):
9        print(val)
10   # 以下程式會出錯，因為 range 不支援浮點數態
11   for val in range(0,5,0.5):
12       print(val)
```

在第 4 行中呼叫 range(0,5) 建立了 0 到 4 的整數序列，請注意建立的序列中不包含 5，在第 8 行中透過第 3 個參數設定了步進值為 2，所以第 8 行和第 9 行的循環，輸出的數字序列是 0,2,4。

由於 range 方法只支援整數類型，而不支援浮點數類型，因此如果撰寫第 11 行的程式碼將步進值設定為 0.5，程式即時執行就會拋出異常。

NumPy 函數庫裡的 arange 方法和 range 用法很相似，但前者可以產生浮點數態的資料，且該方法傳回的是 numpy.ndarray 類型的陣列資料。在 ArangeDemo.py 範例程式中示範了 arange 方法的相關用法。

```
1    # !/usr/bin/env python
2    # coding=utf-8
3    import numpy as np
4    print(np.arange(0,1,0.1))
5    for val in np.arange(1,3,0.5):
6        print(val)
```

第 4 行的輸出結果是 [0. 0.1 0.2 0.3 0.4 0.5 0.6 0.7 0.8 0.9]，結果中依然不包含由第 2 個參數指定的終止值 1，同時可以看到 np.arange 方法支援浮點數態的資料。np.arange 方法同樣支援反覆運算，執行第 5 行和第 6 行的 for 循環，輸出的結果是 1.0，1.5，2.0 和 2.5。

7.1.2 ndarray 的常見用法

如 7.1.1 小節所述，numpy.arange 方法傳回的是 numpy.ndarray 類型的陣列，而 ndarray 是 NumPy 函數庫裡儲存一維或多維陣列的物件。下面的 ndarray.py 範例程式示範了該物件的常見用法。

```python
1   # !/usr/bin/env python
2   # coding=utf-8
3   import numpy as np
4
5   arr1 = np.arange(0,1,0.2)
6   # 輸出 [0.  0.2 0.4 0.6 0.8]
7   print(arr1)
8   # 輸出 <class 'numpy.ndarray'>
9   print(type(arr1))
10  print(arr1.ndim)          # 傳回 arr1 的維度，是 1
11  # 輸出 [1 2 3 4]
12  print(np.array(range(1,5)))
13  arr2=np.array([[1,2,3],[4,5,6]])     # 二維陣列
14  print(arr2.ndim)          # 傳回 2
15  print(arr2.size)          # 總長度，傳回 6
16  print(arr2.dtype)         # 類型，傳回 int32
17  # 形狀，傳回 (2, 3)，表示二維陣列，每個維度長度是 3
18  print(arr2.shape)
19  arr3=np.array([1,3,5])
20  print(arr3.mean())        # 計算平均數，傳回 3
21  print(arr3.sum())         # 計算和，傳回 9
22  # 計算所有行的平均數，傳回 [2. 5.]
23  print(arr2.mean(axis=1))
24  # 計算所有列的平均數，傳回 [2.5 3.5 4.5]
25  print(arr2.mean(axis=0))
```

第 4 行的程式碼透過呼叫 np.arange(0,1,0.2) 方法定義了一個起始值是 0、終止值是 1（不包含 1）、步進值為 0.2 的 ndarray 類型的陣列。執行第 7 行的 print 敘述，可以看到該物件中的值，執行第 9 行的列印敘述，就能確認呼叫 np.arange 方法產生的是 numpy.ndarray 類型的資料。

ndarray 包含了 4 個比較常見的屬性。

（1）是 ndim 屬性，如第 10 行和第 14 行所示，它傳回該 ndarray 的維度，例如在第 14 行中，二維陣列的 ndim 屬性是 2。

（2）是 size 屬性，表示總長度，如第 15 行傳回的 arr2 的總長度是 6。

（3）是 dtype 屬性，表示類型，如第 16 行傳回的是 int32，表示 arr2 中儲存的資料類型是 int32。

（4）是 shape 屬性，表示形狀，如第 18 行傳回的是 (2, 3)，表示 arr2 是二維陣列，每個維度長度是 3。

在大多數應用場景中，只是透過 ndarray 來管理一維陣列，但是在有些應用場景中，需要用它來定義多維陣列，如第 13 行所示，以 np.array([[1,2,3],[4,5,6]]) 之類的方式來定義多維陣列。

此外，還可以像第 20 行那樣，呼叫 mean() 方法來計算一維陣列的平均值，如果遇到多維陣列，則可以像第 23 行那樣，計算每行的平均值，或像第 25 行那樣，計算每列的平均值。而計算元素和的方法可參考第 21 行的程式敘述。

7.1.3　數值型索引和布林型索引

在 7.1.2 小節中提到用 ndarray 來儲存一維或多維陣列，如果要實際定位到某個或某行元素，那麼就得使用索引。關於 ndarray 的索引要注意三點：第一，索引值從 0 開始，而非從 1 開始；第二，請儘量避免索引越界；第三，ndarray 比較常見的有傳統索引和花樣索引。

下面透過 ndarrayIndex.py 範例程式來看一下索引的相關用法。

```
1    # !/usr/bin/env python
2    # coding=utf-8
3    import numpy as np
4    arr1 = np.arange(0,1,0.2)
5    # 輸出 0.4
6    print(arr1[2])
7    # 會顯示「索引越界」的錯誤
8    # print(arr1[6])
9    arr2 = np.array([[1, 2, 3],[4, 5, 6],[7, 8, 9]])
10   # 傳回 [4 5 6]
11   print(arr2[1])
12   # 傳回 6
13   print(arr2[1,2])
14   arr3 = np.arange(5)
15   bool = np.array([True,False,False,True,True])
16   # 輸出 [0 3 4]
```

```
17    print(arr3[bool])
18    arr4=arr3[arr3>2]
19    # 輸出 [3 4]
20    print(arr4)
```

在第 6 行中透過 arr1[2] 來存取 arr1 的第 3 個元素，請注意索引值是從 0 開始，而且在使用索引值存取時，請儘量避免出現索引越界的異常，如果取消第 8 行的註釋，就會拋出越界異常。

第 11 行的程式透過索引存取了 3D 陣列 arr2，其中傳回的是陣列的第 2 行，即第二個一維陣列。如果要存取陣列中的實際元素，則可以像第 13 行那樣，用兩個索引值來指定要存取陣列的行和列。

在實際的程式專案中，用得較多的是數字類型的索引，此外還可以使用布林類型的索引。在第 14 行中呼叫 arange 方法產生了一個陣列 arr3，在第 17 行中只是傳回在 bool 陣列中值為 True 的元素，即索引為 0，3，4 這三個元素。

布林類型索引的用法也可以像第 18 行那樣，傳回指定陣列（例如 arr3）中指定條件（大於 2）的元素，執行第 20 行的輸出敘述就能看到第 18 行布林索引敘述產生作用的輸出結果。

7.1.4 透過切片取得陣列中指定的元素

在建立好陣列後，可以透過切片的方式來取得指定範圍的資料，下面的 ndarraySplit.py 範例程式示範了切片的相關用法。

```
1    # !/usr/bin/env python
2    # coding=utf-8
3    import numpy as np
4    arr1 = np.arange(0,11,1)
5    # 輸出 [ 0  1  2  3  4  5  6  7  8  9 10]
6    print(arr1)
7    arrSplit1 = arr1[2:5]
8    # 輸出 [2 3 4]
9    print(arrSplit1)
10   # 輸出 [ 2 3 4 5 6 7 8 9]，不包含 10
11   print(arr1[2:-1])            # -1 表示最右邊的元素
12   # 輸出 [ 2  3  4  5  6  7  8  9 10]
13   print(arr1[2:])             # 表示從 2 號索引開始到最後，包含 10
14   # 輸出 [0 1 2 3 4]
```

```
15   print(arr1[:5])                    # 表示從 0 號索引開始到 5 號索引
16   # 輸出 [2 3 4 5 6 7 8]
17   print(arr1[2:-2])                  # -2 表示右邊開始第 2 個元素
18   # 輸出 [0 1 2 3 4 5 6 7]
19   print(arr1[:-3])                   # -3 表示右邊開始第 3 個元素
20   # 針對多維陣列的切片
21   arr2 = np.array([[1, 2, 3],[4, 5, 6]])
22   # a輸出 [[2 3]
23   #        [5 6]]
24   print(arr2[[0,1],1:])
```

在第 7 行中能看到切片的相關用法，即透過 2:5 的形式，表示要取得資料的開始和終止索引位置，從第 9 行的輸出來看，取出的資料是包含起始位置，但不包含終止位置，實際來講，2:5 形式的切片不包含 5 號元素。

切片的起始和終止索引還可以出現負數，例如在第 11 行程式敘述中的終止位置是 -1，這裡的 -1 是表示從右邊開始的第 1 個元素，所以 2:-1 則表示從 2 號索引開始，到右邊第一個元素結束，不包含終止元素，第 10 行的註釋部分就是第 11 行程式敘述的輸出結果，讀者也可以自己執行這條程式敘述來驗證這個結論。

也就是說，負號表示從右邊開始，-1 表示從右邊開始的第一個元素，所以在第 17 行和第 19 行的輸出中，-2 和 -3 分別代表從右邊開始第 2 和第 3 個元素。

如果不出現起始位置或終止位置，例如第 13 行和第 15 行的程式敘述，則表示預設起始位置為 0 或預設終止位置為最後一個元素。

在第 24 行中示範了針對二維陣列切片的方式，實際而言，是透過逗點分隔切片規則，[0,1] 表示陣列第一行的切片規則，而 1: 則表示陣列第二行的切片規則。

7.1.5　切片與共用記憶體

當以切片的方式從 ndarray 中獲得陣列的一部分元素時，請千萬注意，此時並沒有建立新的陣列，切片和原陣列是共用記憶體的，所以當改變切片中元素的值時，原陣列中對應元素的值也會跟著改變。如果忽略了這一點，就有可能出現意料之外的結果，在下面的 shareSplit.py 範例程式中將示範切片與原陣列共用記憶體的效果。

```
1    # !/usr/bin/env python
2    # coding=utf-8
3    import numpy as np
4    x = np.arange(0,5,1)
5    y = x[2:4]
6    y[0]=10
7    print(y)           # 輸出 [10   3]
8    print(x)           # 輸出 [ 0  1 10  3  4]
9    c=x.copy()
10   c[0]=20
11   print(x)           # 輸出依然是 [ 0  1 10  3  4]，沒改變
```

在第 4 行中定義了陣列 x，在第 5 行中透過 x 陣列切片的形式定義了陣列 y。在第 6 行的本意是只修改 y 陣列，但透過第 8 行的輸出會發現 x 陣列的索引 2 對應的元素（即 y 陣列的第 0 號索引對應的元素）也發生了改變，原因就是切片陣列 y 和原陣列 x 共用了記憶體。

因此，在這種情況下，開發人員會在不經意間錯誤地修改了原陣列，為了避免這種情況的發生，可以撰寫像第 9 行那樣的程式敘述，透過呼叫 copy 方法新建立一個內容等同 x 的陣列 c（即複製功能）。這樣，即使撰寫了第 10 行的程式碼而修改了 c 中元素的值，原陣列 x 中元素的值也不會發生變化，執行第 11 行的列印敘述就能驗證這一點。

7.1.6　常用的科學計算函數

在 NumPy 函數庫中還封裝了一些常用的科學計算函數，例如在之前章節的範例程式中，就用到了求正弦函數的 sin 方法，在下面的 numpyMath.py 範例程式中示範了 NumPy 函數庫中常見科學計算函數的用法。

```
1    # !/usr/bin/env python
2    # coding=utf-8
3    import numpy as np
4    print(np.abs(-10))         # 求絕對值，該運算式傳回 10
5    print(np.around(1.2))      # 去掉小數位數，該運算式傳回 1
6    print(np.round_(1.7))      # 四捨五入，該運算式傳回 2
7    print(np.ceil(1.1))        # 求大於或等於該數的整數，該運算式傳回 2
8    print(np.floor(1.1))       # 求小於或等於該數的整數，該運算式傳回 1
9    print(np.sqrt(16))         # 求根號值，該運算式傳回 4
10   print(np.square(6))        # 求平方，該運算式傳回 36
```

```
11   print(np.sign(6))         # 符號函數，如果大於 0 則傳回 1，該運算式傳回 1
12   print(np.sign(-6))        # 符號函數，如果小於 0 則傳回 -1，該運算式傳回 -1
13   print(np.sign(0))         # 符號函數，如果等於 0 則傳回 0，該運算式傳回 0
14   print(np.log10(100))      # 求以 10 為底的對數，該運算式傳回 2
15   print(np.log2(4))         # 求以 2 為底的對數，該運算式傳回 2
16   print(np.exp(1))          # 求以 e 為底的冪次方，該運算式傳回 e
17   print(np.power(2,3))      # 求 2 的 3 次方，該運算式傳回 8
```

在這個範例程式中，每條程式敘述後面的註釋都說明了相關函數的用法及
範例運算式傳回的值，所以就不再重複解析這些程式敘述了。

7.2 Pandas 與分析處理資料

在 7.1 節，已經透過一系列範例程式示範了 Pandas 函數庫的使用，例如從
包含股票資料的 csv 檔案中讀取資料，而後繪製出了 K 線圖。在本節中，將詳
細解析 Pandas 函數庫中的資料結構以及介紹使用這些資料結構來讀取檔案的相
關技巧。

7.2.1 包含索引的 Series 資料結構

Series 的資料結構和陣列很相似，在其中除了能容納資料之外，還包含了用
於存取資料的索引（Index），也就是說，可以透過索引來存取 Series 中的元素。
在下面 seriesBasic.py 範例程式中示範了透過索引來存取 Series 中元素的相關用
法。

```
1    # coding=utf-8
2    from pandas import Series
3    import pandas as pd
4    s1 = Series(range(3),index = ["one","two","three"])
5    '''
6    print(s1) 輸出以下
7    one       0
8    two       1
9    three     2
10   dtype: int32
11   '''
12   print(s1)
```

```
13   s2 = {'one': 1, 'two': 2, 'three': 3}
14   print(s2)           # {'two': 2, 'one': 1, 'three': 3}
15   print(s1[0])        # 輸出 0
16   print(s1['one'])    # 輸出 0
17   # 拋出異常，找不到索引 print(s2['four'])
18   arr = range(3)
19   # 陣列轉 Series
20   s3 = pd.Series(arr)
21   '''
22   print(s3) 輸出
23   0    0
24   1    1
25   2    2
26   dtype: int32
27   '''
28   print(s3)
29   print(s3[0])                   # 輸出 0
```

在第 4 行中定義了 Series 類型的 s1 物件，它的值是 0 到 2，對應的索引是 one、two 和 three。在第 5 行到第 11 行的註釋中列出了第 12 行 print(s1) 的輸出結果，從中可以看到索引和數值的對應關係。由此可知，Series 索引和第 13 行「鍵 - 值對」的結果很像。

在第 15 行和第 16 行中透過 s1[0] 和 s1['one'] 這兩種方式，以索引和索引值的方式存取 Series 中的元素，這兩種方式都能獲得 0 這個結果。

在第 20 行中把一個陣列轉換成 Series 物件，由於沒指定索引，因此索引值和數值是一致的，由此可以透過第 29 行的 s3[0] 來存取其中的元素。

7.2.2 透過切片等方式存取 Series 中指定的元素

前面的章節說明過透過切片存取陣列元素的方法，由於 Series 也是陣列，因此同樣能以切片的方式存取其中的元素。

此外，還能透過呼叫 head，tail 和 take 等方法存取指定的元素。在下面的 seriesSplit.py 範例程式中示範了各種存取 Series 中指定元素的方法。

```
1    # coding=utf-8
2    # Print Hello World
3    from pandas import Series
4    import pandas as pd
```

```
 5    s1 = Series(range(5),index = ["one","two","three","four","five"])
 6    '''
 7    s1.head(2) 輸出以下
 8    one     0
 9    two     1
10    dtype: int32
11    '''
12    print(s1.head(2))        # 如果沒有參數，預設傳回前 5 個
13    " '
14    s1.tail(2) 輸出以下
15    four     3
16    five     4
17    dtype: int32
18    '''
19    print(s1.tail(2))        # 如果沒有參數，預設傳回後 5 個
20    '''
21    s1.take([1,3]) 輸出以下
22    two      1
23    four     3
24    dtype: int32
25    '''
26    print(s1.take([1,3]))    # 傳回指定位置的元素
27    '''
28    以切片的方式存取，以下兩句的輸出是一樣的
29    two      1
30    three    2
31    dtype: int32
32    '''
33    print(s1[1:3])
34    print(s1['two':'three'])
```

在本範例程式中，通過了多行註釋的方式列出了各列印敘述的輸出結果。在第 7 行的 head 方法中傳入的參數是 2，由此傳回 s1 前兩行資料。如果不傳入參數（即沒有參數），則 head 方法預設傳回前 5 筆資料。第 14 行的 tail 方法會傳回後 2 筆資料，如果沒有參數，則同樣也是傳回後 5 筆資料。在第 26 行是透過呼叫 take 方法傳回指定位置的資料，即傳回指定元素的資料。

在第 33 行和第 34 行的程式碼，透過指定位置和指定索引兩種方式，列印了 s1 的切片資料，這裡同樣請注意，切片與原 Series 物件是共用記憶體的，如果更改了切片對應元素的資料，那麼原物件中對應元素的資料也會跟著改變。

7.2.3 建立 DataFrame 的常見方式

資料幀（DataFrame）是 Pandas 函數庫中的一種資料結構，它用表格的形式來儲存資料。該資料類型中包含的要素比較多，有行、列和索引，下面透過 dataFrameCreate.py 範例程式來示範這種資料類型的建立方式。

```python
1    # !/usr/bin/env python
2    # coding=utf-8
3    from pandas import DataFrame
4    data = {'Date':['20190102','20190103','20190104'],'Open':[10,10.5,10.2],
     'Close':[10.5,10.2,10.3]}
5    df1 = DataFrame(data)
6    '''
7       Close      Date   Open
8    0   10.5  20190102  10.0
9    1   10.2  20190103  10.5
10   2   10.3  20190104  10.2
11   '''
12   print(df1)
13   df2 = DataFrame(data, columns=['Date','Open','Close'])
14   '''
15         Date  Open  Close
16   0  20190102  10.0   10.5
17   1  20190103  10.5   10.2
18   2  20190104  10.2   10.3
19   '''
20   print(df2)
21   df2 = DataFrame(data, columns=['Date','Open','Close'])
22   print(df2)
23   df3 = DataFrame(data, columns=['Date','Open','Close'], index=['1','2','3'])
24   '''
25         Date  Open  Close
26   1  20190102  10.0   10.5
27   2  20190103  10.5   10.2
28   3  20190104  10.2   10.3
29   '''
30   print(df3)
```

透過本範例程式中建立 DataFrame 的方法可以直觀地了解到該資料類型的結構，在每行的 print 敘述之前，多行註釋列出了列印的結果，讀者可以在自己的電腦執行該範例程式對照實際的執行結果。

在第 5 行中透過 DataFrame 帶一個參數的建構函數建立了 df1 物件，透過第 12 行的列印敘述的結果可知，df1 是以表格的形式儲存資料。在每行資料的前面，可以看到三個索引數字 0、1 和 2，但是這裡顯示列的次序和第 4 行敘述中 data 裡的不一致，這是因為通過了第 13 行的形式，用 columns 指定了列的次序。

每行資料的索引，預設是從 0 開始，如果要改變索引，可以像第 23 行那樣，在 DataFrame 建構函數中用 index 來指定每行的索引。

7.2.4 存取 DataFrame 物件中的各種資料

DataFrame 也提供了 head、tail 和 take 方法，用來傳回前 n 行、後 n 行和指定行的資料，用法與之前提到的 Series 很相似，就不再額外說明了。

在下面的 dataFrameRead.py 範例程式中示範了其他存取 DataFrame 中資料的常用方法，在範例程式中同樣透過註釋敘述列出了列印的各種結果。

```
1    # !/usr/bin/env python
2    # coding=utf-8
3    from pandas import DataFrame
4    data = {'Date':['20190102','20190103','20190104'],'Open':[10,10.5,10.2],
     'Close':[10.5,10.2,10.3]}
5    df = DataFrame(data, columns=['Date','Open','Close'], index=['1','2','3'])
6    # 輸出 Index(['1', '2', '3'], dtype='object')
7    print(df.index)           # 檢視索引
8    # 輸出 Index(['Date', 'Open', 'Close'], dtype='object')
9    print(df.columns)         # 檢視列名稱
10   '''
11   [['20190102' 10.0 10.5]
12    ['20190103' 10.5 10.2]
13    ['20190104' 10.2 10.3]]
14   '''
15   print(df.values)           # 檢視數值
16   # 輸出 [10.   10.5 10.2]
17   print(df['Open'].values)    # 檢視指定列的數值
18   '''
19   Date      20190102
20   Open            10
21   Close         10.5
22   Name: 1, dtype: object
23   '''
24   print(df.loc['1'])          # 檢視指定索引行的數值
25   # 檢視指定行的數值，結果等同 print(df.loc['1'])
26   print(df.iloc[0])
```

在第 5 行中透過傳入資料、指定列和索引的方式,建立了 DataFrame 類型的 df 物件。在第 7 行中透過 df.index 的形式列印了 df 的索引項目。在第 9 行中通過了 df.columns 的形式列印了 df 物件中包含的列名稱。在第 15 行中通過了 df.values 的形式列印了 df 物件中的所有資料。在第 17 行中輸出了 df 物件中指定列 Open 的所有資料。

此外,還可以透過呼叫 loc 和 iloc 方法傳回指定索引行和指定行的資料。在第 24 行中透過 loc 傳回了指定索引行 '1' 中的資料。請注意,由於這裡是透過索引號取得資料,因此 loc 的參數一般是要加引號。

在第 26 行中透過 iloc 取得指定行號的資料,行號參數不需要引號,由於第 0 行的索引號是 '1',因此第 24 行和第 26 的輸出結果是一樣的。

7.2.5 透過 DataFrame 讀取 csv 檔案

從 7.2.3 小節和 7.2.4 小節可知,DataFrame 是個儲存資料的容器,在實際的程式專案中,不會像 7.2.4 小節的範例程式那樣透過程式碼直接建立並插入資料,而是會用 DataFrame 來儲存並處理來自各種資料來源的表格類型資料。

由於 DataFrame 和 csv 與 excel 檔案相似,都是以行列表格的形式儲存資料,因此可以用來解析這兩種檔案。

在下面的 dataFrameReadCsv.py 範例程式中,先讀取包含在 csv 檔案中的股票價格資訊,再結合之前學過的 Matplotlib 函數庫來繪製股票的開盤價和收盤價的日期聚合線。

```
1   # !/usr/bin/env python
2   # coding=utf-8
3   import pandas as pd
4   import matplotlib.pyplot as plt
5   # 從檔案中讀取資料
6   df = pd.read_csv('D:/stockData/ch6/600895.csv',encoding='gbk', index_
    col='Date')
7   print(df.head(1))        # 列印第 1 行資料
8   print(df.tail(2))        # 列印最後 2 行的資料
9   print(df.index.values)    # 列印索引列(Date)資料
10  print(df['Close'].values)  # 列印索引列(Date)資料
11  fig = plt.figure()
12  ax = fig.add_subplot(111)
13  ax.grid(True)            # 帶格線
```

```
14   df['Open'].plot(color="red",label='Open')                    # 繪製開盤價
15   df['Close'].plot(color="blue",label='Close')                 # 繪製收盤價
16   plt.legend(loc='best')        # 繪製圖例
17   # 設定 x 軸的標籤
18   plt.xticks(range(len(df.index.values)),df.index.values,rotation=30 )
19   plt.show()
```

在第 6 行中透過呼叫 Pandas 函數庫提供的 read_csv 方法讀取 600895.csv 檔案（之前透過爬蟲爬取並儲存的檔案），讀取後的資料放入 DataFrame 類型的 df 物件中，在讀取時透過 index_col 參數指定索引列是 'Date'。

在第 7 行中透過呼叫 head 方法傳回了第 1 筆資料，在第 8 行透過呼叫 tail 方法傳回最後 2 筆資料，在第 9 行中列印了 index 列（即 Date 列）的資料，而在第 10 行列印了收盤價（Close）這一列的資料。

在第 14 行和第 15 行中呼叫 df 物件的 plot 方法，根據開盤價和收盤價的資料，繪製兩根聚合線，它們分別是紅色和藍色（本書採用黑白印刷看不到紅藍顏色，讀者可以在自己的電腦上執行本範例程式即可看到實際的執行結果），在第 16 行中透過呼叫 legend 方法繪製出這兩根聚合線的圖例。

在第 18 行中透過參數設定了 x 軸的標籤為 Date 列的日期資訊，為了不讓顯示的日期相互重疊，透過 rotation 設定了文字旋轉 30 度。這個範例程式的執行效果如圖 7-1 所示，圖例中的「Open」和「Close」表明對應的描述開盤價和收盤價的聚合線。

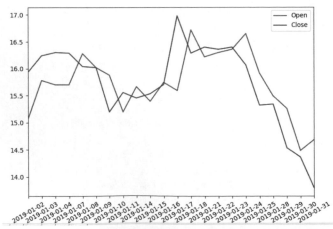

圖 7-1　dataFrameReadCsv.py 範例程式讀取 csv 檔案並繪製股票的開盤價和收盤價的聚合線圖

7.2.6 透過 DataFrame 讀取 Excel 檔案

同樣可以透過 DataFrame 物件讀取 Excel 檔案，本節將用到第 5 章取得到的 600895.ss.xlsx 檔案。和之前的 csv 檔案不同，Excel 檔案中 Date 列包含的日期不是字串類型，而是 TimeStamp（時間戳記）類型，部分資料如圖 7-2 所示。

A	B	C	D	E	F	G
Date	High	Low	Open	Close	Volume	Adj Close
2019-01-02 0:00:00	16.33	14.71	15.06	15.93	75979904	15.93000031
2019-01-03 0:00:00	16.65	15.31	15.78	16.24	94733382	16.23999977
2019-01-04 0:00:00	16.58	15.6	15.7	16.3	68985635	16.29999924
2019-01-07 0:00:00	16.65	15.6	15.7	16.29	59222671	16.29000092
2019-01-08 0:00:00	16.56	15.81	16.28	16.04	55522302	16.04000092

圖 7-2　待解析的 Excel 檔案中的日期列

在 dataFrameReadExcel.py 範例程式中，將把時間戳記類型的資料轉換成 '%Y-%m-%d'（例如 2019-01-02）格式。

```
1    # !/usr/bin/env python
2    # coding=utf-8
3    import pandas as pd
4    import matplotlib.pyplot as plt
5    # 從檔案中讀取資料
6    df = pd.read_excel('D:/stockData/ch5/600895.ss.xlsx')
7    for index,row in df.iterrows():
8        df.at[index, 'NewDate'] = df.at[index, 'Date'].strftime('%Y-%m-%d')
9    fig = plt.figure()
10   ax = fig.add_subplot(111)
11   ax.grid(True)        # 帶格線
12   df['High'].plot(color="red",label='High')    # 繪製最高價
13   df['Low'].plot(color="blue",label='Low')      # 繪製最低價
14   plt.legend(loc='best')  # 繪製圖例
15   # 設定 x 軸的標籤
16   plt.xticks(range(len(df['NewDate'])),df['NewDate'].values,rotation=30 )
17   plt.show()
```

在第 6 行中透過呼叫 pd.read_excel 方法讀取指定的 Excel 檔案，該方法的傳回值將用 DataFrame 類型的 df 物件接收。第 1 列的 Date 資料是時間戳記類型，透過第 7 行和第 8 行的 for 循環，在檢查 df 的同時，在其中新增一列 NewDate，在新增加的列中儲存 '%Y-%m-%d' 格式的日期資料。

該範例程式中的其他程式與之前檢查 csv 檔案的 dataFrameReadCsv.py 範例程式很相似，在第 12 行和第 13 行中繪製出最高價和最低價。該範例程式的執

行效果如圖 7-3 所示。

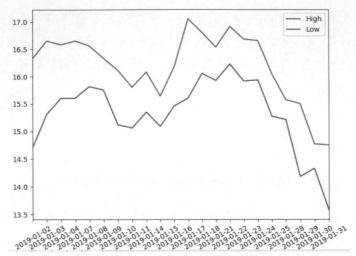

圖 7-3　dataFrameReadExcel.py 範例程式讀取 Excel 檔案並繪製股票的
最高價和最低價的聚合線圖

7.3 K 線整合均線

在實際股票分析的應用中，一般會綜合地觀察股票的 K 線、均線和成交量，以期更全面地分析某檔股票。在本節中，將在第 6 章說明 K 線圖的基礎上，再結合第 5 章講過的內容，加入均線和成交量的技術分析圖，以進一步示範 Matplotlib 和 NumPy 等函數庫的用法。

7.3.1 均線的概念

均線也叫移動平均線（Moving Average，簡稱 MA），是指某段時間內的平均股價（或指數）連成的曲線，透過這種均線，人們可以清晰地看到股價的歷史波動，從而能進一步預測未來股價的發展趨勢。

均線一般分為三種：短期、中期和長期。通常把 5 日和 10 日移動平均線稱為短期均線，一般供短線投資者參考。一般把 20 日、30 日和 60 日移動平均線作為中期均線，一般供中線投資者參考。一般 120 日和 250 日（甚至更長）移動平均線稱為長期均線，一般供長線投資者參考。

在實作中，一般需要綜合地觀察短期、中期和長期均線，從中才能分析出市場的多空趨勢。舉例來說，如果某股價格的三種均線均上漲，且短期、中期和長期均線是從上到下排列，則說明該股價格的趨勢向上；反之，如果並列下跌，且長期、中期和短期均線從上到下排列，則說明該股價格的趨勢向下。

7.3.2 舉例說明均線的計算方法

移動平均線的計算公式為：MA ＝（P1 ＋ P2+P3+……＋ Pn）除以 n，其中 P 為某天的收盤價，n 為計算週期。

例如 5 日移動平均線，就是把最近 5 個交易日的收盤價求和後再除以 5，獲得的就是當天的 5 日均價，再把每天的當日 5 日均價在座標軸上連成線，就組成 5 日均線。其他天數的移動平均線可以照此方式計算得出。

實際而言，從 2019 年 1 月 2 日到 15 日這 10 個交易日裡，股票「張江高科」的每天收盤價分別是 15.93, 16.24, 16.3, 16.29, 16.04, 16.02, 15.2, 15.56, 15.46, 15.54，在表 7-1 中，列出了從第 5 日到第 10 日每天的 5 日均價，把它們連起來，就能組成這些天的 5 日均線。

表 7-1 5 日均線計算總表

天數	計算公式	當天 5 日均價
第 5 天	15.93+16.24+16.3+16.29+16.04 的和除以 5	16.16
第 6 天	16.24+16.3+16.29+16.04+16.02 的和除以 5	16.178
第 7 天	16.3+16.29+16.04+16.02+15.2 的和除以 5	15.97
第 8 天	16.29+16.04+16.02+15.2+15.56 的和除以 5	15.822
第 9 天	16.04+16.02+15.2+15.56+15.46 的和除以 5	15.534
第 10 天	16.02+15.2+15.56+15.46+15.54 的和除以 5	15.434

7.3.3 移動視窗函數 rolling

該方法的原型是 pandas.DataFrame.rolling，常用參數是表示資料視窗大小的 window，呼叫這個方法，可以每次以一個單位移動並計算指定視窗範圍內的平均值。

根據這個方法的定義可知，用它能計算數值序列的平均值，在下面的 RollingDemo.py 範例程式中來示範一下用法。

```
1    # !/usr/bin/env python
2    # coding=utf-8
3    import pandas as pd
4    import numpy as np
5    s = np.arange(1,6,1)
6    print(s)         # 輸出 [1 2 3 4 5]
7    print(pd.Series(s).rolling(3).mean())
```

在第 5 行中呼叫 arange 方法產生了 1 到 5 組成的數字序列，在第 7 行中指定了視窗大小是 3，所以能看到以下的輸出結果。

```
0    NaN
1    NaN
2    2.0
3    3.0
4    4.0
dtype: float64
```

從第 1 行到第 5 行的輸出結果中可知，輸出的第一列是從 0 開始的索引號，第二列是計算得出的平均值。在前兩行中，由於資料不足（資料視窗大小為 3），因此沒有輸出，從第 3 行到第 5 行的程式敘述中，可以看到每個資料視窗的平均值，例如在第 3 行輸出的結果中，計算平均數的算式是（1+2+3）除以 3，第 4 行輸出結果的算式是（2+3+4）除以 3，依此類推，最後第 6 行輸出的是資料類型。

7.3.4　用 rolling 方法繪製均線

從 7.3.3 小節的範例程式中可知，rolling 方法是比較好的計算平均值的工具，在下面的 drawKAndMA.py 範例程式中，將呼叫到這個方法，在第 6 章繪製 K 線的 drawK.py 範例程式的基礎上，引用 3 日、5 日和 10 日均線。

```
1    # !/usr/bin/env python
2    # coding=utf-8
3    import pandas as pd
4    import matplotlib.pyplot as plt
5    from mpl_finance import candlestick2_ochl
6    # 從檔案中讀取資料
7    df = pd.read_csv('D:/stockData/ch6/600895.csv',encoding='gbk',index_col=0)
8    # 設定圖的位置
```

```
9    fig = plt.figure()
10   ax = fig.add_subplot(111)
11   # 呼叫方法繪製 K 線圖
12   candlestick2_ochl(ax = ax,opens=df["Open"].values, closes=df["Close"].
     values, highs=df["High"].values, lows=df["Low"].values,width=0.75,
     colorup='red', colordown='green')
13   df['Close'].rolling(window=3).mean().plot(color="red",label='3 日均線 ')
14   df['Close'].rolling(window=5).mean().plot(color="blue",label='5 日均線 ')
15   df['Close'].rolling(window=10).mean().plot(color="green",label='10 日均線 ')
16   plt.legend(loc='best')  # 繪製圖例
17   # 設定 x 軸的標籤
18   plt.xticks(range(len(df.index.values)),df.index.values,rotation=30 )
19   ax.grid(True)        # 帶格線
20   plt.title("600895 張江高科的 K 線圖 ")
21   plt.rcParams['font.sans-serif']=['SimHei']
22   plt.show()
```

　　這個範例程式中的程式和第 6 章的 drawK.py 範例程式中的程式不同的是，
從第 13 行到第 15 行透過呼叫 rolling 方法，根據每天的收盤價，計算了 3 日、5
日和 10 日均線，並為每種均線設定了圖例，在第 16 行中透過呼叫 legend 方法
設定了圖例的位置。這個範例程式的執行結果如圖 7-4 所示，從中不僅能看到
指定時間內的 K 線圖，還能看到 3 根均線。

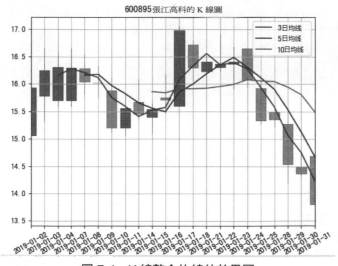

圖 7-4　K 線整合均線的效果圖

7.3.5　改進版的均線圖

在 7.3.4 小節的 drawKAndMA.py 範例程式中，只示範了呼叫 rolling 方法計算並繪製均線。在本節的 drawKAndMAMore.py 範例程式中將做以下兩點改進。

（1）為了更靈活地獲得股市資料，根據開始時間和結束時間，先呼叫 get_data_yahoo 介面，從雅虎（Yahoo）網站的介面取得股票資料，同時為了留一份資料，會把從網站中爬取到的資料儲存到本機 csv 檔案中，而後再繪製圖形。

（2）在前一節的 drawKAndMA.py 範例程式中，x 軸的刻度是每個交易日的日期，但如果顯示的時間範圍過長，那麼時間刻度就太密集了，影響圖表的美觀，因此將只顯示主刻度。改進版的 drawKAndMAMore.py 範例程式如下所示。

```python
1   # !/usr/bin/env python
2   # coding=utf-8
3   import pandas_datareader
4   import pandas as pd
5   import matplotlib.pyplot as plt
6   from mpl_finance import candlestick2_ochl
7   from matplotlib.ticker import MultipleLocator
8   # 根據指定代碼和時間範圍取得股票資料
9   code='600895.ss'
10  stock = pandas_datareader.get_data_yahoo(code,'2019-01-01','2019-03-31')
11  # 刪除最後一行，因為 get_data_yahoo 會多取一天資料
12  stock.drop(stock.index[len(stock)-1],inplace=True)
13  # 儲存在本機
14  stock.to_csv('D:\\stockData\ch7\\600895.csv')
15  df = pd.read_csv('D:/stockData/ch7/600895.csv',encoding='gbk',index_col=0)
16  # 設定視窗大小
17  fig, ax = plt.subplots(figsize=(10, 8))
18  xmajorLocator   = MultipleLocator(5)          # 將 x 軸主刻度設定為 5 的倍數
19  ax.xaxis.set_major_locator(xmajorLocator)
20  # 呼叫方法繪製 K 線圖
21  candlestick2_ochl(ax = ax, opens=df["Open"].values,closes=df["Close"].
    values, highs=df["High"].values, lows=df["Low"].values,width=0.75,
    colorup='red', colordown='green')
22  # 以下是繪製 3 種均線
23  df['Close'].rolling(window=3).mean().plot(color="red",label='3 日均線 ')
24  df['Close'].rolling(window=5).mean().plot(color="blue",label='5 日均線 ')
25  df['Close'].rolling(window=10).mean().plot(color="green",label='10 日均線 ')
```

```
26    plt.legend(loc='best')        # 繪製圖例
27    ax.grid(True)                 # 帶格線
28    plt.title("600895 張江高科的 K 線圖 ")
29    plt.rcParams['font.sans-serif']=['SimHei']
30    plt.setp(plt.gca().get_xticklabels(), rotation=30)
31    plt.show()
```

與 drawKAndMA.py 範例程式相比,這個範例程式有 4 點改進。

(1)從第 9 行到第 15 行透過呼叫第 5 章介紹過的 get_data_yahoo 方法,傳入股票代碼、開始時間和結束時間這三個參數,從雅虎網站中獲得股票交易的資料。

請注意該方法傳回的資料會比傳入的結束時間多一天,例如傳入的結束時間是 2019-03-31,但它會傳回到後一天(即 2019-04-01)的資料,所以在第 12 行呼叫 drop 方法,刪除 stock 物件(該物件類型是 DataFrame)最後一行的資料。刪除的時候是透過 stock.index[len(stock)-1] 指定刪除長度減 1 的索引值,因為索引值是從 0 開始,而且需要指定 inplace=True,否則的話,刪除的結果無法更新到 stock 這個 DataFrame 資料結構中。

(2)在第 17 行中呼叫 figsize 方法設定了視窗的大小。

(3)第 18 行和第 19 行的程式碼設定了主刻度是 5 的倍數。之所以設定成 5 的倍數,是因為一般一周的交易日是 5 天。但這裡不能簡單地把主刻度設定成每週一,因為某些週一有可能是股市休市的法定假日。

(4)由於無需在 x 軸上設定每天的日期,因此這裡無需再呼叫 plt.xticks 方法,但是要呼叫如第 30 行所示的程式,設定 x 軸刻度的旋轉角度,否則 x 軸顯示的時間依然有可能會相互重疊。

至於繪製 K 線的 candlestick2_ochl 方法和繪製均線的 rolling 方法與之前 drawKAndMA.py 範例程式中的程式是完全一致的。

這個範例程式的執行結果如圖 7-5 所示,從中可以看到改進後的效果。由於本次顯示的股票時間段變長了(是 3 個月),因此與 drawKAndMA.py 範例程式相比,這個範例程式均線的效果更為明顯,尤其是 3 日均線,幾乎貫穿於整個時間段的各個交易日。

另外,由於在第 26 行透過呼叫 plt.legend(loc='best') 方法指定了圖例將

「顯示在合適的位置」，因此這裡的圖例顯示在效果更加合適的左上方，而非 drawKAndMA.py 範例程式中的右上方。

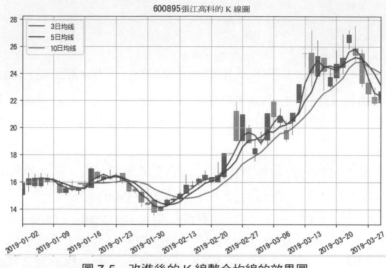

圖 7-5　改進後的 K 線整合均線的效果圖

7.4　整合成交量圖

　　美國的股市分析家葛蘭碧（Joe Granville）在他所著的《股票市場指標》一書裡提出了著名的「量價理論」。該理論的核心思想是，任何對股價的分析，如果離開了對成交量的分析，都將是「無水之源，無本之木」，因為成交量的增加或萎縮都表現出一定的股價趨勢。

　　在股票分析實作中，一般會綜合性地分析 K 線、均線和成交量，所以在本節中將透過呼叫 Matplotlib 函數庫中的方法來繪製股票的成交量圖。

7.4.1　本書用的成交量是指成交股數

　　成交量是指時間單位內已經成交的股數或總手數，它能反映出股市交易中的供求關係。其中的道理是比較淺顯容易的，當股票供不應求時，大家爭相購買，成交量就很大了，反之當供過於求時，則說明市場交易冷淡，成交量必然萎縮。

廣義的成交量包含成交股數（Volume 或 Vol）、成交金額（AMOUNT，單位時間內已經成交的總金額數）和換手率（TUN，股票每天成交量除以股票的流通總股本所得的比率），而狹義的成交量則是指成交股數（Volume）。

從雅虎（Yahoo）網站爬取的資料中有表示成交股數的 Volume 列，其中的單位是「股」，在本節中，是透過 Volume 列的資料來繪製股票的成交量圖。

7.4.2 引用成交量圖

在 K 線和均線整合成交量的圖中，出於美觀的考慮，對整合後的圖提出了以下三點改進要求。

（1）繪製上下兩個子圖，上圖放 K 線和均線，下圖放成交量圖。

（2）上下兩個子圖共用 x 軸，也就是說，兩者 x 軸的刻度標籤和間隔應該是一樣的。

（3）透過柱狀圖來繪製成交量圖，如果當天股票上漲，成交量圖是紅色，下跌則是綠色。

在下面的 drawKMAAndVol.py 範例程式將示範如何增加成交量圖。

```python
1   # !/usr/bin/env python
2   # coding=utf-8
3   import pandas as pd
4   import matplotlib.pyplot as plt
5   from mpl_finance import candlestick2_ochl
6   from matplotlib.ticker import MultipleLocator
7   # 根據指定程式和時間範圍，取得股票資料
8   df = pd.read_csv('D:/stockData/ch7/600895.csv',encoding='gbk')
9   # 設定大小，共用 x 座標軸
10  figure,(axPrice, axVol) = plt.subplots(2, sharex=True, figsize=(15,8))
11  # 呼叫方法，繪製 K 線圖
12  candlestick2_ochl(ax = axPrice, opens=df["Open"].values, closes=df["Close"].
    values, highs=df["High"].values, lows=df["Low"].values, width=0.75,
    colorup='red', colordown='green')
13  axPrice.set_title("600895 張江高科 K 線圖和均線圖")        # 設定子圖標題
14  df['Close'].rolling(window-3).mean().plot(ax=axPrice,color="red",label='3 日均
    線 ')
15  df['Close'].rolling(window=5).mean().plot(ax=axPrice,color="blue",label='5 日
    均線 ')
16  df['Close'].rolling(window=10).mean().plot(ax=axPrice,color= "green",
```

```
        label='10 日均線 ')
17  axPrice.legend(loc='best')  # 繪製圖例
18  axPrice.set_ylabel(" 價格（單位：元）")
19  axPrice.grid(True)            # 帶格線
20  # 以下繪製成交量子圖
21  # 長條圖表示成交量，用 for 循環處理不同的顏色
22  for index, row in df.iterrows():
23      if(row['Close'] >= row['Open']):
24          axVol.bar(row['Date'],row['Volume']/1000000,width = 0.5,color='red')
25      else:
26          axVol.bar(row['Date'],row['Volume']/1000000,width = 0.5,color=
    'green')
27  axVol.set_ylabel(" 成交量（單位：萬手）")      # 設定 y 軸標題
28  axVol.set_title("600895 張江高科成交量 ")       # 設定子圖的標題
29  axVol.set_ylim(0,df['Volume'].max()/1000000*1.2)   # 設定 y 軸範圍
30  xmajorLocator = MultipleLocator(5)                  # 將 x 軸主刻度設定為 5 的倍數
31  axVol.xaxis.set_major_locator(xmajorLocator)
32  axVol.grid(True)          # 帶格線
33  # 旋轉 x 軸的展示文字角度
34  for xtick in axVol.get_xticklabels():
35      xtick.set_rotation(15)
36  plt.rcParams['font.sans-serif']=['SimHei']
37  plt.show()
```

從第 8 行到第 20 行的程式敘述，一方面是從 csv 檔案中讀取資料，另一方面在第一個子圖中繪製了 K 線圖和均線圖。這部分的程式與之前繪製 K 線圖和均線圖的範例程式中的程式很相似，不過請注意兩點。

（1）在第 10 行中不僅設定了繪圖區域的大小，還透過 sharex=True 敘述設定了 axPrice 和 axVol 這兩個子圖共用的 x 軸。

（2）從第 14 行到第 19 行中，由於是在 K 線圖和均線圖的 axPrice 子圖中操作，因此許多方法的呼叫主體是 axPrice 物件，而非之前的 pyplot.plt 物件。

第 22 行到第 35 行的程式敘述在 axVol 子圖裡繪製了成交量圖。請大家注意第 22 行到第 26 行的 for 循環。

在第 23 行的 if 敘述中，比較收盤價和開盤價，以判斷當天股票是漲是跌，在此基礎上，在第 25 行或第 27 行呼叫 bar 方法，設定當日成交量圖的填充顏色。從上述程式可知，成交量的資料來自 csv 檔案中的 Volume 列。

在繪製成交量圖的時候有兩個細節要注意。

（1）在第 24 行、第 26 行和第 29 行中，在設定 y 軸的刻度值和範圍時，都除以了一個相同的數。這是因為在第 27 行設定 y 軸的文字時，指定了 y 軸成交量的單位是「萬手」。例如 1 月 2 日的成交量，從 csv 檔案中讀取的資料是 75979904，單位是股數，股市裡計算成交量的單位一般是「手」，一手是 100 股，所以 1 月 2 日的成交量也要換算成約 759799 手（除以 100）。在繪製成交量圖的時候，用的是「萬手」的單位，所以再換算一下，759799 除以 1 萬，也就是約 76 萬手。

（2）透過第 34 行和第 35 行的 for 循環，設定了「x 軸文字旋轉」的效果，從程式可知，本範例程式中的旋轉角度是 15 度。

這個範例程式的執行結果如圖 7-6 所示，從中可以看到兩個 x 軸刻度一致的子圖，且在成交量子圖中，上漲日和下跌日的成交量填充色分別是紅色和綠色（本書因為黑白印刷的問題，看不到紅綠顏色，實際顏色請讀者自己執行一下本範例程式）。

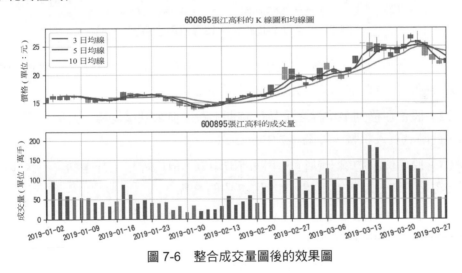

圖 7-6　整合成交量圖後的效果圖

7.5 透過 DataFrame 驗證均線的操作策略

本節無意深入說明股票交易的詳細策略，只是透過 Pandas 函數庫中 DataFrame 等物件來實現並檢驗一些股票教科書上提到的均線相關理論，就本書而言，讀者應當關注的是 DataFrame 等物件的相關用法，而非股票交易策略的細節。

7.5.1　葛蘭碧均線八大買賣法則

在均線實作理論中，美國投資專家葛蘭碧創造的八項買賣法則可謂經典，實際的細節如圖 7-7 所示。

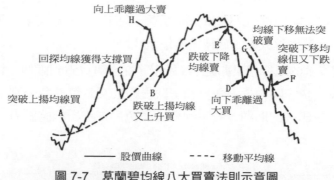

圖 7-7　葛蘭碧均線八大買賣法則示意圖

（1）移動平均線從下降逐漸轉為水平，且有朝上方抬頭跡象，而股價從均線下方突破時，為買進訊號，如圖 7-7 中的 A 點。

（2）股價在移動平均線之上執行時期下跌，但未跌破均線，此時股價再次上揚，此時為買入訊號，如圖 7-7 中的 C 點。

（3）股價位於均線上執行，下跌時破均線，但均線呈上升趨勢，不久股價回到均線之上時，為買進訊號，如圖 7-7 中的 B 點。

（4）股價在均線下方執行時期大跌，遠離均線時向均線接近，此時為買進時機，如圖 7-7 中的 D 點。

（5）均線的上升趨勢逐漸減緩，且有向下跡象，而股價從均線上方向下穿均線，為賣出訊號，如圖 7-7 中的 E 點。

（6）股價向上穿過均線，不過均線依然保持下跌趨勢，此後股價又下跌回均線下方，為賣出訊號，如圖 7-7 中的 F 點。

（7）股價執行在均線下方，出現上漲，但未過均線就再次下跌，此為賣出點，如圖 7-7 中的 G 點。

（8）股價在均線的上方執行，連續上漲且繼續遠離均線，這種趨勢說明隨時會出現獲利回吐的賣盤打壓，此時是賣出的時機，如圖 7-7 中的 H 點。

在上文提到的八大法則中，前四點是買進的時機，如果從技術面來分析，第一法則描述了構築底部的形態，是初次買入訊號；第二法則描述了股價在上升之後的回呼場景，某種程度上暗示「大漲後的小幅調整」，可以加倉買進。第三法則描述了股價建置底部後的探底現象，也是買進的機會。第四法則描述了股價下跌後的反彈場景，有經驗的操盤手一般會做短線，以快進快出策略為主。

相反，後四點則是賣出時機，如果還是從技術面來分析：第五法則描述了股價構築頭部的形態，如果沒有其他利好因素，此時應堅決賣出；第六法則描述了股價下跌後回呼的場景，也應堅決賣出；第七法則描述了股價下跌時的反彈場景，雖有上調，但也應賣出；第八法則描述了股價上升時過大偏離均線的場景，此時可考慮短線賣出。

7.5.2　驗證以均線為基礎的買點

根據上述八大買賣原則，對股票「張江高科」2019 年 1 月到 3 月的交易資料，運用 Pandas 函數庫中的 DataFrame 等物件，根據 5 日均線計算參考買點，範例程式 calBuyPointByMA.py 的實際程式如下。

```
1   # !/usr/bin/env python
2   # coding=utf-8
3   import pandas as pd
4   # 從檔案中讀取資料
5   df = pd.read_csv('D:/stockData/ch7/600895.csv',encoding='gbk')
6   maIntervalList = [3,5,10]
7   # 雖然在後文中只用到了 5 日均線，但這裡示範設定 3 種均線
8   for maInterval in maIntervalList:
9       df['MA_' + str(maInterval)] = df['Close'].rolling(window=maInterval).
    mean()
10  cnt=0
11  while cnt<=len(df)-1:
12      try:
13          # 規則 1：收盤價連續三天上揚
14          if df.iloc[cnt]['Close']<df.iloc[cnt+1]['Close'] and df.iloc[cnt+1]
    ['Close']<df.iloc[cnt+2]['Close']:
```

```
15              # 規則 2：5 日均線連續三天上揚
16              if df.iloc[cnt]['MA_5']<df.iloc[cnt+1]['MA_5'] and df.iloc[cnt+1]
    ['MA_5']<df.iloc[cnt+2]['MA_5']:
17                  # 規則 3：第 3 天收盤價上穿 5 日均線
18                  if df.iloc[cnt+1]['MA_5']>df.iloc[cnt]['Close'] and
    df.iloc[cnt+2]['MA_5']<df.iloc[cnt+1]['Close']:
19                      print("Buy Point on:" + df.iloc[cnt]['Date'])
20      except:      # 有幾天是沒有 5 日均線的，所以用 except 處理異常
21          pass
22      cnt=cnt+1
```

雖然在計算參考買點時，只用到了 5 日均線，但在第 8 行和第 9 行的 for 循環中，透過呼叫 rolling 方法，還是計算了 3 日、5 日和 10 日均價，並把計算後的結果記錄到目前行的 MA_3、MA_5 和 MA_10 這三列中，這樣做的目的是為了示範動態建立列的用法。

在第 11 行到第 22 行的 while 循環中，依次檢查了每天的交易資料，並在第 14 行、第 16 行和第 18 行中，透過三個 if 敘述設定了 3 個交易規則。由於在頭幾天是沒有 5 日均價的，且在檢查最後 2 天的交易資料時，在執行諸如 df.iloc[cnt+2]['Close'] 的敘述中會出現索引越界，因此在 while 循環中用到了 try …except 異常處理敘述。

執行這個範例程式，可以看到的結果是：Buy Point on:2019-03-08，結合圖 7-5，可以看到 3 月 8 日之後的交易日中，股價有某種程度的上漲，所以能證實以均線為基礎的「買」原則。不過，在現實中影響股票價格的因素太多，讀者應全面分析，切勿在實戰中生搬硬套這個原則來買賣股票。

7.5.3　驗證以均線為基礎的賣點

同理，根據 5 日均線計算參考賣點，在 calSellPointByMA.py 範例程式中計算了股票「張江高科」2019 年 1 月到 3 月內的賣點。

```
1   # !/usr/bin/env python
2   # coding=utf-8
3   import pandas as pd
4   # 從檔案中讀取資料
5   df = pd.read_csv('D:/stockData/ch7/600895.csv',encoding='gbk')
6   maIntervalList = [3,5,10]
7   # 雖然在後文中只用到了 5 日均線，但這裡示範設定 3 種均線
```

```
8   for maInterval in maIntervalList:
9       df['MA_' + str(maInterval)] = df['Close'].rolling(window=maInterval).mean()
10  cnt=0
11  while cnt<=len(df)-1:
12      try:
13          # 規則 1：收盤價連續三天下跌
14          if df.iloc[cnt]['Close']>df.iloc[cnt+1]['Close'] and df.iloc[cnt+1]
    ['Close']>df.iloc[cnt+2]['Close']:
15              # 規則 2：5 日均線連續三天下跌
16              if df.iloc[cnt]['MA_5']>df.iloc[cnt+1]['MA_5'] and df.iloc[cnt+1]
    ['MA_5']>df.iloc[cnt+2]['MA_5']:
17                  # 規則 3：第 3 天收盤價下穿 5 日均線
18                  if df.iloc[cnt+1]['MA_5']<df.iloc[cnt]['Close'] and
    df.iloc[cnt+2]['MA_5']>df.iloc[cnt+1]['Close']:
19                      print("Sell Point on:" + df.iloc[cnt]['Date'])
20      except:     # 有幾天是沒 5 日均線的，所以用 except 處理異常
21          pass
22      cnt=cnt+1
```

這個範例程式中的程式與之前 calSellBuyByMA.py 範例程式這種的程式很相似，只不過更改了第 14 行、第 16 行和第 18 行的規則。執行該範例程式之後，可以獲得兩個賣點：2019-01-23 和 2019-01-23，這同樣可以在圖 7-5 描述的 K 線圖中獲得驗證。

7.6 量價理論

根據股市操作中的量價理論，成交量和股票價格間的連結關係是密不可分的，一般需要綜合分析量和價之間的連結關係，才能進一步分析並預測股價變化。在本節中，將用 DataFrame 等物件來驗證量價理論。

7.6.1 成交量與股價的關係

成交量和股價間也存在著八大規律，即量增價平、量增價升、量平價升、量縮價升、量減價平、量縮價跌、量平價跌、量增價跌，隨著上述週期過程，股價也完成了一個從漲到跌的完整循環，下面來實際解釋一下。

（1）量增價平：股價經過持續下跌進入到低位元狀態，出現了成交量增加但股價平穩的現象，此時不同天的成交量高度落差可能比較明顯，這說明該股

在底部積聚上漲動力。

（2）量增價升：成交量在低價位區持續上升，同時伴隨著股價上漲趨勢，這說明股價上升獲得了成交量的支撐，後市將繼續看好，這是中短線的買入訊號。

（3）量平價升：在股價持續上漲的過程中，如果多日的成交量保持等量水平，建議在這一階段中可以適當增加倉位。

（4）量縮價升：成交量開始減少，但股價依然在上升，此時應該視情況繼續持股。但如果還沒有買入的投資者就不宜再重倉介入，因為股價已經有了一定的漲幅，價位開始接近上限。

（5）量減價平：股價經長期大幅度上漲後，成交量顯著減少，股價也開始水平調整不再上升，這是高位預警的訊號。這個階段裡一旦有風吹草動，例如突然拉出大陽線和大陰線，建議應出貨離場，做到落袋為安。

（6）量縮價跌：成交量在高位繼續減少，股價也開始進入下降通道，這是明確的賣出訊號。如果還出現縮量陰跌，這說明股價底部尚遠，不會輕易止跌。

（7）量平價跌：成交量停止減少，但股價卻出現急速下滑現象，這說明市場並沒有形成一致看空的共識。股市諺語有「多頭不死，跌勢不止」的說法，出現「量平價跌」的情況，說明主力開始逐漸退出市場，這個階段裡，應繼續觀望或出貨，別輕易去買入所謂的「搶反彈」。

（8）量增價跌：股價經一段時間或一定幅度的下跌之後，有可能出現成交量增加的情況，此時的操作原則是建議賣出，或空倉觀望。如果是低價區成交量有增加且股價是輕微下跌，則說明有資金在此價位區間接盤，預示後期有望形成底部並出現反彈，但如果繼續出現量增價跌且跌幅依然較大，則建議應清倉出局。

在下文中將透過 Python 程式驗證量價理論中的兩個規則。

7.6.2 驗證「量增價平」的買點

在下面的 calBuyPointByVol.py 範例程式中將驗證「量增價平」的買點。在這個範例程式中做了三件事：第一是透過雅虎（Yahoo）網站爬取指定股票在指定範圍內的交易資料；第二是透過呼叫 Pandas 函數庫中的方法儲存爬取到的資

料，以便日後驗證；第三檢查 DataFrame 物件來計算量和價的關係，進一步獲
得買點日期。

```python
1    # !/usr/bin/env python
2    #coding=utf-8
3    import pandas_datareader
4    import pandas as pd
5    import numpy as np
6    # 漲幅是否大於指定比率
7    def isMoreThanPer(lessVal,highVal,per):
8        if np.abs(highVal-lessVal)/lessVal>per/100:
9            return True
10       else:
11           return False
12   # 漲幅是否小於指定比率
13   def isLessThanPer(lessVal,highVal,per):
14       if np.abs(highVal-lessVal)/lessVal<per/100:
15           return True
16       else:
17           return False
18   code='600895.ss'
19   stock = pandas_datareader.get_data_yahoo(code,'2018-09-01','2018-12-31')
20   # 刪除最後一行，因為 get_data_yahoo 會多取一天的股票交易資料
21   stock.drop(stock.index[len(stock)-1],inplace=True)
22   # 儲存在本機
23   stock.to_csv('D:\\stockData\ch7\\60089520181231.csv')
24   # 從檔案中讀取資料
25   df = pd.read_csv('D:/stockData/ch7/60089520181231.csv',encoding='gbk')
26   cnt=0
27   while cnt<=len(df)-1:
28       try:
29           # 規則 1：連續三天收盤價變動不超過 3%
30           if isLessThanPer(df.iloc[cnt]['Close'],df.iloc[cnt+1]['Close'],3) and
     isLessThanPer(df.iloc[cnt]['Close'],df.iloc[cnt+2]['Close'],3) :
31               # 規則 2：連續三天成交量漲幅超過 75%
32               if isMoreThanPer(df.iloc[cnt]['Volume'], df.iloc[cnt+1]
     ['Volume'],75) and isMoreThanPer(df.iloc[cnt]['Volume'], df.iloc[cnt+2]
     ['Volume'],75) :
33                   print("Buy Point on:" + df.iloc[cnt]['Date'])
34       except:
35           pass
36       cnt=cnt+1
```

在第 7 行定義的 isMoreThanPer 方法中比較了高價和低價，以判斷是否超過由參數 per 指定的漲幅。在第 13 行的 isLessThanPer 方法中判斷了跌幅是否超過 per 指定的範圍。由於這兩個功能經常會用到，因此把它們封裝成函數。

從第 18 行到第 25 行的程式敘述完成了取得並儲存資料的操作，並用 df 物件儲存了要檢查的股票資料（即股票「張江高科」2018-09-01 到 2018-12-31 的資料）。

在第 27 行到第 36 行是按日期檢查股票交易資料，並制定了以下規則，連續 3 天股票的收盤價變動範圍不超過 5%（即價平）且 3 天成交量的漲幅過 75%（即量增），把滿足條件的日期列印出來。執行這個範例程式後，就能看到 11 月 2 日這個買點。

把 7.4.2 小節的 drawKMAAndVol.py 範例程式中第 8 行的程式改成如下，從 60089520181231.csv 檔案中讀取股票資料，再執行範例程式 drawKMAAndVol01.py，就可看到如圖 7-8 所示的結果。

```
8    df = pd.read_csv('D:/stockData/ch7/60089520181231.csv',encoding='gbk')
```

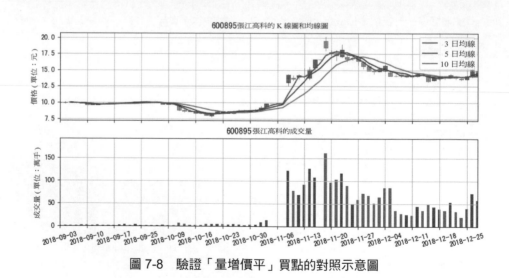

圖 7-8　驗證「量增價平」買點的對照示意圖

從這個範例程式的執行結果可以看到驗證後的股價走勢：在 11 月 2 日之後，股票的漲幅比較明顯，確實是個合適的買點，這就是「量增價平」的指導意義。

7.6.3 驗證「量減價平」的賣點

在下面 calSellPointByVol.py 範例程式中，同樣是分析股票「張江高科」2018-09-01 到 2018-12-31 的交易資料，本次制定的策略是：第一，還是連續三天股票的收盤價變動範圍不超過 5%（即價平）；第二，與第一日相比，第二日和第三日的成交量下降幅度超過 75%（即量減）。

```python
1   # !/usr/bin/env python
2   # coding=utf-8
3   import pandas_datareader
4   import pandas as pd
5   import numpy as np
6   # 漲幅是否大於指定比率
7   def isMoreThanPer(lessVal,highVal,per):
8       if np.abs(highVal-lessVal)/lessVal>per/100:
9           return True
10      else:
11          return False
12  # 漲幅是否小於指定比率
13  def isLessThanPer(lessVal,highVal,per):
14      if np.abs(highVal-lessVal)/lessVal<per/100:
15          return True
16      else:
17          return False
18  # 本次直接從檔案中讀取資料
19  df = pd.read_csv('D:/stockData/ch7/60089520181231.csv',encoding='gbk')
20  cnt=0
21  while cnt<=len(df)-1:
22      try:
23          # 規則 1：連續三天收盤價變動不超過 3%
24          if isLessThanPer(df.iloc[cnt]['Close'],df.iloc[cnt+1]['Close'],3) and
    isLessThanPer(df.iloc[cnt]['Close'],df.iloc[cnt+2]['Close'],3) :
25              # 規則 2：連續三天成交量跌幅超過 75%
26              if isMoreThanPer(df.iloc[cnt+1]['Volume'], df.iloc[cnt]
    ['Volume'],75) and isMoreThanPer(df.iloc[cnt+2]['Volume'], df.iloc[cnt]
    ['Volume'],75) :
27                  print("Sell Point on:" + df.iloc[cnt]['Date'])
28      except:
29          pass
30      cnt=cnt+1
```

　　這個範例程式中的程式和 7.6.2 小節的 calBuyPointByVol.py 範例程式中的程式很相似，只不過前者適當變更了第 26 行判斷「成交量」的 if 條件。這個範例程式執行後，即可獲得的賣點是 2018-12-05，從圖 7-8 中可以看出，在這段時間之後的許多交易日裡，股票「張江高科」的股價確實有下跌現象。

▌7.7　本章小結

　　在本章中，首先介紹了一組準備知識，包含 NumPy 和 Pandas 函數庫中相關物件的用法，在此基礎上，透過範例程式在 K 線圖上整合了均線。完成均線整合後，又透過子圖的形式，繪製了成交量圖。最後透過均線和成交量的相關範例程式，讓讀者對 Python 中的圖形繪製和資料分析操作有進一步的認識。

　　在本章中還列出了許多以均線和成交量為基礎的交易策略，並基於 Pandas 和 NumPy 等函數庫實現並驗證了這些策略，讓讀者熟悉異常處理、方法定義與呼叫等實用技能。

第8章

資料庫操作與繪製 MACD 線

在之前的章節中,把從網站爬取到的資料儲存到 csv 或 excel 檔案內,不過這只能滿足簡單的資料分析需求,如果需要對資料做進一步的分析,就得用到資料庫了。

在本章中,將把爬蟲爬取到的股票資料透過 insert 敘述放入 MySQL 資料庫的資料表中,在要用的時候,再透過 select 敘述從資料表中分析。至於股票相關的範例程式,本章將說明比 K 線、均線和成交量稍微複雜些的 MACD 指標線,與之前範例程式不同的是,繪製 MACD 指標線的資料是從資料庫中分析的。

在說明完 MACD 指標的演算法和繪製方法後,本章同樣也會用 Python 語言程式根據 MACD 指標來驗證合適的買點和賣點。

8.1 Python 連接 MySQL 資料庫的準備工作

在本節將介紹 MySQL 資料庫在本機的設定以及 Python 連接 MySQL 資料庫,並在此基礎上列出針對 MySQL 建表、增、刪、改和查的相關範例程式。

8.1.1 在本機架設 MySQL 環境

為了使用 MySQL,需要在本機電腦系統中安裝 MySQL 伺服器。安裝好以後固然可以透過命令列來進行資料庫的相關操作,如建立連接或執行 SQL 敘述等。為了方便起見,可以透過用戶端來管理和操作資料庫及其資料表,在範例程式中用到的是 Navicat,架設 MySQL 伺服器和 Navicat 環境的步驟如下所示。

步驟 01　下載並安裝 MySQL Community Server 作為伺服器，安裝完成後，設定本機域名為 localhost，通訊埠是 3306，使用者名稱是 root，密碼是 123456。這裡列出的是本章範例程式示範的設定，讀者可以根據實際情況進行調整。

步驟 02　選用 Navicat for MySQL 作為用戶端管理工具，透過這個工具可以建立與伺服器的連接，如圖 8-1 所示，其中輸入連接名是 PythonConn，密碼是之前設定的 123456。

SSL	SSH	HTTP

```
PythonConn
```

t:
```
localhost
3306
root
******
```

圖 8-1　透過 Navicat 連接 MySQL 伺服器

建立連接後，點擊「連接測試」按鈕來確認連接的正確性，如果正確，點擊「確定」按鈕儲存該連接。隨後，透過滑鼠點擊進入到這個連接後，就能看到其中的資料庫（即 Schema，資料庫物件的集合），如圖 8-2 所示。

```
⊞ 🐬 localhostMysql
⊟ 🐬 PythonConn
    📊 book
    📊 class3
    📊 forumdemo
    📊 hibernatechart
    📊 information_schema
    📊 jdbcdemo
    📊 mysql
    📊 projectchart
    📊 springboot
    📊 test
    📊 zipkin
```

圖 8-2　資料庫（Schema）示意圖

8.1.2 安裝用來連接 MySQL 的 PyMySQL 函數庫

本書使用的 Python 版本是 Python 3，所以要用 PyMySQL 函數庫來連接 MySQL 資料庫，而 Python 2 用的是 MySQLdb 函數庫。

在第 5 章介紹過透過 pip3 指令來安裝協力廠商函數庫的方法，下面同樣在命令列中到 pip3.exe 所在的目錄裡執行以下指令，以安裝 PyMySQL 套件。

```
pip3 install PyMySQL
```

安裝好以後，會看到如圖 8-3 所示的提示訊息。

圖 8-3 在命令列視窗中安裝 PyMySQL 函數庫時顯示的提示訊息

8.1.3 在 MySQL 中建立資料庫與資料表

接下來需要在 MySQL 中建立專門用於股票範例程式的資料庫，實際步驟是，在 8.1.1 小節建立的 PythonConn 連接上，點擊滑鼠右鍵，在出現的快顯功能表中選擇「新增資料庫」，如圖 8-4 所示。

圖 8-4 點擊「新增資料庫」功能表選項

開啟「新增資料庫」對話方塊，輸入資料庫名為 pythonStock，再點擊「確定」按鈕完成建立，如圖 8-5 所示。

圖 8-5　輸入資料庫名稱

請注意，這裡建立的資料庫（也叫 Schema，即資料庫物件的集合）和之前建立的「連接」以及後文將要建立的「資料表」三者之間的關係描述如下。

（1）用資料庫連接位址（例如這裡的 localhost）以及通訊埠編號（這裡是 3306）能確定一個資料庫連接，一個連接常常對應一個連接 url。

（2）在一個資料庫連接中，能建立一個或多個資料庫，本章剛建立的資料庫名為 pythonStock。

（3）在一個資料庫中，可以建立一個或多個資料表，例如這裡將要建立的資料表名是 stockInfo，該表的結構如表 8-1 所示。

表 8-1　stockInfo 資料表中欄位的總表

欄位名	類型	含義
date	varchar	交易日期
open	float	當天的開盤價
close	float	收盤價
high	float	最高價
low	float	最低價
vol	int	成交量（單位是股）
stockCode	varchar	股票代碼

8.1.4 透過 select 敘述執行查詢

在建立完資料庫及其資料表後，就可以手動向 stockInfo 表裡插入一筆記錄（即一筆資料），如圖 8-6 所示，這是股票代碼為 600895（張江高科）在 20190102 交易日的交易資料。

圖 8-6　手動插入一個記錄後的效果圖

下面透過 TestMySQLDB.py 範例程式來示範連接資料庫並輸出 stockInfo 表中的資料資訊。

```
1   #!/usr/bin/env python
2   #coding=utf-8
3   import pymysql
4   import sys
5   import pandas as pd
6   try:
7       # 開啟資料庫連接
8       db = pymysql.connect("localhost","root","123456","pythonStock" )
9   except:
10      print('Error when Connecting to DB.')
11      sys.exit()
12  cursor = db.cursor()
13  cursor.execute("select * from stockinfo")
14  # 取得所有的資料，但不包含列表名
15  result=cursor.fetchall()
16  cols = cursor.description    # 傳回列表標頭資訊
17  print(cols)
18  col = []
19  # 依次把每個 cols 元素中的第一個值放入 col 陣列
20  for index in cols:
21      col.append(index[0])
22  result = list(result)        # 轉成串列，方便存入 DataFrame
23  result = pd.DataFrame(result,columns=col)
24  print(result)                # 輸出結果
25  # 關閉游標和連線物件，否則會造成資源無法釋放
26  cursor.close()
27  db.close()
```

在第 3 行中透過 import 敘述匯入了用於連接 MySQL 的 Pymysql 函數

庫。從第 6 行到第 11 行的程式敘述透過 try…except 從句連接到 MySQL 的
pythonStock 資料庫。

　　請注意第 8 行的 pymysql.connect 敘述，它的第一個參數表示要連接資料庫
的 url，即 localhost，第二和第三個參數表示連接所需的使用者名稱和密碼，第
四個參數表示連接到哪個資料庫。該方法會傳回一個連線物件，這裡是 db 物件。

　　由於連接資料庫時有可能會拋出異常，因此在第 9 行中用 except 來接收並
處理異常，在第 10 行是輸出了錯誤訊息，在第 11 行呼叫 sys.exit() 退出程式。

　　不妨修改一下第 8 行的連接參數，例如故意傳入錯誤的密碼，這時會看到
輸出第 10 行的提示訊息並退出程式。

　　在獲得 db 連線物件後，在第 12 行和第 13 行中建立了游標 cursor 物件，
並透過游標來執行傳回 stockInfo 表中所有資料的 SQL 敘述。在第 15 行呼叫
fetchall 方法傳回 stockInfo 表裡的所有資料並設定值給 result 物件。請注意，這
裡 result 物件中只包含資料，並不包含欄位名稱資訊。

　　在第 16 行中透過呼叫 cursor.description 傳回資料庫的欄位資訊，執行第 17
行的列印敘述，就能看到 cols 其實是以元組（Tuple）的形式儲存了各欄位的資
訊，其中每個元組的元素中包含該欄位的名字和長度等資訊。

```
(('date', 253, None, 255, 255, 0, True), ('open', 4, None, 12, 12, 31, True)…
省略其他欄位的輸出敘述
```

　　在第 20 行和第 21 行的 for 循環中，把每個 cols 元素的第 0 個索引值（其中
包含欄位名稱）放入了 col 陣列，在第 22 行和第 23 行中則整合了 stockInfo 表
的欄位清單和所有資料，並儲存到 DataFrame 類型的 result 物件中。

　　第 22 行敘述把 result 強制轉換成串列的用意是，在第 23 行建置 DataFrame
類型的物件時，第一個參數必須是串列類型。執行第 24 行的 print 敘述，就能
看到以下的輸出結果，其中包含了欄位名稱和資料。

	date	open	close	high	low	vol	stockCode
0	20190102	15.06	15.93	16.33	14.71	75979904	600895

　　在完成對 MySQL 資料庫的操作後，一定要執行第 26 行和第 27 行所示的程
式碼來關閉游標和資料庫連線物件，如果不關閉的話，一旦資料庫的連接數到
達上限，後續程式就有可能無法獲得連接。

8.1.5 執行增、刪、改操作

在 8.1.4 小節的範例程式中是透過 select 敘述讀取資料，此外還可以呼叫 PyMySQL 函數庫中的方法對 MySQL 資料庫中的資料表進行資料的插入、刪除和更新操作。在 MySQLDemoSql.py 範例程式中示範了這些操作。

```python
1    # !/usr/bin/env python
2    # coding=utf-8
3    import pymysql
4    import sys
5    try:
6        # 開啟資料庫連接
7        db = pymysql.connect("localhost","root","123456","pythonStock" )
8    except:
9        print('Error when Connecting to DB.')
10       sys.exit()
11   cursor = db.cursor()
12   # 插入一筆記錄
13   insertSql="insert into stockinfo (date,open,close,high,low,vol,stockCode )
     values ('20190103',16.65,15.31,15.78,16.24,94733382,'600895')"
14   cursor.execute(insertSql)
15   db.commit()     # 需要呼叫 commit 方法才能把操作提交到資料表中使之生效
16   # 刪除一筆記錄
17   deleteSql="delete from stockinfo where stockCode = '600895' and
     date='20190103'"
18   cursor.execute(deleteSql)
19   db.commit()
20   # 更新資料
21   insertErrorSql="insert into stockinfo (date,open,close,high,low,vol,
     stockCode ) values ('201901030000',16.65,15.31,15.78,16.24,94733382,
     '600895')"
22   cursor.execute(insertErrorSql)        # 插入了一筆錯誤的記錄，date 不對
23   db.commit()
24   updateSql="update stockinfo set date='20190103' where date='201901030000' and
     stockCode = '600895'"
25   cursor.execute(updateSql)
26   db.commit()
27   cursor.close()
28   db.close()
```

在第 13 行中定義了一條執行 insert 的 SQL 敘述，在第 14 行透過呼叫 cursor.execute 方法執行了這筆 SQL 敘述。如果不執行第 15 行的 db.commit() 敘

述，第 13 行的 insert 敘述就不會生效。

從第 17 行到第 19 行的程式敘述中，透過 delete 敘述示範了刪除資料的用法，同樣請注意，在第 18 行執行完 cursor.execute 之後，也需要在第 19 行呼叫 db.commit() 方法使 delete 操作生效。

從第 21 行到第 23 行的程式敘述中，插入了一個錯誤的記錄，該記錄中，日期是 '201901030000'，正確的應該是 '20190103'，所以在第 24 行到第 26 行透過 update 敘述更新了這筆記錄。

其實這個範例程式執行了四個針對資料庫的操作：第一是插入了股票代碼為 600895，日期是 20190103 的交易資料；第二是刪除了該筆記錄；第三是插入了股票 600895 日期是 201901030000 的資料；第四是把第三個操作中插入資料中的日期改為 20190103。

至此，在資料庫中應該是多了一個代碼為 600895、日期是 20190103 的交易記錄（即交易資料），如果透過 Navicat 用戶端來檢視 stockInfo 表，就能驗證這個插入操作的結果，如圖 8-7 所示，其中第二行即為新插入的交易資料。

date	open	close	high	low	vol	stockCode
20190102	15.06	15.93	16.33	14.71	75979904	600895
20190103	16.65	15.31	15.78	16.24	94733382	600895

圖 8-7　新插入交易資料後的結果圖

在插入資料的時候還需要注意一點，在 insert 敘述中的 values 關鍵字之前，需要詳細列出欄位清單，而之後的多個值是一一和欄位清單相對應。

```
insert into stockinfo (date,open,close,high,low,vol,stockCode ) values
('20190103',16.65,15.31,15.78,16.24,94733382,'600895')
```

當然，在這個範例程式中如果不寫欄位清單，語法上也沒問題，也能正確地插入資料，但這樣的話，不僅程式的可讀性很差，其他人也很難了解插入的值究竟對應到哪個欄位。而且，如果當新增了欄位時，例如在 date 和 open 之間插入了 amount（成交金額）欄位，那麼 values 之後的第二個參數 16.65 就會對應到「成交金額」，而非之前所預期的「開盤價」，進一步給後續程式的維護和升級留下隱憂。

8.1.6　交易提交與回覆

在 8.1.5 小節的增刪改操作之後，都帶了一句 db.commit()，這是「操作提交」或「交易提交」的意思，否則的話，增刪改操作無法真正更新到資料表中。

在實際的程式專案中，經常會遇到一組「不是全都做，就是全都不做」的交易性操作。在 PyMySQL 函數庫中，除了有提交交易的 commit 方法外，還有回覆交易的 rollback 方法。在下面的 MySQLTransaction.py 範例程式中將示範提交交易和回覆交易的用法。

```python
1   # !/usr/bin/env python
2   # coding=utf-8
3   import pymysql
4   import sys
5   try:
6       # 開啟資料庫連接
7       db = pymysql.connect("localhost","root","123456","pythonStock")
8   except:
9       print('Error when Connecting to DB.')
10      sys.exit()
11  cursor = db.cursor()
12  try:
13      # 插入 2 筆記錄
14      insertSql1="insert into stockinfo (date,open,close,high,low,vol,
    stockCode ) values ('20190103',16.65,15.31,15.78,16.24,94733382,'600895')"
15      cursor.execute(insertSql1)
16      raise Exception
17      insertSql2="insert into stockinfo (date,open,close,high,low,vol,
    stockCode ) values ('20190104',16.58,15.60,15.70,16.30,68985635,'600895')"
18      cursor.execute(insertSql2)
19      db.commit()    # 沒問題就提交
20  except:
21      print("Error happens, rollback.")
22      db.rollback()
23  finally:
24      cursor.close()
25      db.close()
```

在第 12 行到第 19 行的 try 從句中有兩條 insert（插入）敘述，但請注意，對這兩條 insert 敘述，只在第 19 行寫了一條 commit 敘述。

在第 20 行到第 22 行的 except 從句中，撰寫了列印錯誤訊息資訊的敘述和呼叫 rollback 方法執行回覆操作的敘述。根據第 4 章中關於異常處理的介紹可知，不管是否發生了異常，以及無論發生了何種異常，finally 從句中的敘述區塊一定會被執行，所以這個範例程式把關閉游標和關閉資料庫連接的敘述撰寫到第 23 行到第 25 行的 finally 從句中。

請讀者注意，在第 16 行中透過 raise 敘述拋出了異常。雖然在拋出異常之前，已經在第 15 行透過 execute 敘述執行了一條 insert 敘述，但由於在 except 從句的第 22 行執行了 rollback 操作，因此這兩條 insert 敘述不會被提交，可到 stockInfo 資料表中去驗證這個結果。

這個範例程式透過 raise 敘述顯性地拋出異常，如果去掉這行敘述，但同時故意寫錯 insert 敘述的語法，例如在第 17 行 insert 敘述中故意多寫了一個不存在的欄位，那麼同樣會因為拋出異常而執行回覆操作，這兩條 insert 敘述同樣不會生效。

但是，如果去掉這條 raise 敘述，由於無異常發生，那麼會透過第 19 行的 commit 完成交易提交，這樣的話，就能在 stockInfo 表中看到兩筆新插入的記錄。

8.2　整合爬蟲模組和資料庫模組

MySQL 是儲存資料的載體，在實際的程式專案中，一般會從各種途徑匯入資料，例如在本節中，將把從網站爬取到的資料透過呼叫 PyMySQL 函數庫提供的方法存入資料庫。

8.2.1　根據股票代碼動態建立資料表

在 8.1 節，範例程式是把所有股票的資訊都放在 stockInfo 表中，所以該表包含用於區分股票的 stockCode 欄位。

下面為每個股票建立自己的表，表名的形式是 stock_ 股票代碼，例如在 stock_300776 表中儲存的是代碼為 300776（帝爾雷射）的股票資訊。由於已經能透過表名標識股票代碼，因此在建立這種資料表時，無需再加入描述股票代碼的 stockCode 欄位。

　　在下面的 CreateTablesByCode.py 範例程式中，首先是透過第 5 章介紹過的 Tushare 函數庫取得所有的股票代碼，其次會透過 for 循環，以此為每個股票建立資料表，實際的程式碼如下。

```python
1   # !/usr/bin/env python
2   # coding=utf-8
3   import pymysql
4   import sys
5   import tushare as ts
6   try:
7       # 開啟資料庫連接
8       db = pymysql.connect("localhost","root","123456","pythonStock" )
9   except:
10      print('Error when Connecting to DB.')
11      sys.exit()
12  cursor = db.cursor()
13  '''
14  stockList=['600895','603982','300097','603505','600759']
15  for code in stockList:
16      try:
17          createSql= 'CREATE TABLE stock_' +code+' (  date varchar(255) ,open
    float,close float ,high float , low float,vol int(11))'
18          cursor.execute(createSql)
19      except:
20          print('Error when Creating table for:' + code)
21  '''
22  stockList=ts.get_stock_basics()      # 透過 Tushare 介面取得股票代碼
23  for code in stockList.index:
24      try:
25          createSql= 'CREATE TABLE stock_' +code+' (  date varchar(255) ,open
    float,close float ,high float , low float,vol int(11))'
26          #int(createSql)
27          cursor.execute(createSql)
28      except:
29          print('Error when Creating table for:' + code)
30  db.commit()
31  cursor.close()
32  db.close()
```

　　在第 6 行到第 12 行中，像之前那樣連接到了 MySQL 資料庫，首先註釋起來第 14 行第 20 行的程式。

在第 22 行的程式中呼叫了 Tushare 函數庫的 get_stock_basics 方法，取得到了所有的股票代碼，並在第 23 行到第 29 行的 for 循環中，以此讀取 stockList 物件中的 code 資訊，並在 25 行的 create 敘述中透過 code 組裝建立表的 create 敘述。

注意，範例程式是在 for 循環中把每個建立表的 create 敘述包在 try…except 從句裡，這樣做的目的是，一旦目前建立資料表的敘述出現異常，不是中止程式，而只是中止建立目前 code 表的操作，這樣就會把異常造成的影響縮小在最小範圍。另外，在處理異常 except 從句的 29 行，列印了出現建表錯誤的 code 資訊，這樣當程式執行結束後，即使出現問題，也能手動建立資料表。

在第 30 行中透過呼叫 commit 方法執行了提交操作，第 31 行和第 32 行的程式碼用於關閉對游標和資料庫的連接。執行這個範例程式後，就能在 MySQL 的 pythonStock 函數庫中看到已建立好了多張表。

如果不想為所有股票代碼都建立資料表，即只是想建立指定股票代碼的資料表，那麼可以註釋起來第 22 行到第 29 行的程式，同時去掉第 14 行到第 20 行程式敘述的註釋，這樣就只會建立由第 14 行指定的股票代碼的資料表。

8.2.2　把爬取到的資料存入資料表

在為每個股票建立好對應的資料表之後，可以透過爬蟲從雅虎（Yahoo）網站爬取指定股票代碼對應的交易資料，並存入對應的資料表中。本節的 InsertDataFromYahoo.py 範例程式比較長，下面分許多段來說明。

```
1    # !/usr/bin/env python
2    # coding=utf-8
3    import pymysql
4    import sys
5    import tushare as ts
6    import pandas as pd
7    import pandas_datareader
8    try:
9        # 開啟資料庫連接
10       db = pymysql.connect("localhost","root","123456","pythonStock" )
11   except:
12       print('Error when Connecting to DB.')
13       sys.exit()
14   cursor = db.cursor()
```

　　第 8 行到第 14 行的程式碼開啟了 MySQL 資料庫的連接，並在第 14 行建立了用於操作資料的 cursor 游標物件。

```
15    # 從網站爬取資料，並插入到對應的資料表中
16    def insertStockData(code,startDate,endDate):
17        try:
18            filename='D:\\stockData\ch8\\'+code+startDate+endDate+'.csv'
19            stock = pandas_datareader.get_data_yahoo(code+'.ss',startDate, endDate)
20            if(len(stock)<1):
21                stock= pandas_datareader.get_data_yahoo(code+'.sz',startDate,
      endDate)
22            # 刪除最後一行，因為 get_data_yahoo 會多取一天的股票交易資料
23            stock.drop(stock.index[len(stock)-1],inplace=True)    # 在本機留份 csv
24            print('Current handle:' + code)
25            stock.to_csv(filename)
26            df = pd.read_csv(filename,encoding='gbk')
27            cnt=0
28            while cnt<=len(df)-1:
29                date=df.iloc[cnt]['Date']
30                open=df.iloc[cnt]['Open']
31                close=df.iloc[cnt]['Close']
32                high=df.iloc[cnt]['High']
33                low=df.iloc[cnt]['Low']
34                vol=df.iloc[cnt]['Volume']
35                tableName='stock_'+code
36                values = [date,float(open),float(close),float(high),
      float(low),int(vol)]
37                insertSql='insert into '+tableName+' (date,open,close,high,low,vol)
      values (%s,%s,%s,%s,%s,%s)'
38                cursor.execute(insertSql, values)
39                cnt=cnt+1
40            db.commit()
41        except Exception as e:
42            print('Error when inserting the data of:' + code)
43            print(repr(e))
44            db.rollback()
```

　　在第 16 行到第 44 行定義的 insertStockData 方法中，從第 18 行到第 21 行的程式敘述透過雅虎（Yahoo）網站爬取了股票交易資料，其中參數 code 指定了股票，而股票交易資料的開始時間和結束時間則由 startDate 和 endDate 兩個參數來指定。

請注意，pandas_datareader.get_data_yahoo 方法在爬取滬市的股票時，需要加上 .ss 的尾碼，在爬取深圳的股票時，需要加上 .sz 的尾碼，所以首先需要在第 19 行用 code 加 .ss 的尾碼以滬市股票的代碼形式去爬取股票交易資料，如果沒爬取到，則在第 21 行用 .sz 的尾碼再去爬取一次。在第 23 行中，需要刪除最後一行的資料，因為之前講過，pandas_datareader.get_data_yahoo 方法會多傳回一個交易日的股票交易資料。

資料爬取完成之後，透過第 25 行的程式碼把資料存入到 csv 格式的檔案中，以便在本機留存一份股票交易資料。

從第 28 行到第 44 行的程式敘述透過 while 循環，依次檢查了從 csv 檔案中讀取到資料 df 物件（資料類型為 DataFrame）。在每次檢查中，從第 29 行到第 34 行的程式敘述，指定了實際日期的股票交易資料，在第 35 行中指定了插入資料表的名字，這和 8.2.1 小節建立資料表的格式一致，都是 'stock_' 加股票代碼。

在第 37 行的 insert 敘述中的 values 設定值中，用 6 個 %s 作為預留位置，依次和 values 之前的欄位清單相對應。在第 38 行執行的 cursor.execute 方法中，還傳入了 values 這個參數，這個參數是在第 36 行設定的值，用來指定要插入的實際值。

請注意第 17 行的 try 敘述和 41 行的 except 從句，如果沒出現問題，則會執行第 40 行的 commit 敘述向資料表中提交插入操作，如果出現異常，則會執行 except 從句中的第 42 行和第 43 行來輸出提示，並在第 44 行執行回覆操作。也就是說，如果插入某個股票代碼的資料出現異常，那麼該股票指定時間範圍內的所有交易資料都不會進入到資料表中。

呼叫該方法的使用者能在這個範例程式執行結束後，根據錯誤訊息知道哪些股票代碼有問題，然後再手動解決。

```
45   startDate='2018-09-01'
46   endDate='2019-05-31'
47   stockList=['600895','603505','600759']
48   for code in stockList:
49       insertStockData(code,startDate,endDate)
50   '''
51   stockList=ts.get_stock_basics()      # 透過 Tushare 介面取得股票代碼
52   for code in stockList.index:
```

```
53        insertStockData(code,startDate,endDate)
54    '''
55    cursor.close()
56    db.close()
```

　　在第 45 行和第 46 行中定義了取得股票交易資料的起始時間和結束時間，讀者在執行本範例程式時，可以根據實際情況手動調整。在第 48 行和第 49 行的 for 循環中依次對第 47 行指定的 stockList 物件中的每個股票代碼呼叫 insertStockData 方法，如果一切順利的話，在對應的資料表中即可看到指定時間範圍內的股票交易資料。

　　如果把第 50 行到第 54 行的註釋去掉，則可以透過呼叫第 50 行的 get_stock_basics 方法取得所有股票代碼，再透過第 52 行到第 53 行的 for 循環，依次爬取指定股票代碼的交易資料並插入到資料庫中。

　　需要注意的是，如果透過第 51 行到第 53 行來檢查並插入所有股票的交易資料，範例程式執行的時間可能比較長，此時如果對 MySQL 資料庫中的資料表再執行其他操作，則可能會導致鎖表。因此建議大家如果沒有實際的需要，可以像第 47 行程式敘述那樣指定股票代碼，只處理有分析需求的股票資料。

　　第 55 行和第 56 行是透過呼叫 close 敘述來關閉游標和資料庫連線物件，沒有這兩行敘述的話，這些系統資源就無法釋放。

　　最後，再請讀者回顧一下本範例程式中的異常處理方式。

　　（1）如果在處理某個股票代碼時發生異常，本著「異常影響範圍應當最小」的原則，該範例程式只是中止了目前股票代碼的處理，並沒有中止對其他股票代碼的處理。

　　（2）try…except 從句是撰寫在 insertStockData 方法中的，可以想像一下，如果本來該往一個股票資料表中插入 100 筆記錄，假設插入第 50 筆記錄時出錯了，此時再插入其他記錄也沒意義了。因為缺失資料會導致分析結論出錯，所以本範例程式的處理方式是：出錯了就回覆該股票的所有插入操作，只有確認該股票程式指定時間範圍內的所有交易資料都成功插入了，才執行 commit 進行提交，以確保資料的完整性和準確性。

8.3　繪製 MACD 指標線

MACD 中文全稱是「平滑異同移動平均線」，英文全稱是 Moving Average Convergence Divergence。它是查拉爾·阿佩爾（Geral Appel）在 1979 年提出的。MACD 是透過短期（一般是 12 日）移動平均線和長期（一般是 26 日）移動平均線之間的聚合與分離情況，來研判買賣時機的技術指標。

8.3.1　MACD 指標的計算方式

從數學角度來分析，MACD 指標是根據均線的建置原理，對股票收盤價進行平滑處理，計算出算術平均值以後再進行二次計算，它是屬於趨向類別指標。

MACD 指標是由三部分組成的，分別是：DIF（離差值，也叫差離值）、DEA（離差值平均）和 BAR（柱狀線）。

實際的計算過程是，首先算出快速移動平均線（EMA1）和慢速移動平均線（EMA2），用這兩個數值來測量兩者間的差離值（DIF），在此基礎上再計算差離值（DIF）N 週期的平滑移動平均線 DEA（也叫 MACD、DEM）線。

如前文所述，EMA1 週期參數一般取 12 日，EMA2 一般取 26 日，而 DIF 一般取 9 日，在此基礎上，MACD 指標的計算步驟如下所示。

步驟 **01**　計算移動平均值（即 EMA）。

12 日 EMA1 的計算方式是：EMA（12）= 前一日 EMA（12）× 11/13 + 今日收盤價 × 2/13

26 日 EMA2 的計算方式是：EMA（26）= 前一日 EMA（26）× 25/27 + 今日收盤價 ×2 /27

步驟 **02**　計算 MACD 指標中的差離值（即 DIF）。

DIF = 今日 EMA（12）－ 今日 EMA（26）

步驟 **03**　計算差離值的 9 日 EMA（即 MACD 指標中的 DEA）。用差離值計算它的 9 日 EMA，這個值就是差離平均值（DEA）。

今日 DEA（MACD）= 前一日 DEA × 8/10 + 今日 DIF × 2/10

步驟 **04**　計算 BAR 柱狀線。

BAR = 2 ×（DIF － DEA）

這裡乘以 2 的原因是，在不影響趨勢的情況下，從數值上擴大 DIF 和 DEA 差值，這樣觀察效果就更加明顯。

最後，把各點（即每個交易日）的 DIF 值和 DEA 值連接起來，就能獲得在 x 軸上下移動的兩條線，分別表示短期（即快速，EMA1，週期是 12 天）和長期（即慢速，EMA2，週期是 26 天）。而且，DIF 和 DEA 的離差值能組成紅、綠兩種顏色的柱狀線，在 x 軸之上是紅色，而 x 軸之下是綠色。

8.3.2　檢查資料表資料，繪製 MACD 指標

同 K 線指標一樣，根據不同的計算週期， MACD 指標也可以分為日指標、周指標、月指標乃至年指標。在下面的 DrawMACD.py 範例程式中將繪製日 MACD 指標，在這個範例程式中可以看到關於資料結構、圖形繪製和資料庫相關的操作，由於程式碼比較長，下面分段說明。

```
1    # !/usr/bin/env python
2    # coding=utf-8
3    import pandas as pd
4    import matplotlib.pyplot as plt
5    import pymysql
6    import sys
7    # 第一個參數是資料，第二個參數是週期
8    def calEMA(df, term):
9        for i in range(len(df)):
10           if i==0:  # 第一天
11               df.ix[i,'EMA']=df.ix[i,'close']
12           if i>0:
13               df.ix[i,'EMA']=(term-1)/(term+1)*df.ix[i-1,'EMA']+2/(term+1) *
     df.ix[i,'close']
14       EMAList=list(df['EMA'])
15       return EMAList
```

在第 8 行到第 15 行的 calEMA 方法中，根據第二個參數 term，計算快速（週期是 12 天）和慢速（週期是 26 天）的 EMA 值。

實際步驟是，透過第 9 行的 for 循環，檢查由第一個參數指定的 DataFrame 類型的 df 物件，根據第 10 行的 if 條件中，如果是第一天，則 EMA 值用當天的收盤價，如果滿足第 12 行的條件，即不是第一天，則在第 13 行中根據 8.3.1 小節的演算法，計算當天的 EMA 值。

　　請注意，在第 11 行和第 13 行中是透過 df.ix 的形式存取索引行（例如第 i 行）和指定標籤列（例如 EMA 列）的數值，ix 方法與之前 loc 以及 iloc 方法不同的是，ix 方法可以透過索引值和標籤值存取，而 loc 以及 iloc 方法只能透過索引值來存取。計算完成後，在第 14 行把 df 的 EMA 列轉換成串列類型的物件並在第 15 行傳回。

```
16    # 定義計算 MACD 的方法
17    def calMACD(df, shortTerm=12, longTerm=26, DIFTerm=9):
18        shortEMA = calEMA(df, shortTerm)
19        longEMA = calEMA(df, longTerm)
20        df['DIF'] = pd.Series(shortEMA) - pd.Series(longEMA)
21        for i in range(len(df)):
22            if i==0:            # 第一天
23                df.ix[i,'DEA'] = df.ix[i,'DIF']   # ix 可以透過標籤名稱和索引來取得資料
24            if i>0:
25                df.ix[i,'DEA'] = (DIFTerm-1)/(DIFTerm+1)*df.ix[i-1,'DEA'] + 2/
    (DIFTerm+1)*df.ix[i,'DIF']
26        df['MACD'] = 2*(df['DIF'] - df['DEA'])
27        return df[['date','DIF','DEA','MACD']]
28        # return df
```

　　在第 15 行到第 27 行定義的 calMACD 方法中，將呼叫第 8 行定義的 calEMA 方法來計算 MACD 的值。實際步驟是，在第 18 行和第 19 行透過呼叫 calEMA 方法，分別獲得了快速和慢速的 EMA 值，在第 20 行，用這兩個值計算 DIF 值。請注意，shortEMA 和 longEMA 都是串列類型，所以可以像第 20 行那樣，透過呼叫 pd.Series 方法把它們轉換成 Series 類別物件後再直接計算差值。

　　從第 21 行到第 25 行的程式敘述，也是根據 8.3.1 小節列出的公式計算 DEA 值，同樣要用兩條 if 敘述區分「第一天」和「以後幾天」這兩種情況，在第 26 行根據計算公式算出 MACD 的值。

　　第 27 行傳回指定的列，在後面的程式中還要用到 df 物件的其他列，此時則可以用如第 28 行所示的程式傳回 df 的全部列。

```
29    try:
30        # 開啟資料庫連接
31        db = pymysql.connect("localhost","root","123456","pythonStock" )
32    except:
33        print('Error when Connecting to DB.')
```

```
34      sys.exit()
35  cursor = db.cursor()
36  cursor.execute("select * from stock_600895")
37  cols = cursor.description   # 傳回列名稱
38  heads = []
39  # 依次把每個 cols 元素中的第一個值放入 col 陣列
40  for index in cols:
41      heads.append(index[0])
42  result = cursor.fetchall()
43  df = pd.DataFrame(list(result))
44  df.columns=heads
45  # print(calMACD(df, 12, 26, 9)) # 輸出結果
46  stockDataFrame = calMACD(df, 12, 26, 9)
```

從第 29 行到第 35 行的程式敘述，建立了 MySQL 資料庫的連接和獲得游標 cursor 物件，在第 36 行中，透過 select 類型的 SQL 敘述，來取得 stock_600895 表中的所有資料，如 8.2 節所述，這個資料表中的資料來自雅虎網站。

在第 37 行中，獲得了 stock_600895 資料表的欄位清單。在第 40 行和第 41 行的 for 循環中，把欄位清單中的第 0 行索引元素放入了 heads。在第 42 行和第 43 行，把從 stock_600895 資料表中取得的資料放入到 df 物件。在第 44 行的程式敘述，把包含資料表欄位清單的 heads 物件設定值給 df 物件的欄位。

執行到這裡，如果去掉第 45 行列印敘述的註釋，就能看到第一列輸出的是欄位名稱列表，之後會按天輸出與 MACD 有關的股票指標資料。

在第 46 行呼叫了 calMACD 方法，並把結果值設定給 stockDataFrame 物件，之後就可以根據 stockDataFrame 物件中的值開始繪圖。

```
47  # 開始繪圖
48  plt.figure()
49  stockDataFrame['DEA'].plot(color="red",label='DEA')
50  stockDataFrame['DIF'].plot(color="blue",label='DIF')
51  plt.legend(loc='best')  # 繪製圖例
52  # 設定 MACD 柱狀圖
53  for index, row in stockDataFrame.iterrows():
54      if(row['MACD'] >0):      # 大於 0 則用紅色
55          plt.bar(row['date'], row['MACD'],width=0.5, color='red')
56      else:                    # 小於等於 0 則用綠色
57          plt.bar(row['date'], row['MACD'],width=0.5, color='green')
58  # 設定 x 軸座標的標籤和旋轉角度
```

```
59    major_index=stockDataFrame.index[stockDataFrame.index%10==0]
60    major_xtics=stockDataFrame['date'][stockDataFrame.index%10==0]
61    plt.xticks(major_index,major_xtics)
62    plt.setp(plt.gca().get_xticklabels(), rotation=30)
63    # 帶格線，且設定了網格樣式
64    plt.grid(linestyle='-.')
65    plt.title("600895 張江高科的 MACD 圖 ")
66    plt.rcParams['axes.unicode_minus'] = False
67    plt.rcParams['font.sans-serif']=['SimHei']
68    plt.show()
```

在第 49 和第 50 行中透過呼叫 plot 方法，以聚合線的形式繪製出 DEA 和 DIF 兩根線，在第 51 行中設定了圖例。在第 53 行到第 57 行的 for 循環中，以柱狀圖的形式依次繪製了每天的 MACD 值的柱狀線，這裡用第 54 行和第 56 行的 if…else 敘述進行區分，如果大於 0，則 MACD 柱是紅色，反之是綠色。

從第 59 行到第 61 行的程式敘述設定了 x 軸的標籤，如果顯示每天的日期，那麼 x 軸上的文字會過於密集，所以在第 59 行和第 60 行進行對應的處理，只顯示 stockDataFrame.index%10==0（即索引值是 10 的倍數）的日期。

在第 62 行設定了 x 軸文字的旋轉角度，在第 64 行設定了網格的式樣，在第 65 行設定了標題文字，最後在第 68 行透過呼叫 show 方法繪製了整個圖形。

如果按 8.2 節的內容已經往 stock_600895 資料表中插入了股票「張江高科」指定時間範圍內的股票交易資料，則可以看到如圖 8-8 所示的圖形。請注意，如果不撰寫第 66 行的程式敘述，那麼 y 軸標籤值裡的負號就不會顯示，讀者可以把這行敘述註釋起來後，再執行一下，看看結果如何。

如果開啟「中國銀河證券雙子星」軟體（其他股票交易軟體也一樣），用該軟體開啟股票「張江高科」2018 年 9 月到 2019 年 5 月的 MACD 走勢圖，如圖 8-8 所示，會發現由股票交易軟體繪製出的 MACD 走勢圖和本節中用 Python 繪製出的如圖 8-9 所示的 MACD 走勢圖基本一致。

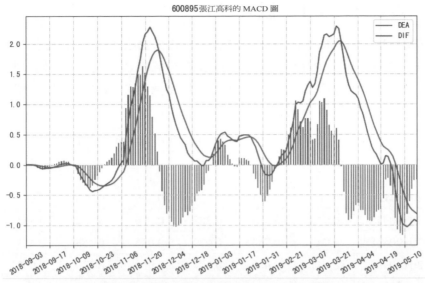

圖 8-8　股票「張江高科」MACD 走勢圖

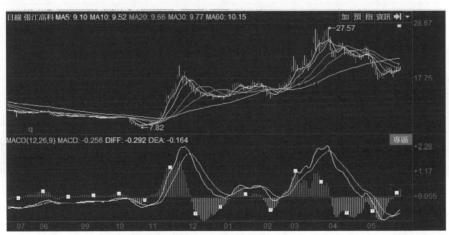

圖 8-9　由股票交易軟體繪製出的股票「張江高科」的 MACD 走勢圖

　　至此，我們實現了計算並繪製 MACD 指標線的功能，透過 8.2 節的學習，讀者應該掌握了如何獲得指定股票在指定時間段內的交易資料，而後可以稍微改寫上述的範例程式，繪製出其他股票在指定時間範圍內的 MACD 走勢圖。

8.3.3 關於資料誤差的說明

在表 8-2 中，比較了許多交易日中程式計算出的 MACD 相關指標和「中國銀河證券雙子星」軟體計算出的 MACD 相關指標。從中可以發現，透過 DrawMACD.py 範例程式計算出的 MACD 相關指標和由股票交易軟體得出的 MACD 相關指標值之間有細微的差別。

表 8-2　MACD 資料比較表（精確到小數點後 3 位元）

交易日	MACD（軟體）	MACD（程式）	DIF（軟體）	DIF（程式）	DEA（軟體）	DEA（程式）
20190411	-0.908	-0.913	0.529	0.539	0.983	0.996
20190415	-0.930	-0.935	0.287	0.296	0.752	0.763
20190418	-0.749	-0.754	0.079	0.086	0.453	0.463
20180903	0.047	0.000	-0.207	0.000	-0.230	0.000
20180904	-0.056	0.010	-0.195	0.006	-0.223	0.001
20180905	0.047	0.000	-0.194	0.002	-0.217	0.001

其原因是，股票交易軟體開始計算 MACD 指標的起始日是該股票的上市之日，而 DrawMACD.py 範例程式中計算的起始日是 20180903，在這一天裡，範例程式中給相關指標指定的值僅是當日的指標（因為沒取之前的交易資料），而股票交易軟體計算這一天的相關指標是以之前交易日為基礎的資料計算而來的，於是就產生了如表 8-2 所示的誤差。

透過進一步的比較可以發現，離 20180903 越近的日期，兩者的誤差越明顯，因為 DIF 的週期是 9 日，而慢速 EMA 的週期是 26 日。在表 8-2 中，離開起始日有半年多的時間，所以誤差範圍就在 0.01 左右。

在後續章節的 KDJ 等指標的分析過程中，讀者也將看到類似的誤差情況。本書對這些指標進行分析的目的並不是用於推薦股票，分析股票策略的動機也僅是透過計算進一步示範 Python 相關物件的用法，所以也無意修正誤差，畢竟本書的精髓在於借助股票範例程式來示範 Python 程式設計中常見的用法。而一些股票交易軟體的相關指標已經做得非常完善，如果讀者真的有投資選股的需要，直接參考其中的各種指標即可。

8.3.4 MACD 與 K 線均線的整合效果圖

MACD 是趨勢類別指標，如果把它與 K 線和均線整合到一起的話，就能更進一步地看出股票走勢的「趨勢性」。在下面的 DrawKwithMACD.py 範例程式中示範了整合它們的效果，由於程式碼比較長，因而在下面的分析中省略了一些之前分析過的重複程式，讀者可以從本書提供下載的範例程式中看到完整的程式。

```python
1    # !/usr/bin/env python
2    # coding=utf-8
3    import pandas as pd
4    import matplotlib.pyplot as plt
5    import pymysql
6    import sys
7    from mpl_finance import candlestick2_ochl
8    from matplotlib.ticker import MultipleLocator
9    # 計算 EMA 的方法，第一個參數是資料，第二個參數是週期
10   def calEMA(df, term):
11       # 省略實作方式，請參考本書提供下載的完整範例程式
12   # 定義計算 MACD 的方法
13   def calMACD(df, shortTerm=12, longTerm=26, DIFTerm=9):
14       # 省略中間的計算過程，請參考本書提供下載的完整範例程式
15       return df
```

從第 3 行到第 8 行的程式敘述透過 import 敘述匯入了必要的相依套件，第 10 行定義的 calEMA 方法和 DrawMACD.py 範例程式中的完全一致，所以就省略了該方法內部的程式。第 13 行定義計算 MACD 的 calMACD 方法和 DrawMACD.py 範例程式中的名稱相同方法也完全一致，但在最後的第 15 行，是透過 return 敘述傳回整個 df 物件，而非傳回僅包含 MACD 指標的相關列，這是因為，在後文中需要股票的開盤價等數值來繪製 K 線圖。

```python
16   try:
17       # 開啟資料庫連接
18       db = pymysql.connect("localhost","root","123456","pythonStock" )
19   except:
20       print('Error when Connecting to DB.')
21       sys.exit()
22   cursor = db.cursor()
```

```
23    cursor.execute("select * from stock_600895")
24    cols = cursor.description    # 傳回列名稱
25    heads = []
26    # 依次把每個 cols 元素中的第一個值放入 col 陣列
27    for index in cols:
28        heads.append(index[0])
29    result = cursor.fetchall()
30    df = pd.DataFrame(list(result))
31    df.columns=heads
32    # print(calMACD(df, 12, 26, 9))        # 輸出結果
33    stockDataFrame = calMACD(df, 12, 26, 9)
```

從第 16 行到第 33 行的程式敘述把需要的資料放入了 stockDataFrame 這個 DataFrame 類型的物件中，之後就可以根據其中的資料畫圖了，這段程式碼之前分析過，就不再重複說明了。

```
34    # 開始繪圖，設定大小，共用 x 座標軸
35    figure,(axPrice, axMACD) = plt.subplots(2, sharex=True, figsize=(15,8))
36    # 呼叫方法繪製 K 線圖
37    candlestick2_ochl(ax = axPrice, opens=stockDataFrame["open"].values, closes
      = stockDataFrame["close"].values, highs=stockDataFrame["high"].values,  lows
      = stockDataFrame["low"].values, width=0.75, colorup='red', colordown='green')
38    axPrice.set_title("600895 張江高科 K 線圖和均線圖 ")        # 設定子圖的標題
39    stockDataFrame['close'].rolling(window=3).mean().plot(ax=axPrice,
      color="red",label='3 日均線 ')
40    stockDataFrame['close'].rolling(window=5).mean().plot(ax=axPrice,
      color="blue",label='5 日均線 ')
41    stockDataFrame['close'].rolling(window=10).mean().plot(ax=axPrice,
      color="green",label='10 日均線 ')
42    axPrice.legend(loc='best')            # 繪製圖例
43    axPrice.set_ylabel(" 價格 ( 單位：元 )")
44    axPrice.grid(linestyle='-.')          # 帶格線
```

從第 34 行到第 44 行的程式敘述繪製了指定時間範圍內「張江高科」股票的 K 線圖和均線，這部分程式和第 7 章 drawKMAAndVol.py 範例程式中實現同類功能的程式很相似，有差別的是在第 35 行，第二個子圖的名字設定為「axMACD」，在第 44 行中透過 linestyle 設定了格線的樣式。

```
45    # 開始繪製第二個子圖
46    stockDataFrame['DEA'].plot(ax=axMACD,color="red",label='DEA')
```

```
47  stockDataFrame['DIF'].plot(ax=axMACD,color="blue",label='DIF')
48  plt.legend(loc='best')  # 繪製圖例
49  # 設定第二個子圖中的 MACD 柱狀圖
50  for index, row in stockDataFrame.iterrows():
51      if(row['MACD'] >0):      # 大於 0 則用紅色
52          axMACD.bar(row['date'], row['MACD'],width=0.5, color='red')
53      else:                    # 小於等於 0 則用綠色
54          axMACD.bar(row['date'], row['MACD'],width=0.5, color='green')
55  axMACD.set_title("600895 張江高科 MACD")      # 設定子圖的標題
56  axMACD.grid(linestyle='-.')                  # 帶格線
57  # xmajorLocator = MultipleLocator(10)         # 將 x 軸的主刻度設定為 10 的倍數
58  # axMACD.xaxis.set_major_locator(xmajorLocator)
59  major_xtics=stockDataFrame['date'][stockDataFrame.index%10==0]
60  axMACD.set_xticks(major_xtics)
61  # 旋轉 x 軸顯示文字的角度
62  for xtick in axMACD.get_xticklabels():
63      xtick.set_rotation(30)
64  plt.rcParams['font.sans-serif']=['SimHei']
65  plt.rcParams['axes.unicode_minus'] = False
66  plt.show()
```

在上述程式碼中，在 axMACD 子圖內繪製了 MACD 線，由於是在子圖內繪製，因此在第 46 行和第 47 行繪製 DEA 和 DIF 聚合線的時候，需要在參數裡透過「ax=axMACD」的形式指定所在的子圖。

在第 59 行和第 60 行中設定了 axMACD 子圖中的 x 軸標籤，由於在第 35 行中設定了 axPrice 和 axMACD 兩子圖共用 x 軸，因此 K 線和均線所在子圖的 x 軸刻度會和 MACD 子圖中的一樣。因為是在子圖中，所以需要透過第 62 行和第 63 行的 for 循環依次旋轉 x 軸座標的標籤文字。

在這段程式中其實列出了兩種設定 x 軸標籤的方式。如果註釋起來第 59 行和第 60 行的程式，並去掉第 57 行和第 58 行的註釋，會發現效果是相同的。

需要說明的是，雖然在第 57 行和第 59 行的程式中並沒有指定標籤文字，但在第 37 行呼叫 candlestick2_ochl 方法繪製 K 線圖時，會設定 x 軸的標籤文字，所以依然能看到 x 軸上日期的標籤。執行這個範例程式後，結果如圖 8-10 所示。

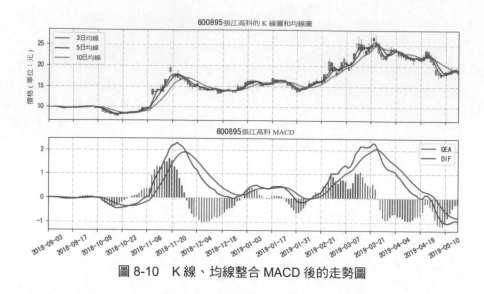

圖 8-10　K 線、均線整合 MACD 後的走勢圖

8.4　驗證以 MACD 指標為基礎的買賣點

在本節中將說明股票交易理論中以 MACD 指標為基礎的研判標準，而後再透過 Python 程式來驗證一下，讓讀者從中再次熟悉 Python 相關資料結構物件的用法。

8.4.1　MACD 指標的指導意義與盲點

根據 MACD 各項指標的含義，可以透過 DIF 和 DEA 兩者的值、DIF 和 DEA 指標的交換情況（例如金叉或死叉）以及 BAR 柱狀圖的長短與收縮的情況來判斷目前股票的趨勢。

以下兩點是根據 DIF 和 DEA 的數值情況以及它們在 x 軸上下的位置來確定股票的買賣策略。

（1）當 DIF 和 DEA 兩者的值均大於 0（在 x 軸之上）並向上移動時，一般表示目前處於多頭行情中，建議可以買入。反之，當兩者的值均小於 0 且向下移動時，一般表示處於空頭行情中，建議賣出或觀望。

（2）當 DIF 和 DEA 的值均大於 0 但都在向下移動時，一般表示為上漲趨勢即將結束，建議可以賣出股票或觀望。同理，當兩者的值均小於 0，但在向上移動時，一般表示股票將上漲，建議可以持續關注或買進。

以下四點是根據 DIF 和 DEA 的交換情況來決定買賣策略。

（1）DIF 與 DEA 都大於 0 而且 DIF 向上突破 DEA 時，說明目前處於強勢階段，股價再次上漲的可能性比較大，建議可以買進，這就是所謂 MACD 指標黃金交換，也叫金叉。

（2）DIF 與 DEA 都小於 0，但此時 DIF 向上突破 DEA 時，表明股市雖然目前可能仍然處於跌勢，但即將轉強，建議可以開始買進股票或特別注意，這也是 MACD 金叉的一種形式。

（3）DIF 與 DEA 雖然都大於 0，但 DIF 向下突破 DEA 時，這說明目前有可能從強勢轉變成弱勢，股價有可能會跌，此時建議看機會就賣出，這就是所謂 MACD 指標的死亡交換，也叫死叉。

（4）DIF 和 DEA 都小於 0，在這種情況下又發生了 DIF 向下突破 DEA 的情況，這說明可能進入下一階段的弱勢中，股價有可能繼續下跌，此時建議賣出股票或觀望，這也是 MACD 死叉的一種形式。

以下兩點是根據 MACD 中 BAR 柱狀圖的情況來決定買賣策略。

（1）紅柱持續放大，這說明目前處於多頭行情中，此時建議買入股票，直到紅柱無法再進一步放大時才考慮賣出。相反，如果綠柱持續放大，這說明目前處於空頭行情中，股價有可能繼續下跌，此時觀望或賣出，直到綠柱開始縮小時才能考慮買入。

（2）當紅柱逐漸消失而綠柱逐漸出現時，這表明目前的上漲趨勢即將結束，有可能開始加速下跌，這時建議可以賣出股票或觀望。反之，當綠柱逐漸消失而紅柱開始出現時，這說明下跌行情即將或已經結束，有可能開始加速上漲，此時可以開始買入。

雖然說 MACD 指標對趨勢的分析有一定的指導意義，但它同時也存在一定的盲點。

舉例來說，當沒有形成明顯的上漲或下跌趨勢時（即在盤整階段），DIF 和 DEA 這兩個指標會頻繁地出現金叉和死叉的情況，這時由於沒有形成趨勢，因此金叉和死叉的指導意義並不明顯。

又如，MACD 指標是對趨勢而言的，從中無法看出未來時間段內價格上漲和下跌的幅度。例如在圖 8-11 中，股票「張江高科」在價格高位時，DIF 的指標在 2 左右，但有些股票在高位時，DIF 的指標甚至會超過 5。

也就是說，無法根據 DIF 和 DEA 數值的大小來判斷股價會不會進一步漲或進一步跌。有時看似 DIF 和 DEA 到達一個高位，但如果目前上漲趨勢強勁，股價會繼續上漲，同時這兩個指標會進一步上升，反之亦然。

因此，在實際使用中，投資者可以用 MACD 指標結合其他技術指標，例如之前提到的均線，進一步能對買賣訊號進行多重確認。

8.4.2　驗證以柱狀圖和金叉為基礎的買點

在 8.4.1 小節介紹了以柱狀圖和 MACD 金叉為基礎的買賣策略，在 CalBuyPointByMACD.py 範例程式中將根據以下原則來驗證買點：DIF 向上突破 DEA（出現金叉），且柱狀圖在 x 軸上方（即目前是紅柱狀態）。

在這個範例程式中，用的是股票「金石資源（代碼為 603505）從 2018 年 9 月到 2019 年 5 月的交易資料，這部分資料儲存在 8.2 節介紹過的 stock_603505 資料表中，如果在資料表中沒有現成資料，那麼在執行 InsertDataFromYahoo.py 範例程式之後即可獲得。CalBuyPointByMACD.py 範例程式的程式碼如下。

```
1    # !/usr/bin/env python
2    # coding=utf-8
3    import pandas as pd
4    import pymysql
5    import sys
6    # 第一個參數是資料，第二個參數是週期
7    def calEMA(df, term):
8        # 省略方法內的程式，請參考本書提供下載的完整範例程式
9    # 定義計算 MACD 的方法
10   def calMACD(df, shortTerm=12, longTerm=26, DIFTerm=9):
11       # 省略中間計算過程的程式，最後傳回的是 df，請參考本書提供下載的完整範例程式
12       return df
```

上述程式的 calEMA 和 calMACD 方法和 8.3.4 小節的範例程式中的程式完全一致，所以就不再重複說明了。

```
13  def getMACDByCode(code):
14      try:
15          # 開啟資料庫連接
16          db = pymysql.connect("localhost","root","123456","pythonStock" )
17      except:
18          print('Error when Connecting to DB.')
19          sys.exit()
20      cursor = db.cursor()
21      cursor.execute('select * from stock_'+code)
22      cols = cursor.description        # 傳回列名稱
23      heads = []
24      # 依次把每個 cols 元素中的第一個值放入 col 陣列
25      for index in cols:
26          heads.append(index[0])
27      result = cursor.fetchall()
28      df = pd.DataFrame(list(result))
29      df.columns=heads
30      stockDataFrame = calMACD(df, 12, 26, 9)
31      return stockDataFrame
```

第 13 行開始的 getMACDByCode 方法中包含了從資料表中取得的股票交易資料並傳回 MACD 指標的程式，這部分程式碼與之前 DrawKwithMACD.py 範例程式中的程式也十分類似，只不過在第 21 行中是根據股票代碼來動態地連接 select 敘述。該方法在第 31 行中傳回包含 MACD 指標的 stockDataFrame 物件。

```
32  # print(getMACDByCode('603505'))      # 可去除這行敘述的註釋以確認資料
33  stockDf = getMACDByCode('603505')
34  cnt=0
35  while cnt<=len(stockDf)-1:
36      if(cnt>=30):              # 前幾天有誤差，從第 30 天算起
37          try:
38              # 規則 1：這天 DIF 值上穿 DEA
39              if stockDf.iloc[cnt]['DIF']>stockDf.iloc[cnt]['DEA'] and stockDf.
   iloc[cnt-1]['DIF']<stockDf.iloc[cnt-1]['DEA']:
40                  # 規則 2：出現紅柱，即 MACD 值大於 0
41                  if stockDf.iloc[cnt]['MACD']>0:
42                      print("Buy Point by MACD on:" + stockDf.iloc[cnt]['date'])
43          except:
44              pass
45      cnt=cnt+1
```

如果去掉第 32 行列印敘述的註釋，執行後就能確認資料。在第 35 行到第 45 行的 while 循環中，依次檢查了每個交易日的資料。之前在 8.3.3 小節提到過有資料計算的誤差，所以在這個範例程式中透過第 36 行的 if 敘述排除了剛開始 29 天的資料，從第 30 天算起。

在第 39 行的 if 條件陳述式中制定了第一個規則，前一個交易日的 DIF 小於 DEA，而且當天 DIF 大於 DEA，即出現上穿金叉的現象。在第 41 行的 if 條件陳述式中制定了第二個規則，即出現金叉的當日，MACD 指標需要大於 0，即目前 BAR 柱是紅柱狀態。執行這個範例程式之後，就能看到以下輸出的買點。

```
Buy Point by MACD on:2018-10-31
Buy Point by MACD on:2019-01-09
Buy Point by MACD on:2019-03-18
Buy Point by MACD on:2019-04-04
Buy Point by MACD on:2019-04-19
```

下面改寫一下 8.3.4 小節的 DrawKwithMACD.py 範例程式，把股票代碼改成 603505，把股票名稱改為「金石資源」，執行後即可看到如圖 8-11 所示的結果圖。

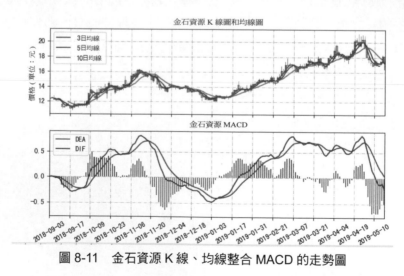

圖 8-11　金石資源 K 線、均線整合 MACD 的走勢圖

根據圖 8-11 中的價格走勢，在表 8-3 中列出了各買點的確認情況。

表 8-3 以 MACD 獲得為基礎的買點情況確認表

買點	對買點的分析	正確性
2018-10-31	該日出現 DIF 金叉，且 Bar 已經在紅柱狀態，後市有漲	正確
2019-01-09	該日出現 DIF 金叉，且 Bar 柱開始逐漸變紅，後市有漲	正確
2019-03-18	該日雖然出現金叉，Bar 柱也開始變紅，但之後幾天 Bar 交替出現紅柱和綠柱情況，後市在下跌後，出現上漲情況	不明確
2019-04-04	該日在出現金叉的同時，Bar 柱由綠轉紅。但之後許多交易日後出現死叉，且 Bar 柱又轉綠，後市下跌	不正確
2019-04-19	出現金叉，且 Bar 柱由綠柱一下子變很長，後市有漲	正確

根據這個範例程式的執行結果，可以獲得的結論是：透過 MACD 指標的確能算出買點，但之前也說過，MACD 有盲點，在盤整階段，趨勢沒有形成時，此時金叉的指導意義就不是很明顯，甚至是錯誤的。

8.4.3 驗證以柱狀圖和死叉為基礎的賣點

參考 MACD 指標，與 8.4.2 小節描述的情況相反，如果出現以下情況，則可以賣出股票：DIF 向下突破 DEA（出現死叉），且柱狀圖向下運動（紅柱縮小或綠柱變長）。下面透過股票「士蘭微」（代碼為 600460）從 2018 年 9 月到 2019 年 5 月的交易資料來驗證賣點。

先來做以下的準備工作：在 MySQL 的 pythonStock 資料庫中建立 stock_600460 資料表，在 8.2.2 小節介紹的 InsertDataFromYahoo.py 範例程式中，把股票代碼改為 600460，執行後即可在 stock_600460 資料表中看到指定時間範圍內的交易資料。

驗證 MACD 指標賣點的 CalSellPointByMACD.py 範例程式與之前 CalBuyPointByMACD.py 範例程式很相似，下面只分析不同的程式碼部分。

```
1   # !/usr/bin/env python
2   # coding=utf-8
3   import pandas as pd
4   import pymysql
5   import sys
6   # calEMA 方法中的程式沒有變
7   def calEMA(df, term):
8       # 省略方法內的程式碼，請參考本書提供下載的完整範例程式
```

```
 9    # 定義計算 MACD 的方法內的程式碼也沒有變
10    def calMACD(df, shortTerm=12, longTerm=26, DIFTerm=9):
11        # 省略方法內的程式碼，請參考本書提供下載的完整範例程式
12    def getMACDByCode(code):
13        # 和 CalBuyPointByMACD.py 範例程式中的程式碼一致
14    stockDf = getMACDByCode('600460')
15    cnt=0
16    while cnt<=len(stockDf)-1:
17        if(cnt>=30):            # 前幾天有誤差，從第 30 天算起
18            try:
19                # 規則 1：這天 DIF 值下穿 DEA
20                if stockDf.iloc[cnt]['DIF']<stockDf.iloc[cnt]['DEA'] and stockDf.
    iloc[cnt-1]['DIF']>stockDf.iloc[cnt-1]['DEA']:
21                    # 規則 2：Bar 柱是否向下運動
22                    if stockDf.iloc[cnt]['MACD']<stockDf.iloc[cnt-1]['MACD']:
23                        print("Sell Point by MACD on:" + stockDf.iloc[cnt]
    ['date'])
24            except:
25                pass
26        cnt=cnt+1
```

上述程式中的 calEMA、calMACD 和 getMACDByCode 三個方法和
CalBuyPointByMACD.py 範例程式中的程式完全一致，所以本節僅列出了這些
方法的定義，不再重複說明了。

在第 14 行中透過呼叫 getMACDByCode 方法，獲得了 600460（士蘭微）的
交易資料，其中包含了 MACD 指標資料。在第 16 行到第 26 行的 while 循環中
透過檢查 stockDf 物件，計算賣點。

實際的步驟是，透過第 17 行的 if 條件陳述式排除了誤差比較大的資料，隨
後透過第 20 行的 if 敘述判斷當天是否出現了 DIF 死叉的情況，即前一個交易日
的 DIF 比 DEA 大，但目前交易日 DIF 比 DEA 小。當滿足這個條件時，再透過
第 22 行的 if 敘述判斷當天的 Bar 柱數值是否小於前一天的，即判斷 Bar 柱是否
在向下運動。當滿足這兩個條件時，透過第 23 行的程式輸出建議賣出股票的日
期。執行這個範例程式碼後，可看到以下輸出的賣點。

```
Sell Point by MACD on:2018-10-11
Sell Point by MACD on:2018-11-29
Sell Point by MACD on:2018-12-06
Sell Point by MACD on:2019-02-28
Sell Point by MACD on:2019-04-04
```

前文提到的 DrawKwithMACD.py 範例程式，把股票代碼改為 600460，把股票名稱改成「士蘭微」，執行後即可看到如圖 8-12 所示的結果圖。

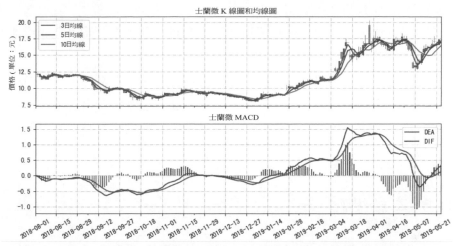

圖 8-12　股票「士蘭微」的 K 線、均線整合 MACD 的走勢圖

再根據圖 8-12 中的價格走勢，在表 8-4 中列出了各賣點的確認情況。

表 8-4　以 MACD 獲得為基礎的賣點情況確認表

賣點	對賣點的分析	正確性
2018-10-11	1. 該日出現 DIF 死叉，且 DIF 和 DEA 均在 x 軸下方，Bar 由紅轉綠，且綠柱持續擴大 2. 雖然能驗證該點附近處於弱勢，但由於此點已經處於弱勢，所以後市價位跌幅不大	不明確
2018-11-29	1. 在 DIF 和 DEA 上行過程中出現死叉 2. Bar 柱由紅轉綠，後市股價有一定幅度的下跌	正確
2018-12-06	在 11 月 29 日的賣點基礎上，再次出現死叉，且 Bar 柱沒有向上運動的趨勢，所以進一步確認了弱勢行情，果然後市股價有一定幅度的下跌	正確
2019-02-28	1. 雖然出現死叉，但前後幾天 DIF 和 DEA 均在向上運動。這說明強勢並沒有結束 2. Bar 柱雖然變綠，但變綠的幅度非常小 3. 後市價格不是下跌，而是上漲了	不正確
2019-04-04	1. DIF 和 DEA 在 x 軸上方出現死叉，說明強勢行情有可能即將結束 2. Bar 柱由紅開始轉綠 3. 後市價位出現一波短暫反彈，這可以了解成強勢的結束，之後出現下跌，且下跌幅度不小	正確

從上述的驗證結果可知，從 MACD 指標中能看出股價發展的趨勢，當從強勢開始轉弱時，如果沒有其他利好消息，可以考慮觀望或適當賣出股票。

在透過 MACD 指標確認趨勢時，應當從 DIF 和 DEA 的數值、運動趨勢（即金叉或死叉的情況）和 Bar 柱的運動趨勢等方面綜合評判，而不能簡單地透過單一因素來考慮。

並且，影響股價的因素非常多，在選股時，應當從資金面、訊息面和指標的技術面等因素綜合考慮，哪怕在指標的技術面，也應當結合多項技術指標綜合考慮。如前文所述，單一指標難免出現盲點，當遇到盲點時就有可能出現風險而誤判。

8.5　本章小結

在本章的開始部分說明了透過 PyMySQL 函數庫操作資料庫的一般做法，包含如何準備 MySQL 環境，如何安裝 PyMySQL 函數庫，如何執行增刪改查的 SQL 敘述。在說明完這些準備知識之後，接著說明了把從網站爬取的股票交易資料，透過呼叫 PyMySQL 函數庫中的方法放入了 MySQL 對應的資料表中。

本章說明的股票知識與 MACD 指標有關，根據 MACD 指標可以看到市場的趨勢，隨後使用 Matplotlib 函數庫來繪製 MACD 指標線，不過與之前幾章的範例程式的差別之處是，本章的範例程式是從資料庫的資料表中獲得股票的交易資料。

與第 7 章一樣，在本章中也用 Python 程式語言來驗證以 MACD 為基礎的買賣點，閱讀本章後，相信讀者不僅可以進一步深化對股票趨勢分析的了解，還能透過以股票為基礎的範例程式，進一步了解 Python 中異常處理、資料結構和繪圖相關方法的用法。

第9章
以 KDJ 範例程式學習 GUI 程式設計

GUI 是 Graphical User Interface 的英文縮寫，其意為圖形化使用者介面，支援 Python 語言的 GUI 函數庫是 Tkinter。在用 Tkinter 開發出來的使用者操作介面中，使用者可以透過鍵盤和滑鼠等輸入裝置，操作螢幕上的文字標籤或指令框等控制項來完成一些任務。

之前章節的範例程式中沒有匯入 GUI，是在程式中以靜態的方式設定要繪製股票指標的參數，如果要更改顯示的股票代碼或日期範圍，就要修改 Python 範例程式後再執行。在本章中，在繪製 KDJ 指標時，出於匯入了 Tkinter 函數庫，因此就能在介面上實現動態互動的效果。

9.1 Tkinter 的常用控制項

Python 提供了多個圖形開發介面的函數庫，本書用的是 Tkinter 函數庫。請注意，在 Python 3.x 版本中，函數庫名字首是小寫的 t，這個函數庫已經內建到 Python 的安裝套件中，所以無需額外安裝即可直接使用。再次說明一下：Tkinter 的正式庫名為 tkinter，在程式中用 import 匯入這個函數庫時，一定要用 tkinter，不過在本書的行文中，如果單獨指代這個函數庫時依然用 Tkinter，即第一個字母大寫。

本節將透過範例程式來示範標籤、文字標籤、指令框、下拉選單、單選按鈕和核取方塊等 Tkinter 常用控制項的用法。

9.1.1 實現帶標籤、文字標籤和按鈕的 GUI 介面

下面透過一個簡單的 GUI 介面來介紹 Tkinter 函數庫的基本用法，在其中包含了標籤（Label）、文字標籤（Entry）和按鈕（Button）控制項，範例程式 tkinterStart.py 的實際程式如下。

```
1    # !/usr/bin/env python
2    # coding=utf-8
3    import tkinter
4    import tkinter.messagebox
5    loginWin = tkinter.Tk()
6    loginWin.geometry('220x120')           # 設定大小
7    loginWin.title(' 登入視窗 ')            # 設定視窗標題
8    # 放置兩個 Label 標籤
9    tkinter.Label(loginWin,text=' 使用者名稱：').place(x=10,y=20)
10   tkinter.Label(loginWin,text=' 密 碼：').place(x=10,y=50)
11   userVal = tkinter.StringVar()
12   pwdVal = tkinter.StringVar()
13   # Entry 是用來接受字串的控制項
14   userEntry = tkinter.Entry(loginWin,textvariable=userVal)
15   userEntry.place(x=65,y=20)
16   pwdEntry = tkinter.Entry(loginWin,textvariable=pwdVal,show='*')   # 用 * 號代替輸
     入文字
17   pwdEntry.place(x=65,y=50)
18   def check():          # 登入按鈕的處理函數（即定義點擊登入按鈕時觸發的方法）
19       userName=userVal.get()
20       pwd=pwdVal.get()
21       print(' 使用者名稱 :'+ userName)
22       print(' 密碼 :'+pwd)
23       if(userName=='python' and  pwd =='kdj'):
24           tkinter.messagebox.showinfo(' 提示 ',' 登入成功 ')
25       else:
26           tkinter.messagebox.showinfo(' 提示 ',' 登入失敗 ')
27   tkinter.Button(loginWin,text=' 登入 ',width=12,command=check).place(x=10,y=85)
28   tkinter.Button(loginWin,text=' 退出 ',width=12,command=loginWin.quit).
     place(x=120,y=85)
29   tkinter.mainloop()
```

在第 3 行匯入了 Tkinter 函數庫，在第 4 行匯入了 Tkinter 中的 Messagebox 函數庫，這樣就呼叫到對話方塊的功能。注意：程式敘述中匯入函數庫時要使用函數庫的原名，tkinter 和 messagebox（第一個字母小寫）。

　　在第 5 行中建立了一個視窗，並透過第 6 行和第 7 行的程式敘述設定了視窗的大小和標題。在第 9 行和第 10 行中，建立了兩個 tkinter.Label 類型的標籤物件，建立時第一個參數 loginWin 表示該標籤放在哪個視窗內，第二個參數 text 表示標籤的文字。在建立時，是透過呼叫 place 方法，指定該標籤在視窗內的位置。

　　在第 11 行和第 12 行中，定義了兩個 tkinter.StringVar() 類型的物件，用來在第 14 行和第 16 行中接收兩個文字標籤內的輸入內容。在定義這兩個 tkinter.Entry 類型的文字標籤時，第一個參數同樣是指定該文字標籤顯示在哪個視窗內，第二個參數 textvariable 則指定輸入的內容放在哪個物件中。請注意在第 16 行的 Entry 文字標籤內，由於接收的是密碼，因此還需要用第三個參數「show='*'」來指定輸入的內容用 *（星號）代替。

　　在第 27 行和第 28 行中，定義了兩個 tkinter.Button 類型的指令按鈕，在第 27 行的程式敘述中，是用 command=check 的形式指定了點擊該指令按鈕後，會觸發從第 18 行到第 26 行定義的 check 方法。

　　在第 28 行定義的「退出」指令按鈕中，同樣是透過 command 指定了點擊該按鈕後會觸發 quit（即退出視窗）的操作。在 check 方法中，是透過第 23 行和第 25 行的 if…else 敘述，實現了使用者名稱和密碼的登入驗證操作，如果透過驗證，則出現第 24 行的對話方塊，否則出垷第 26 行的對話方塊。

　　最後請注意，透過 Tkinter 實現 GUI 的時候，一定要撰寫如第 29 行所示的 mainloop 方法開啟一個主循環，在這個循環中會監聽滑鼠、鍵盤等操作的事件，一旦有事件發生，則會觸發對應的方法，例如在這個範例程式中點擊「登入」按鈕會觸發 check 方法，如果不加 mainloop 方法的話，則無法顯示主視窗。

　　執行這個範例程式後，即可看到如圖 9-1 所示的 GUI 介面，在其中可以看到在範例程式中透過程式所設定的各個控制項。並且，在輸入使用者名稱為：python，密碼為：kdj 之後，再點擊「登入」按鈕，就會看到顯示「登入成功」的對話方塊。如果是輸入其他內容再點擊「登入」按鈕，則會顯示出「登入失敗」的對話方塊。如果在登入視窗點擊「退出」按鈕，則會退出登入視窗。

圖 9-1　簡單的使用者圖形介面（GUI）效果圖

9.1.2　實現下拉選單控制項

在下面的 tkinterWithComboBox.py 範例程式中，除了將示範下拉式選單控制項的用法之外，還將示範如何在文字標籤中設定值。

```
1   # !/usr/bin/env python
2   # coding=utf-8
3   import tkinter as tk
4   from tkinter import ttk
5   win = tk.Tk()
6   win.title(" 下拉選單 ")      # 增加標題
7   tk.Label(win, text=" 選擇程式語言 ").grid(column=0, row=0)   # 增加標籤
8   # 建立下拉選單
9   comboboxVal = tk.StringVar()
10  combobox = ttk.Combobox(win, width=12, textvariable=comboboxVal)
11  combobox['values'] = ('Python', 'Java', '.NET','go')         # 設定下拉式選單的值
12  combobox.grid(column=1, row=0)  # 設定其在介面中出現的位置，column 代表列，row 代表行
13  combobox.current(0)        # 設定下拉式選單的預設值
14  # 清空並插入文字標籤的內容
15  def handle():
16      text.delete(0,tk.END)
17      text.insert(0,combobox.get())
18  # 建立按鈕
19  button = tk.Button(win, text=" 選擇 ", width=12,command=handle)
20  button.grid(column=1, row=1)
21  # 建立文字標籤
22  val = tk.StringVar()
23  text = tk.Entry(win, width=12, textvariable=val) # 建立文字標籤
24  text.grid(column=0, row=1)
25  text.focus()        # 預設設定焦點（游標）在文字標籤中
26  win.mainloop()              # 開啟主循環以監聽事件
```

第 7 行程式敘述建立了一個 Label 標籤控制項,透過 grid(column=0, row=0) 的方式指定了該控制項的位置是在視窗內的第 0 行第 0 列。

在第 9 行中定義了用來接收下拉式選單選取內容的 comboboxVal 物件,並在第 10 行中定義了名為 combobox 的下拉式選單,在定義時,把內容和 comboboxVal 綁定到一起。在第 11 行中定義了下拉選單串列中的值,並在第 13 行中指定了預設值。在第 12 行中,同樣是透過呼叫 grid 方法來設定下拉式選單的位置,位置是在視窗內的第 0 行第 1 列,即在標籤控制項的右邊。

在第 18 行和第 19 行中定義了按鈕控制項,按鈕控制項顯示的文字內容為「選擇」,位置是在視窗內的第 1 行第 0 列,按鈕對應的處理方法是第 15 行定義的 handle 方法。在這個方法中,先是透過呼叫第 16 行的 delete 方法來清空 text 文字標籤,再透過呼叫第 17 行的 insert 方法把下拉式選單選取的內容設定到 text 文字標籤內。

text 文字標籤的定義由在第 22 行到第 25 行的程式碼完成,該控制項的位置是在視窗內的第 1 行第 0 列,即在指令按鈕的左邊,並透過第 25 行的程式來設定焦點,即在視窗開啟時,游標的起始位置在文字標籤的框內。

同樣,最後需要撰寫第 26 行的 mainloop 方法,顯示視窗並啟動主循環,以監聽滑鼠、鍵盤等操作的事件。執行這個範例程式後,即可看到如圖 9-2 所示的結果圖。選取下拉式選單中的內容後,點擊「選擇」按鈕,就可以在文字標籤中看到所選擇的內容。

圖 9-2　帶下拉式選單的視窗

9.1.3　單選按鈕和多行文字標籤

在 Tkinter 函數庫中,單選按鈕控制項是 Radiobutton 類型,而可以容納多行文字的文字標籤是 Text 類型。在下面的 tkinterWithRadiobutton.py 範例程式中將示範這兩種控制項的用法。

```
1    # !/usr/bin/env python
2    # coding=utf-8
3    import tkinter
4    win = tkinter.Tk()
5    win.title(" 單選按鈕 ")
6    win.geometry("200x150")
7    # 建立標籤
8    tkinter.Label(win,text=' 您目前學的是 :').pack()
9    # 定義選擇單選按鈕後執行的操作
10   def handleSelected():
11       text.delete(0.0,tkinter.END)
12       text.insert('insert',selectVal.get())
13   # 建立單選項
14   selectVal = tkinter.StringVar()
15   selectVal.set('Python')
16   pythonSelect = tkinter.Radiobutton(win,text='Python',value='Python',
     variable=selectVal, command=handleSelected).pack()
17   javaSelect = tkinter.Radiobutton(win,text='Java',value='Java',
     variable=selectVal, command=handleSelected).pack()
18   # 建立多行文字標籤
19   text = tkinter.Text(win,width=20,height=3)
20   text.pack()
21   win.mainloop()
```

　　在第 16 行和第 17 行中建立了兩個 Radiobutton 類型的單選按鈕，其中 text 參數用來指定單選按鈕要顯示的文字，value 參數用來指定本單選按鈕的值，variable 則用於傳入參數並綁定本單選按鈕的變數，而 command 參數用來指定點擊按鈕後會觸發的方法名稱（或稱為函數名稱）。在實際使用中，value 和 variable 兩個參數一般是搭配使用的。

　　（1）在第 14 行和第 15 行中設定了初始化狀態，哪個單選按鈕會被選取，這裡的 selectVal 指向 variable 參數，而在第 15 行的 set('Python') 參數是指向 value。

　　（2）在第 10 行定義的觸發方法 handleSelected 中，其中在第 12 行是透過呼叫 selectVal.get() 方法，也就是透過 variable 向多行文字標籤 Text 內寫入值。

　　在第 19 行中定義了 Text 類型的多行文字標籤，在剛才提到的 handleSelected 方法中的第 11 行，在向 Text 控制項設定值之前，是透過呼叫 delete 方法清空了 Text 控制項。請注意，這裡 delete 方法的第 1 個參數是 0.0，表示從第 0 行第 0 列（索引從 0 開始）的位置開始清空。

執行這個範例程式後,即可看到如圖 9-3 所示的結果圖。在視窗剛開啟時,「Python」單選按鈕是被預設選取的,如果在單選按鈕的兩個選項之間切換,那麼下方的 Text 控制項中就會交替顯示目前選取的內容。

圖 9-3　帶單選按鈕和多行文字標籤的視窗

9.1.4　核取方塊與在 Text 內顯示多行文字

和單選按鈕相比,在核取方塊中可以選擇一個或多個值,在 9.1.3 小節中的範例程式中,只在 Text 控制項中顯示了一行文字。在下面的 tkinterWithCheckbutton.py 範例程式中,除了將示範核取方塊的用法之外,還將在 Text 控制項內示範顯示多行文字。

```
1    # !/usr/bin/env python
2    # coding=utf-8
3    import tkinter
4    win = tkinter.Tk()
5    win.title(" 核取方塊 ")
6    win.geometry("150x160")
7    # 增加 Label 標籤
8    tkinter.Label(win,text=' 我已經掌握的程式語言 ').pack(anchor-tkinter.W)
9    # 點擊核取方塊後觸發的函數
10   def handleFunc():
11       msg = ''
12       # 選取為 True,不選為 False,下同
13       if pythonSelected.get() == True:
14           msg += pythonCheckButton.cget('text');
15           msg+='\n'
16       if javaSelected.get() == True:
17           msg += javaCheckBotton.cget('text')
18           msg+='\n'
19       if goSelected.get() == True:
```

```
20          msg += goCheckBotton.cget('text')
21          msg += "\n"
22      text.delete(0.0,tkinter.END)
23      text.insert('insert',msg)
24  # 建立多選框
25  pythonSelected = tkinter.BooleanVar()
26  pythonCheckButton = tkinter.Checkbutton(win,text='Python',variable=
    pythonSelected, command=handleFunc)
27  pythonCheckButton.pack(anchor=tkinter.W)
28  javaSelected = tkinter.BooleanVar()
29  javaCheckBotton = tkinter.Checkbutton(win,text='Java',variable=javaSelected,
    command=handleFunc)
30  javaCheckBotton.pack(anchor=tkinter.W)
31  goSelected = tkinter.BooleanVar()
32  goCheckBotton = tkinter.Checkbutton(win,text='Go',variable=goSelected,
    command=handleFunc)
33  goCheckBotton.pack(anchor=tkinter.W)
34  # 建立一個多行文字標籤
35  text = tkinter.Text(win,width=20,height=5)
36  text.pack(anchor=tkinter.W)
37  win.mainloop()
```

　　從第 25 行到第 33 行的程式敘述定義了三個核取方塊控制項，這裡以其中顯示「Python」內容的核取方塊為例來說明 Checkbutton 控制項的用法。

　　由於核取方塊存在「選取」和「沒選取」這兩種狀態，因此是在第 25 行中用 tkinter.BooleanVar()，即布林類型的 pythonSelected 物件來記錄第 26 行 pythonCheckButton 控制項的狀態。此外，在第 26 行透過 text 參數來指定該控制項顯示的文字，透過 command 參數來指定該控制項會觸發的方法。

　　因為需要讓三個核取方塊控制項靠左對齊，所以在第 27 行呼叫 pack 方法放置該控制項時，即指定了 anchor=tkinter.W，即向西（即向左）靠齊。除了這個值以外，還可以設定 tkinter.E，表示向東（即向右）靠齊，tkinter.N 表示向北（即向上）靠齊，tkinter.S 表示向南（即向下）靠齊。第 28 行到第 33 行是另外兩個核取方塊控制項定義的方法，程式碼和剛才說明的第一個核取方塊類似，所以就不再重複說明了。

　　當使用者操作上述三個核取方塊中的任意一個時，就會觸發從第 10 行開始定義的 handleFunc 方法，在該方法中用第 13 行、第 16 行和第 19 行這三個 if 敘述來判斷三個核取方塊是否被選取，如果被選取，則往 msg 變數中增加目前核取方塊的文字（即 text 屬性），也就是說，如果選取多個，則會以多行的形式顯示在第 35 行程式敘述定義的 Text 類型的多行文字標籤中。

執行這個範例程式之後，即可看到如圖 9-4 所示的結果圖，如果選取多個選項，就會在文字標籤中看到選取的多個值，在取消某個核取方塊後，在文字標籤內就能看到該值被刪除掉。

圖 9-4　帶核取方塊和多行文字標籤的視窗

9.2 Tkinter 與 Matplotlib 的整合

在之前的章節中，已經透過與股票的 MACD 等指標有關的範例程式實作過 Matplotlib 函數庫中諸多繪圖方法。但是，之前的範例程式採用的是靜態設定股票程式的方法，例如要繪製其他股票的 MACD 走勢圖時，則必須在範例程式中修改後再次執行程式，在使用上非常不方便。

與之相比，在整合了 Tkinter 函數庫後，如果要繪製其他股票的指標圖，則無需重新定義程式再重新執行程式，只需要在 GUI 介面中輸入相關股票的代碼後，再點擊指令按鈕即可。

9.2.1 整合的基礎：Canvas 控制項

Canvas（畫布）是 Tkinter 函數庫中的控制項。在 Canvas 控制項中，不僅可以繪製一些基本的圖形，還可以匯入以 Matplotlib 函數庫為基礎的圖形。

因此可以說，該控制項是 Matplotlib 函數庫和 Tkinter 函數庫整合的基礎。在下面的 tkinterWithCanvas.py 範例程式中，先來看一下在畫布控制項中繪製不同種類圖形的用法。

```
1    # !/usr/bin/env python
2    # coding=utf-8
3    import tkinter as tk
4    win = tk.Tk()
5    win.title('Cavas 畫布 ')  # 設定視窗標題
6    win.geometry("550x350")
7    canvas = tk.Canvas(win,background='white',width=500,height=300)
8    canvas.pack()
9    # 繪製直線
10   canvas.create_line((0, 0), (60, 60), width=2, fill="red")
11   # 繪製圓弧
12   canvas.create_arc((210, 210), (280, 280), fill='yellow',width=3)
13   # 繪製矩形
14   canvas.create_rectangle(75, 75, 120, 120, fill='green', width=2)
15   # 顯示文字
16   canvas.create_text(350, 200,text=' 示範文字效果 ')
17   # 繪製圓或橢圓，取決於外接矩形
18   canvas.create_oval(150, 150, 200, 200,fill='red')
19   # 連接由參數指定的點，繪製多邊形
20   point = [(280, 260), (300, 200), (350, 220),(400,280)]
21   canvas.create_polygon(point, outline='green', fill='yellow')
22   win.mainloop()
```

第 7 行程式敘述在建立 Canvas 類型的畫布物件時，指定了背景顏色和大小。在第 10 行中呼叫 create_line 方法繪製直線，該方法的前兩個參數表示直線的起始座標和終止座標。

在第 12 行中呼叫 create_arc 方法繪製圓弧，前兩個參數同樣表示起始座標和終止座標。在第 14 行中呼叫 create_rectangle 方法繪製矩形，該方法的前 4 個參數分別表示起始位置的 x 和 y 座標以及終止位置的 x 和 y 座標。在第 16 行中呼叫 create_text 方法繪製文字，其中前兩個參數表示要顯示文字的起始位置的 x 和 y 座標。

在第 18 行中呼叫 create_oval 方法繪製了一個圓形，該方法其實可以用來繪製圓或橢圓，前 4 個參數表示外接矩形的起始點的 x、y 座標和終止點的 x、y 座標。該方法中設定的外接矩形是正方形，所以繪製出來的是圓，如果指定的外接矩形長度和寬度不相等，那麼繪製出來的就是橢圓。

在第 21 行中呼叫 create_polygon 方法繪製了多邊形，它是由第一個參數指定的許多個座標點連接而成。執行這個範例程式即可看到如圖 9-5 所示的結果。

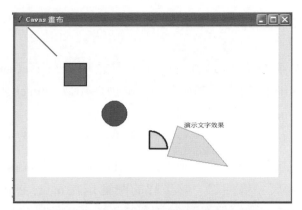

圖 9-5　在畫布控制項中繪製不同的圖形

9.2.2 在 Canvas 上繪製 Matplotlib 圖形

在學習 9.2.1 小節範例程式之後可知，Canvas 控制項其實是個容器，在 9.2.1 小節的範例程式中容納了許多基本圖形。在下面的 tkinterWithMatplotlib.py 範例程式中將示範容納以 Matplotlib 函數庫為基礎的物件，將 Canvas 和 Matplotlib 兩者進行整合。

```python
# !/usr/bin/env python
# coding=utf-8
import matplotlib.pyplot as plt
from matplotlib.backends.backend_tkagg import FigureCanvasTkAgg
import numpy as np
from tkinter import *
win = Tk()
win.title("tkinter and matplotlib")
figure = plt.figure()
# 把用 matplotlib 繪製的操作定義在方法內，方便呼叫
def drawPlotOnCancas():
    ax = figure.add_subplot(111)
    ax.set_title('Matplotlib 整合 tkinter')
    x = np.array([1,2,3,4,5])
    ax.plot(x, x*x)
    plt.rcParams['font.sans-serif']=['SimHei']
# 在 Canvas 上顯示以 matplotlib 為基礎的物件
canvs = FigureCanvasTkAgg(figure, win)
canvs.get_tk_widget().pack()
drawPlotOnCancas()
win.mainloop()
```

為了在 Canvas 容器中整合以 Matplotlib 為基礎的物件，一般需要有以下三個步驟。

步驟 01　如第 18 行程式敘述所示，透過呼叫 FigureCanvasTkAgg 方法把包含以 Matplotlib 函數庫為基礎的 figure 物件和以 Tkinter 函數庫（也就是 GUI）為基礎的 win 物件綁定到一起。

步驟 02　如第 19 行所示，在 GUI 視窗上放置 Canvas 物件。

步驟 03　如第 20 行所示，呼叫在第 11 行定義的 drawPlotOnCancas 方法，在 figure 內繪製一條曲線，該步驟的關鍵是在 figure 控制項上透過呼叫 Matplotlib 函數庫的方法繪製圖形。由於在第 18 行的程式碼中，已經把 figure 和 win 綁定到了一起，因此在 figure 內繪製的圖形就能顯示到 Canvas 畫布上。

drawPlotOnCancas 方法的實際執行過程是，在第 12 行中呼叫 add_subplot 方法建立了一個子圖，並把操作該子圖的控制碼設定值給 ax 物件。在第 13 行透過 ax 物件設定子圖的標題，在第 14 行和第 15 行呼叫 plot 方法繪製 y=x*x 的曲線，因為標題是中文，所以在第 16 行設定了字型。

最後還需要在第 21 行呼叫 mainloop 方法來開啟主循環，否則圖形將不會顯示出來。

執行這個範例程式之後，即可看到如圖 9-6 所示的圖形，其中的曲線是透過 Matplotlib 的 figure 和 ax 等物件繪製出來的，而非透過呼叫 Tkinter 函數庫的方法繪製出來的。

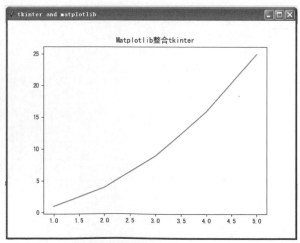

圖 9-6　在 Canvas 畫布中繪製以 Matplotlib 為基礎的圖形物件

9.2.3 在 GUI 視窗內繪製 K 線圖

在 9.2.2 小節的範例程式中，在 Canvas 畫布中繪製的圖形雖然簡單，但也包含了 figure 和 ax 等以 Matplotlib 為基礎的物件。在之前章節的相關範例程式中，可以看到諸如座標軸刻度、座標軸文字、子圖標題和網格樣式等，現在也都可以透過 figure 和 ax 等物件繪製出來，也就是說，透過這種整合方式，還可以繪製出更為複雜的圖形。

在下面的 drawKLineWithTkinter.py 範例程式中，將使用 9.2.3 小節範例程式列出的整合方式，在 Canvas 畫布物件內繪製出更為複雜的 K 線圖、均線圖和圖例等。

整合的目的是為了引用 GUI 互動的效果，在 drawKLineWithTkinter.py 這個範例程式中可以看到以 Tkinter 函數庫為基礎的按鈕控制項及其相關操作。這個範例程式的程式包含的內容比較多，下面分段說明。

```python
1   # !/usr/bin/env python
2   # coding=utf-8
3   import matplotlib.pyplot as plt
4   from matplotlib.backends.backend_tkagg import FigureCanvasTkAgg
5   import pandas as pd
6   from mpl_finance import candlestick2_ochl
7   import tkinter
```

首先匯入所用的函數庫，尤其請注意，在第 4 行匯入了 Tkinter 整合 Matplotlib 的 FigureCanvasTkAgg 函數庫，在第 6 行匯入了繪製 K 線圖所用的 candlestick2_ochl 函數庫。

```python
8    win = tkinter.Tk()
9    df = pd.read_csv('D:/stockData/ch6/600895.csv',encoding='gbk',index_col=0)
10   win.title("tkinter 整合 matplotlib")
11   figure = plt.figure()
12   canvas = FigureCanvasTkAgg(figure, win)
13   canvas.get_tk_widget().grid(row=0, column=0, columnspan=2)
```

在第 9 行中讀取股票資料並放入 df 物件，因為這裡的重點是整合，所以就直接從檔案中讀股票交易資料，而沒有從資料表中讀取。

在第 12 行的程式碼中，在 Canvas 物件中綁定了 Matplotlib 函數庫中的

figure 物件和以 GUI 為基礎的 win 視窗物件，在第 13 行中在放置 canvas 物件的同時，用 grid 參數指定了 Canvas 畫布的位置是第 1 行（索引從 0 開始）第 1 列，並且將橫跨由 columnspan 參數指定的 2 列。

```
14    # 把用 matplotlib 繪製的操作定義在方法中，方便呼叫
15    def drawKLineOnCancas():
16        plt.clf()        # 先清空所有在 plt 上的圖形
17        ax = figure.add_subplot(111)
18        ax.set_title('600895 張江高科的 K 線圖 ')
19        ax = figure.add_subplot(111)
20        # 呼叫方法繪製 K 線圖
21        candlestick2_ochl(ax = ax, opens=df["Open"].values, closes=df["Close"].
      values, highs=df["High"].values, lows=df["Low"].values,width=0.75,
      colorup='red', colordown='green')
22        df['Close'].rolling(window=3).mean().plot(color="red",label='3 日均線 ')
23        df['Close'].rolling(window=5).mean().plot(color="blue",label='5 日均線 ')
24        df['Close'].rolling(window=10).mean().plot(color="green",label='10 日均線 ')
25        plt.legend(loc='best')           # 繪製圖例
26        plt.xticks(range(len (df.index.values)),df.index.values,rotation=30)
27        ax.grid(True)                    # 帶網格
28        plt.rcParams['font.sans-serif']=['SimHei']
29        canvas.draw()
```

在從第 15 行到第 29 行程式敘述定義的 drawKLineOnCancas 方法中，透過 plt、ax 和 figure 等 Matplotlib 物件繪製了 K 線圖和均線圖，這部分的程式之前講過，就不再重複說明了。

請注意第 16 行，在繪製前需要呼叫 plt.clf() 清空圖形，在繪製完成後的第 29 行，由於此時 Canvas 畫布已經和 figure 物件綁定到一起，因此可以呼叫 canvas.draw 方法把以 Matplotlib 為基礎的圖形繪製到 Canvas 畫布上。

如果去掉第 16 行執行清空操作的程式碼，那麼每次在點擊「開始繪製」按鈕時，就會重疊地繪製，也就是說，在 Canvas 畫布中會看到由多張圖疊加組成的錯誤圖形。

```
30    button =tkinter.Button(win, text=' 開始繪製 ', width=10,command=
              drawKLineOnCancas).grid(row=1,column=0,columnspan=3)
31    def clearCanvas():
32        plt.clf()
33        canvas.draw()
34    button =tkinter.Button(win, text=' 清空 ', width=10,command=clearCanvas).grid(r
```

```
    ow=1,column=1,columnspan=3)
35  win.mainloop()
```

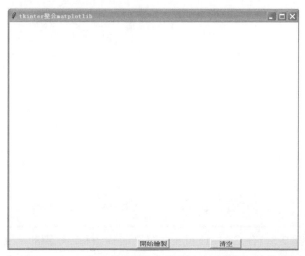

圖 9-7　在 Canvas 畫布內繪製 K 線圖和均線圖初始化時的結果

在第 30 行定義了「開始繪製」的按鈕，透過該按鈕 command 參數定義的方法，就能看到點擊該按鈕後會呼叫 drawKLineOnCancas 方法在畫布上繪製 K 線圖，請注意該按鈕控制項也是透過 grid 方法指定位置，它被放置在視窗的第 2 行第 1 列。

在第 34 行定義的「清空」按鈕中，它觸發的方法是在第 31 行定義的 clearCanvas 方法，在這個方法中，首先呼叫第 32 行的方法清空以 Matplotlib 為基礎的圖形（即 K 線圖和均線圖等），隨後執行第 33 行的方法再次繪製 Canvas 畫布，由於此時 Canvas 所綁定的 figure 物件內已經沒有圖形了，因此再次繪製操作就相當於重置了畫布。

同樣需要像在第 35 行中那樣呼叫 mainloop 方法開啟主循環，否則無法顯示 GUI 介面。執行這個範例程式之後，即可看到如圖 9-7 所示的初始化狀態時的結果，畫布上沒有圖形，如果點擊右下方的「清空」按鈕，也能看到這個結果。

如果點擊左下方的「開始繪製」指令按鈕，即可看到如圖 9-8 所示的結果，其中在 Canvas 畫布內可以看到 K 線圖、均線圖和圖例等的結果。

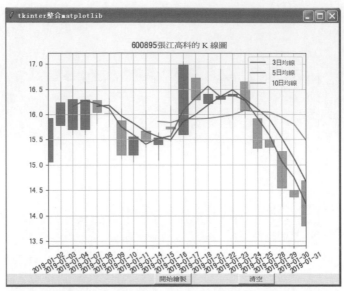

圖 9-8　在 Canvas 畫布內繪製 K 線圖和均線圖的結果

9.3　股票範例程式：繪製 KDJ 指標

　　KDJ 指標也叫隨機指標，是由喬治·藍恩博士（George Lane）最早提出的。該指標集中包含了強弱指標、動量概念和移動平均線的優點，可以用來衡量股價脫離正常價格範圍的偏離程度。

　　本節首先用以 Matplotlib 函數庫為基礎的方法繪製 KDJ 指標，在此基礎上，還將匯入 Tkinter 函數庫，以加入動態互動的效果。

9.3.1　KDJ 指標的計算過程

　　KDJ 指標的計算過程是，首先取得指定週期（一般是 9 天）內出現過的股票最高價、最低價和最後一個交易日的收盤價，隨後透過它們三者間的比例關係來算出未成熟隨機值 RSV，並在此基礎上再用平滑移動平均線的方式來計算 K、D 和 J 值。計算完成後，把 KDJ 的值繪成曲線圖，以此來預測股票走勢，實際的演算法如下所示。

步驟 01 計算週期內（n 日、n 周等，n 一般是 9）的 RSV 值，RSV 也叫未成熟隨機指標值，是計算 K 值、D 值和 J 值的基礎。以 n 日週期計算單位為例，計算公式如下所示。

n 日 RSV =（Cn － Ln）/（Hn － Ln）× 100

其中，Cn 是第 n 日（一般是最後一日）的收盤價，Ln 是 n 日範圍內的最低價，Hn 是 n 日範圍內的最高價，根據上述公式可知，RSV 值的設定值範圍是 1 到 100。如果要計算 n 周的 RSV 值，則 Cn 還是最後一日的收盤價，但 Ln 和 Hn 則是 n 周內的最低價和最高價。

步驟 02 根據 RSV 計算 K 和 D 值，方法如下。

當日 K 值 = 2/3 × 前一日 K 值 ＋ 1/3 × 當日的 RSV 值

當日 D 值 = 2/3 × 前一日 D 值 ＋ 1/3 × 當日 K 值

在計算過程中，如果沒有前一日 K 值或 D 值，則可以用數字 50 來代替。

在實際使用過程中，一般是以 9 日為週期來計算 KD 線，根據上述公式，首先是計算出最近 9 日的 RSV 值，即未成熟隨機值，計算公式是 9 日 RSV =（C － L9）÷（H9 － L9）× 100。其中各項參數含義在步驟一中已經提到，其次再按本步驟所示計算當日的 K 和 D 值。

需要說明的是，上式中的平滑因數 2/3 和 1/3 是可以更改的，不過在股市交易實作中，這兩個值已經被預設設定為 2/3 和 1/3。

步驟 03 計算 J 值。J 指標的計算公式為：J = 3×K - 2×D。從使用角度來看，J 的實質是反映 K 值和 D 值的乖離程度，它的範圍上可超過 100，下可低於 0。

最早的 KDJ 指標只有 K 線和 D 線兩條線，那個時候也被稱為 KD 指標，隨著分析技術的發展，KD 指標逐漸演變成 KDJ 指標，引用 J 指標後，能加強 KDJ 指標預測行情的能力。

在按上述三個步驟計算出每天的 K、D 和 J 三個值之後，把它們連接起來，就可以看到 KDJ 指標線了。

9.3.2　繪製靜態的 KDJ 指標線

根據 9.3.1 小節列出的 KDJ 演算法，在下面的 drawKDJ.py 範例程式中將繪製股票「金石資源」（股票代碼為 603505）從 2018 年 9 月到 2019 年 5 月這段時間內的 KDJ 走勢圖。

為了突出演算法重點，在本範例程式中，暫時不與 Tkinter 函數庫整合，僅用到了 Matplotlib 函數庫中的相關方法，並且不再像第 8 章那樣從資料庫的資料表中分析股票交易資料，而是直接從 csv 檔案中讀取股票交易資料。

```python
1   # !/usr/bin/env python
2   # coding=utf-8
3   import matplotlib.pyplot as plt
4   import pandas as pd
5   # 計算 KDJ
6   def calKDJ(df):
7       df['MinLow'] = df['Low'].rolling(9, min_periods=9).min()
8       # 填充 NaN 資料
9       df['MinLow'].fillna(value = df['Low'].expanding().min(), inplace = True)
10      df['MaxHigh'] = df['High'].rolling(9, min_periods=9).max()
11      df['MaxHigh'].fillna(value = df['High'].expanding().max(), inplace = True)
12      df['RSV'] = (df['Close'] - df['MinLow']) / (df['MaxHigh'] - df['MinLow']) * 100
13      # 透過 for 循環依次計算每個交易日的 KDJ 值
14      for i in range(len(df)):
15          if i==0:  # 第一天
16              df.ix[i,'K']=50
17              df.ix[i,'D']=50
18          if i>0:
19              df.ix[i,'K']=df.ix[i-1,'K']*2/3 + 1/3*df.ix[i,'RSV']
20              df.ix[i,'D']=df.ix[i-1,'D']*2/3 + 1/3*df.ix[i,'K']
21          df.ix[i,'J']=3*df.ix[i,'K']-2*df.ix[i,'D']
22      return df
```

從第 6 行到第 22 行程式敘述定義的 calKDJ 方法中，將根據輸入參數 df，計算指定時間範圍內的 KDJ 值。

實際的計算步驟是，在第 8 行中透過 df['Low'].rolling(9, min_periods=9).min()，把每一行（即每個交易日）的 'MinLow' 屬性值設定為 9 天內收盤價（Low）的最小值。

如果只執行這句，第 1 到第 8 個交易日的 MinLow 屬性值將是 NaN，所以

要透過第 9 行的程式碼，把這些交易日的 MinLow 屬性值設定為 9 天內收盤價
（Low）的最小值。同理，透過第 10 行的程式碼，把每個交易日的 'MaxHigh'
屬性值設定為 9 天內的最高價，同樣透過第 11 行的 fillna 方法，填充前 8 天的
'MaxHigh' 屬性值。隨後在第 12 行中根據演算法計算每個交易日的 RSV 值。

在算完 RSV 值後，透過第 14 行的 for 循環，依次檢查每個交易日，在檢查
時根據 KDJ 的演算法分別計算出每個交易日對應的 KDJ 值。

請注意，如果是第 1 個交易日，則在第 16 行和第 17 行的程式碼中把 K 值
和 D 值設定為預設的 50，如果不是第 1 交易日，則透過第 19 行和第 20 行的演
算法計算 K 值和 D 值。計算完 K 和 D 的值以後，再透過第 21 行的程式碼計算
出每個交易日的 J 值。

從上述程式中，可以看到關於 DataFrame 物件的三個操作技巧：

（1）如第 9 行所示，如果要把修改後的資料寫回到 DataFrame 中，必須加
上 inplace = True 的參數；

（2）在第 12 行中，df['Close'] 等變數值是以列為單位，也就是說，在
DataFrame 中，可以直接以列為單位操作；

（3）在第 16 行的程式 df.ix[i,'K']=50，這裡用到的是 ix 透過索引值和標籤
值來存取物件，而實現類似功能的 loc 和 iloc 方法只能透過索引值來存取。

```
23    # 繪製 KDJ 線
24    def drawKDJ():
25        df = pd.read_csv('D:/stockData/ch8/6035052018-09-012019-05-31.csv',
      encoding='gbk')
26        stockDataFrame = calKDJ(df)
27        print(stockDataFrame)
28        # 開始繪圖
29        plt.figure()
30        stockDataFrame['K'].plot(color="blue",label='K')
31        stockDataFrame['D'].plot(color="green",label='D')
32        stockDataFrame['J'].plot(color="purple",label='J')
33        plt.legend(loc='best')              # 繪製圖例
34        # 設定 x 軸座標的標籤和旋轉角度      major_index=stockDataFrame.
      index[stockDataFrame.index%10==0]
35    major_xtics=stockDataFrame['Date'][stockDataFrame.index%10==0]
36        plt.xticks(major_index,major_xtics)
37        plt.setp(plt.gca().get_xticklabels(), rotation=30)
38        # 帶格線，且設定了網格樣式
```

```
39        plt.grid(linestyle='-.')
40        plt.title(" 金石資源的 KDJ 圖 ")
41        plt.rcParams['font.sans-serif']=['SimHei']
42        plt.show()
43   # 呼叫方法
44   drawKDJ()
```

　　在第 24 行的 drawKDJ 方法中實現了繪製 KDJ 的操作。其中的關鍵步驟是，透過第 25 行的程式碼從指定的 csv 檔案中讀取股票交易資料，隨後在第 30 行到第 32 行的程式碼中，呼叫 plot 方法分別用三種不同的顏色繪製了 KDJ 線，因為在繪製時透過 label 參數設定了標籤，所以可以執行第 33 行的程式碼來繪製圖例。

　　在第 34 行到第 37 行的程式中設定了 x 軸的文字標籤和旋轉角度，這部分程式與之前繪製 MACD 指標線的程式很相似，為了不在 x 軸上過多地顯示日期，於是用 stockDataFrame.index%10 == 0 的方式，只顯示索引值是 10 的倍數的日期。

　　在第 44 行呼叫了 drawKDJ 方法將 KDJ 繪製出來。執行這個範例程式之後，即可看到如圖 9-9 所示的結果，其中 KDJ 三根曲線分別用藍色、綠色和紫色繪製出來（因為本書採用黑白印刷而看不出彩色，請讀者在自己的電腦上執行這個範例程式）。

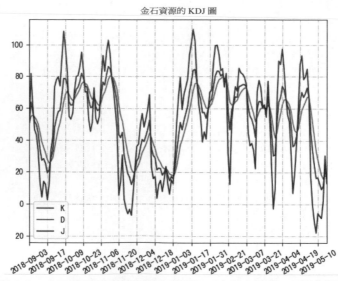

圖 9-9　金石資源從 2018 年 9 月到 2019 年 5 月的 KDJ 走勢圖

圖 9-10 是從股票軟體中獲得的股票「金石資源」在同時間段內的 KDJ 走勢圖，兩者的變化趨勢基本一致。

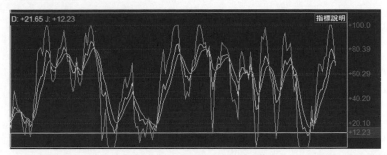

圖 9-10　金石資源從 2018 年 9 月到 2019 年 5 月的 KDJ 走勢圖（股票軟體版）

9.3.3　根據介面的輸入繪製動態的 KDJ 線

在 9.3.2 小節的 drawKDJ.py 範例程式中，是以靜態的方式繪製了指定股票代碼在指定時間範圍內的 KDJ 曲線，在本節的 drawKDJWithTkinter.py 範例程式中，將根據從 GUI 介面中輸入的股票代碼和時間範圍，從網站爬取對應的股票交易資料，隨後再繪製對應的 K 線圖、均線圖與 KDJ 指標圖。這個範例程式的程式比較長，下面將分步驟說明。

```
1    # !/usr/bin/env python
2    # coding=utf-8
3    import matplotlib.pyplot as plt
4    import pandas as pd
5    import pandas_datareader
6    from mpl_finance import candlestick2_ochl
7    from matplotlib.backends.backend_tkagg import FigureCanvasTkAgg
8    import tkinter
```

在上述程式中匯入了這個範例程式中所用的依賴函數庫，其中第 6 行匯入的函數庫用來繪製 K 線圖，第 7 行匯入的函數庫用來整合 Tkinter 函數庫與 Matplotlib 函數庫，第 5 行匯入的函數庫提供了 get_data_yahoo 方法從雅虎網站爬取股票交易資料。

```
9    # 計算 KDJ
10   def calKDJ(df):
11       # 省略相關程式，請參考本書提供下載的完成範例程式
```

```
12     # 繪製 KDJ 線
13     def drawKDJAndKLine(stockCode,startDate,endDate):
14         filename='D:\\stockData\ch9\\'+stockCode +startDate+endDate+'.csv'
15         getStockDataFromAPI(stockCode,startDate,endDate)
16         df = pd.read_csv(filename,encoding='gbk')
17         stockDataFrame = calKDJ(df)
18         # 建立子圖
19         (axPrice, axKDJ) = figure.subplots(2, sharex=True)
20         # 呼叫方法，在 axPrice 子圖中繪製 K 線圖
21         candlestick2_ochl(ax = axPrice, opens=stockDataFrame["Open"].values,
       closes=stockDataFrame["Close"].values, highs=stockDataFrame["High"].values,
       lows=stockDataFrame["Low"].values, width=0.75, colorup='red', colordown='green')
22         axPrice.set_title("K 線圖和均線圖 ")          # 設定子圖標題
23         stockDataFrame['Close'].rolling(window=3).mean().
       plot(ax=axPrice,color="red", label='3 日均線 ')
24         stockDataFrame['Close'].rolling(window=5).mean().
       plot(ax=axPrice,color="blue", label='5 日均線 ')
25         stockDataFrame['Close'].rolling(window=10).mean().
       plot(ax=axPrice,color="green", label='10 日均線 ')
26         axPrice.legend(loc='best')               # 繪製圖例
27         axPrice.set_ylabel(" 價格 ( 單位：元 )")
28         axPrice.grid(linestyle='-.')             # 帶格線
29         # 在 axKDJ 子圖中繪製 KDJ
30         stockDataFrame['K'].plot(ax=axKDJ,color="blue",label='K')
31         stockDataFrame['D'].plot(ax=axKDJ,color="green", label='D')
32         stockDataFrame['J'].plot(ax=axKDJ,color="purple", label='J')
33         plt.legend(loc='best')                   # 繪製圖例
34         plt.rcParams['font.sans-serif']=['SimHei']
35         axKDJ.set_title("KDJ 圖 ")                # 設定子圖的標題
36         axKDJ.grid(linestyle='-.')               # 帶格線
37         # 設定 x 軸座標的標籤和旋轉角度
38         major_index=stockDataFrame.index[stockDataFrame. index%5==0]
39         major_xtics=stockDataFrame['Date'][stockDataFrame. index%5==0]
40         plt.xticks(major_index,major_xtics)
41         plt.setp(plt.gca().get_xticklabels(), rotation=30)
```

　　第 10 行定義的 calKDJ 方法是根據傳入的 DataFrame 類型的 df 物件，計算 KDJ 值，這個方法與之前範例程式中的基本相似，所以就不再列出程式和說明，讀者可以自行參考本書提供下載的完整範例程式。

　　在第 13 行的 drawKDJAndKLine 方法中，是根據輸入參數所提供的股票代碼，開始時間和結束時間，從網站爬取股票交易資料，再呼叫 Matplotlib 函數庫中的方法繪製 K 線圖、均線圖和 KDJ 指標圖。

實際的執行步驟是，呼叫第 15 行的方法從網站爬取股票交易資料並寫入本機的 csv 檔案中，第 16 行的程式敘述把本機 csv 檔案中的資訊讀取 df 物件，隨後再透過第 17 行的程式在 df 物件中再加入 KDJ 指標的資訊。

在第 19 行中建立了 axPrice 和 axKDJ 這兩個子圖，在第一個子圖內繪製 K 線與均線，在第二個子圖裡繪製 KDJ 指標線，而且這兩個子圖是共用 x 軸刻度和標籤資訊的。

之後在第 21 行到第 28 行的程式碼中，在 axPrice 子圖內繪製了 K 線和 3 日、5 日與 10 日均線，這部分的程式之前說明過，就不再贅述了。在第 30 行到第 32 行的程式碼中，也是透過呼叫 plot 方法，在 axKDJ 子圖內繪製了三根曲線，分別代表 KDJ 線，它們的顏色各不相同，在第 33 行中為 KDJ 三根曲線繪製了圖例。

在第 38 行到第 40 行的程式碼中設定了 axKDJ 子圖 x 軸的標籤和刻度，為了避免 x 軸刻度過於密集，這裡是以 stockDataFrame.index%5==0 的方式，只顯示索引值是 5 的倍數的日期。在第 41 行中把刻度標籤文字旋轉了 30 度。

```
42    # 從 API 中取得股票資料
43    def getStockDataFromAPI(stockCode,startDate,endDate):
44        try:
45            # 給股票代碼加 ss 字首來取得上證股票的資料
46            stock = pandas_datareader.get_data_yahoo(stockCode+'.ss',
      startDate,endDate)
47            if(len(stock)<1):
48                # 如果沒有取到資料，則拋出異常
49                raise Exception()
50            # 刪除最後一行，因為 get_data_yahoo 會多取一天股票交易資料
51            stock.drop(stock.index[len(stock)-1],inplace=True)
52            # 在本機留份 csv
53            filename='D:\\stockData\ch9\\'+stockCode +startDate+endDate+'.csv'
54            stock.to_csv(filename)
55        except Exception as e:
56            print('Error when getting the data of:' + stockCode)
57            print(repr(e))
```

在第 43 行定義的 getStockDataFromAPI 方法中，呼叫了 get_data_yahoo 方法從雅虎網站爬取股票交易資料。在第 46 行給股票代碼加上 ss 尾碼來取得上證股票的資料，如果沒有取到資料，則在第 49 行使用 raise 敘述拋出異常。在爬

取到股票資料後，在第 54 行把資料以 csv 格式儲存到本機檔案中做一個備份，
方便以後讀取。

```
58   # 設定 tkinter 視窗
59   win = tkinter.Tk()
60   win.geometry('625x600')      # 設定大小
61   win.title("K 線均線整合 KDJ")
62   # 放置控制項
63   tkinter.Label(win,text=' 股票代碼：').place(x=10,y=20)
64   tkinter.Label(win,text=' 開始時間：').place(x=10,y=50)
65   tkinter.Label(win,text=' 結束時間：').place(x=10,y=80)
66   stockCodeVal = tkinter.StringVar()
67   startDateVal = tkinter.StringVar()
68   endDateVal = tkinter.StringVar()
69   stockCodeEntry = tkinter.Entry(win,textvariable=stockCodeVal)
70   stockCodeEntry.place(x=70,y=20)
71   stockCodeEntry.insert(0,'600640')
72   startDateEntry = tkinter.Entry(win,textvariable=startDateVal)
73   startDateEntry.place(x=70,y=50)
74   startDateEntry.insert(0,'2019-01-01')
75   endDateEntry = tkinter.Entry(win,textvariable=endDateVal)
76   endDateEntry.place(x=70,y=80)
77   endDateEntry.insert(0,'2019-05-31')
```

在第 60 行設定了 Tkinter 視窗的大小，在第 61 行設定了視窗的標題。從第
63 行到第 65 行的程式敘述設定了 3 個標籤，是透過呼叫 place 方法指定了標籤
放置的位置。

從第 69 行到第 71 行的程式敘述設定了接收「股票代碼」的文字標籤，並
透過 insert 敘述設定了該文字標籤的預設值，而該文字標籤的值會儲存在第 66
行定義的 stockCodeVal 物件中。同樣，在第 72 行到第 74 行設定了接收「開始
時間」的文字標籤，在第 75 行到第 77 行設定了接收「結束時間」的文字標籤。

```
78   def draw():          # 繪製按鈕觸發的處理函數（或方法）
79       plt.clf()        # 先清空所有在 plt 上的圖形
80       stockCode=stockCodeVal.get()
81       startDate=startDateVal.get()
82       endDate=endDateVal.get()
83       drawKDJAndKLine(stockCode,startDate,endDate)
84       canvas.draw()
85   tkinter.Button(win,text=' 繪製 ',width=12,command=draw).place(x=200,y=50)
```

在第 85 行定義了「繪製」指令按鈕，它觸發的處理函數（或方法）「draw」的定義在第 78 行到第 84 行。

在這個處理函數中，首先是透過第 79 行的程式碼清空 plt 上的圖形，否則會出現圖形重疊的情況，隨後在第 80 行到第 82 行中用三個變數接收從介面輸入的股票代碼、開始時間和結束時間的屬性值，並把它們作為參數傳入第 83 行的 drawKDJAndKLine 方法中。因為已經完成了 Matplotlib 物件與 Tkinter 物件的整合，所以需要用第 84 行的程式把圖形繪製到畫布上。

```
86   def reset():
87       stockCodeEntry.delete(0,tkinter.END)
88       stockCodeEntry.insert(0,'600640')
89       startDateEntry.delete(0,tkinter.END)
90       startDateEntry.insert(0,'2019-01-01')
91       endDateEntry.delete(0,tkinter.END)
92       endDateEntry.insert(0,'2019-05-31')
93       plt.clf()
94       canvas.draw()
95   tkinter.Button(win,text=' 重置 ',width=12,command=reset).place(x=200,y=80)
```

在第 95 行定義了「重置」指令按鈕，它觸發的處理函數（或方法）「reset」的定義在第 86 行到第 94 行。在這個處理函數中，透過第 87 行到第 92 行的程式敘述重新設定了股票代碼、開始時間和結束時間這三個文字標籤的值。隨後在第 93 行清空了 Canvas 畫布 plt 內的圖形物件，再透過第 94 行的程式重新繪製 Canvas，以達到清空畫布的效果。

```
96   # 開始整合 figure 和 win
97   figure = plt.figure()
98   canvas = FigureCanvasTkAgg(figure, win)
99   canvas.get_tk_widget().config(width=575,height=500)
100  canvas.get_tk_widget().place(x=0,y=100)
101  win.mainloop()
```

在第 98 行中透過 FigureCanvasTkAgg 方法整合了以 Matplotlib 函數庫為基礎的 figure 物件和針對 GUI 介面的 win 物件，在第 99 行中透過了 config 方法設定了 Canvas 畫布的大小，在第 100 行中透過呼叫 place 方法設定了 Canvas 畫布的位置。最後還需要像第 101 行那樣啟動 win 介面的主循環以監聽滑鼠和鍵盤等操作的事件，否則介面無法顯示出來。

　　執行這個範例程式之後，在初始化的介面中，Canvas 畫布上沒有圖形，
點擊「繪製」按鈕後，就能看到在畫布中顯示了股票「士蘭微」（股票代碼
600460）從 20190101 到 20190531 這段時間內的 k 線圖、均線圖和 KDJ 圖，如
圖 9-11 所示。

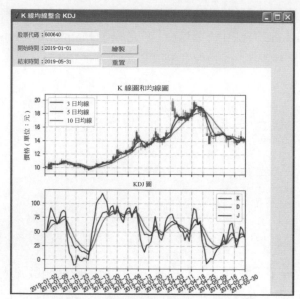

圖 9-11　股票「士蘭微」的 k 線圖、均線圖和 KDJ 圖

　　從圖 9-11 中可以看到標籤、文字標籤、指令按鈕和畫布，而且還可以在畫
布上看到相關股票指標整合後的效果，實際在下方的 KDJ 子圖中，根據圖例可
以看到三根不同顏色的曲線分別對應 KDJ 線。如果點擊「重置」指令按鈕，即
可看到如圖 9-12 所示的結果，其中三個文字標籤中的值被重置為預設值，同時
畫布中的圖形被清空了。

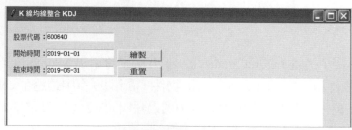

圖 9-12　點重置按鈕後的效果圖

　　如果在「股票代碼」的文字標籤中輸入其他上證的股票代碼，例如 600776（東方通訊），並在時間文字標籤中更改開始時間或結束時間，例如把開始時間更改為 2018-12-01，再點擊「繪製」按鈕，即可看到該股票在指定範圍內的指標圖，如圖 9-13 所示。

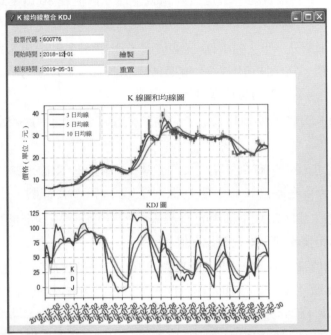

圖 9-13　股票「東方通訊」的 k 線圖、均線圖和 KDJ 圖

　　這裡請注意輸入的時間格式，必須和爬取股票交易資料的網站的時間格式保持一致，否則就會出現問題，而且本範例程式只支援上證股票，如果輸入其他交易所的股票代碼，也會有問題。

9.4 驗證以 KDJ 指標為基礎的交易策略

　　本節將介紹股票交易理論中以 KDJ 指標為基礎的常用交易策略，並用 Python 程式實現並驗證買賣策略。因為在 9.3 節已經實現了以 GUI 互動為基礎的繪製效果，所以在本節的驗證工作相對來說會簡單很多。

9.4.1　KDJ 指標對交易的影響

　　KDJ 指標的波動與買賣訊號具有緊密的連結，根據 KDJ 指標的不同設定值，可以把這指標劃分成三個區域：超買區、超賣區和觀望區。一般而言，KDJ 這三個值在 20 以下為超賣區，這是買入訊號；這三個值在 80 以上為超買區，是賣出訊號；如果這三個值在 20 到 80 之間則是在觀望區。

　　如果再仔細劃分一下，當 KDJ 三個值在 50 附近波動時，表示多空雙方的力量比較相對均衡，當三個值均大於 50 時，表示多方力量有優勢，反之當三個值均小於 50 時，表示空方力量佔優勢。

　　下面根據 KDJ 的設定值以及波動情況，列出交易理論中比較常見的買賣策略。

　　（1）KDJ 指標中也有金叉和死叉的說法，即在低位 K 線上穿 D 線是金叉，是買入訊號，反之在高位 K 線下穿 D 線則是死叉，是賣出訊號。

　　（2）一般來說，KDJ 指標中的 D 線由向下趨勢轉變成向上是買入訊號，反之，由向上趨勢變成向下則為賣出訊號。

　　（3）K 的值進入到 90 以上為超買區，10 以下為超賣區。對 D 而言，進入 80 以上為超買區，20 以下為超賣區。此外，對 K 線和 D 線而言，數值 50 是多空均衡線。如果目前局勢是多方市場，50 是回檔的支援線，即股價回探到 KD 值是 50 的狀態時，可能會有一定的支撐，反之如果是空方市場，50 是反彈的壓力線，即股價上探到 KD 是 50 的狀態時，可能會有一定的向下打壓的壓力。

　　（4）一般來說，當 J 值大於 100 是賣出訊號，如果小於 10，則是買入訊號。

　　當然，上述策略僅針對 KDJ 指標而言，在現實的交易中，更應當從政策、訊息、基本面和資金流等各方面綜合考慮。

9.4.2　以 Tkinter 驗證 KDJ 指標為基礎的買點

　　根據 KDJ 指標的特性，制定的「買入」策略是，前一個交易日 J 值大於 10 且本交易日 J 值小於 10，或在數值 20 之下在 K 線上穿 D 線（即出現金叉）。

　　在 drawKDJWithTkinter.py 範例程式中，可以根據介面的輸入來靈活地繪製指定股票在指定時間範圍內的指標圖。而在下面的 calKDJBuyPoints.py 範例程式中，是以上述介面為基礎加一個「計算買點」的按鈕，實際修改的程式碼如下。

　　修改點 1：透過以下的程式增加訊息對話方塊的支援函數庫，為的是支援在這個範例程式中可以在 messagebox 出現框中顯示出買點日期。

```
import tkinter.messagebox
```

　　修改點 2：透過以下程式在介面中增加了「計算買點」的指令按鈕，它觸發的處理函數（或方法）是 printBuyPoints。

```
tkinter.Button(win,text=' 計算買點 ',width=12,command=
                  printBuyPoints).place(x=300,y=50)
```

　　修改點 3：增加了計算買點的 printBuyPoints 方法，程式如下。

```
1    # 以對話方塊的形式輸出買點
2    def printBuyPoints():
3        stockCode=stockCodeVal.get()
4        startDate=startDateVal.get()
5        endDate=endDateVal.get()
6        filename='D:\\stockData\ch9\\'+stockCode+startDate+endDate+'.csv'
7        getStockDataFromAPI(stockCode,startDate,endDate)
8        df = pd.read_csv(filename,encoding='gbk')
9        stockDf = calKDJ(df)
10       cnt=0
11       buyDate=''
12       while cnt<=len(stockDf)-1:
13           if(cnt>=5):            # 略過前幾天的誤差
14               # 規則 1：前一天 J 值大於 10，當天 J 值小於 10，是買點
15               if stockDf.iloc[cnt]['J']<10 and stockDf.iloc[cnt-1]['J']>10:
16                   buyDate = buyDate+stockDf.iloc[cnt]['Date'] + ','
17                   cnt=cnt+1
18                   continue
19               # 規則 2：K,D 均在 20 之下，出現 K 線上穿 D 線的金叉現象
20               # 規則 1 和規則 2 是「或」的關係，所以當滿足規則 1 時直接 continue
21               if stockDf.iloc[cnt]['K']>stockDf.iloc[cnt]['D'] and stockDf.
   iloc[cnt-1]['D'] > stockDf.iloc[cnt-1]['K']:
22                   # 滿足上穿條件後再判斷 K 和 D 均小於 20
23                   if stockDf.iloc[cnt]['K']< 20 and stockDf.iloc[cnt]['D']<20:
24                       buyDate = buyDate + stockDf.iloc[cnt]['Date'] + ','
25           cnt=cnt+1
26       # 完成後，透過對話方塊的形式顯示買入日期
27       tkinter.messagebox.showinfo(' 提示買點 ',buyDate)
```

在前 9 行中，根據文字標籤的值，對應到股票代碼、開始時間和結束時間這三個參數來取得對應的股票交易資料，在第 9 行呼叫 calKDJ 方法算出了每個交易日的 KDJ 值。

在第 12 行的 while 循環中，依次檢查的每個交易日的資料，為了避免開始幾天的誤差，透過第 13 行的 if 敘述過濾掉了前 5 個交易日的資料。

從第 15 行到第 18 行的 if 敘述中，根據 J 值判斷買點，實際的執行過程是，如果前一個交易日的 J 值大於 10 且本交易日的 J 值小於 10，則在當天可以買進股票。由於規則 1 是獨立的，因此滿足該條件後，執行第 16 行的程式碼把當天的日期記錄到 buyDate 變數中，並執行第 18 行的 continue 敘述結束本輪次的 while 循環，並進入下一輪次的循環。

在第 21 行和第 23 行中的兩個 if 判斷敘述中，根據 K 值和 D 值來判斷買點，即在當天 K 值和 D 值均小於 20 的前提下，判斷 K 值有沒有上穿 D 值形成金叉，如果是，則執行第 24 行的程式碼把當天的日期記錄到 buyDate 變數中。

當 while 循環檢查完成後，執行第 27 行的程式，以 messagebox 訊息方塊的形式顯示諸多買點的日期。

執行範例程式的這部分程式，就能看到如圖 9-14 所示的介面，其中多了一個「計算買點」的按鈕。

圖 9-14　多了一個「計算買點」的按鈕

下面換一個股票來驗證，在股票代碼裡輸入 600897（廈門空港），開始時間和結束時間不變，先點擊「繪製」按鈕以繪製出該股在這段時間內的 K 線、均線和 KDJ 指標圖，再點擊「計算買點」按鈕，即可看到如圖 9-15 所示的畫面。

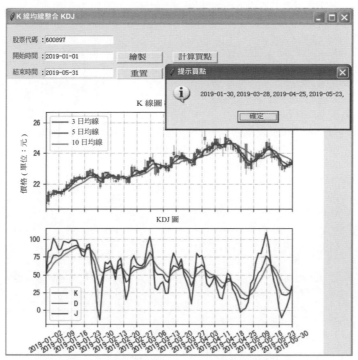

圖 9-15　用股票「廈門空港」來驗證 KDJ 買點策略

在表 9-1 中，歸納了對 KDJ 指標各買點的分析情況。

表 9-1　以 KDJ 指標獲得為基礎的買點情況確認表

買點日期	對買點的分析	正確性
2019-01-30	該日 J 指標低於 0，後市股價有一定的上漲	正確
2019-03-28	該日 J 指標低於 10，後市股價有一定的上漲	正確
2019-04-25	該日 J 指標在 0 點附近，後市股價有一定的上漲	正確
2019-05-23	該日 J 指標在 0 點附近，後市股價雖有上漲，但漲幅不大	不明確

9.4.3　以 Tkinter 驗證 KDJ 指標為基礎的賣點

根據 KDJ 指標的特性，制定的「賣出」策略是，前一個交易日 J 值小於 100 且本交易日的 J 值大於 10，或在數值在 80 之上 K 線下穿 D 線（即出現死叉）。

本節的 calKDJSellPoints.py 範例程式是根據 9.4.2 小節的 calKDJBuyPoints.

py 範例程式改寫而成，實際來說，增加一個「計算賣點」指令按鈕，新增的程式如下。

```
1   def printSellPoints():
2       stockCode=stockCodeVal.get()
3       startDate=startDateVal.get()
4       endDate=endDateVal.get()
5       filename='D:\\stockData\ch9\\' +stockCode+ startDate+endDate+'.csv'
6       getStockDataFromAPI(stockCode,startDate,endDate)
7       df = pd.read_csv(filename,encoding='gbk')
8       stockDf = calKDJ(df)
9       cnt=0
10      sellDate=''
11      while cnt<=len(stockDf)-1:
12          if(cnt>=5):        # 略過前幾天的誤差
13              # 規則 1：前一天 J 值小於 100，當天 J 值大於 100，是賣點
14              if stockDf.iloc[cnt]['J']>100 and stockDf.iloc[cnt-1]['J']<100:
15                  sellDate=sellDate+stockDf.iloc[cnt]['Date'] + ','
16                  cnt=cnt+1
17                  continue
18              # 規則 2：K,D 均在 80 之上，出現 K 線下穿 D 線的死叉現象
19              if stockDf.iloc[cnt]['K']<stockDf.iloc[cnt]['D'] and stockDf.
   iloc[cnt-1]['D']<stockDf.iloc[cnt-1]['K']:
20                  # 滿足上穿條件後再判斷 K 和 D 均大於 80
21                  if stockDf.iloc[cnt]['K']> 80 and stockDf.iloc[cnt]['D']>80:
22                      sellDate = sellDate + stockDf.iloc[cnt]['Date'] + ','
23          cnt=cnt+1
24      tkinter.messagebox.showinfo(' 提示賣點 ',sellDate)
25  tkinter.Button(win,text=' 計算賣點 ',width=12, command=printSellPoints).
   place(x=300, y=80)
```

在第 24 行中新增了「計算賣點」的指令按鈕，該按鈕觸發的處理方法就是第 1 行到底 24 行所定義的 printSellPoints 方法。

printSellPoints 方法與之前的 printBuyPoints 方法在結構上很相似，在第 14 行到第 17 行的 if 敘述中，實現了以 J 數值為基礎的賣出策略，即前一個交易日的 J 值小於 100 而當日大於 100。在第 19 行到第 22 行的 if 條件陳述式中實現了以 KD 死叉為基礎的賣出策略，即在當日 KD 數值都大於 80 的前提下，K 線下穿 D 線。在第 25 行同樣也是透過出現訊息方塊的形式顯示了賣點的日期。

執行這個範例程式,在股票代碼文字標籤中輸入 600886,這次用股票「國投電力」來驗證,隨後依次點擊「繪製」和「計算賣點」按鈕,即可看到如圖 9-16 所示的結果。

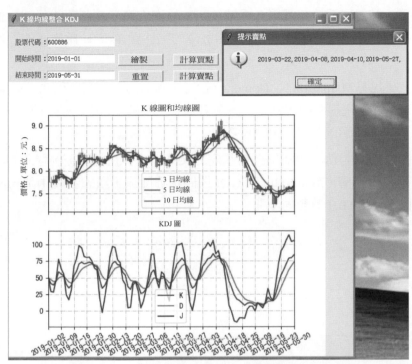

圖 9-16　用股票「國投電力」來驗證 KDJ 賣點策略

在表 9-2 中,歸納了對 KDJ 指標各賣點的分析情況。

表 9-2　以 KDJ 指標獲得為基礎的賣點情況確認表

賣點日期	對賣點的分析	正確性
2019-3-22	該日 J 指標大於 100,後市股價雖有一定的上漲,但在短暫上漲後有明顯的下跌行情	不明確
2019-04-08	該日 J 指標大於 100,之後有明顯的下跌行情	正確
2019-04-10	該日出現 K 線下穿 D 線的死叉現象,之後有明顯的下跌行情,該下穿訊號結合之前 4 月 8 日 J 線過 100 的訊號,具有明顯的「賣出」指導意義	正確
2019-05-27	該日 J 指標大於 100,但之後股價持續振盪,無明顯下跌	不正確

9.5　本章小結

　　本章首先說明了以 Tkinter 函數庫為基礎的 GUI 互動介面的開發，包含標籤、文字標籤、按鈕、下拉式選單、單選按鈕和核取方塊等控制項的用法，並結合 K 線圖的範例程式說明了 Matplotlib 函數庫的物件與 Tkinter 函數庫的物件整合的方式。

　　之後在說明 Matplotlib 與 Tkinter 整合時，本章用到的範例程式是以 KDJ 指標為基礎的，透過這些範例程式，讓讀者進一步了解 Tkinter 控制項的用法，並能掌握 GUI 與圖形函數庫互動的技巧。

　　本章最後驗證了以 KDJ 指標為基礎的交易策略，在相關範例程式中，綜合地用到了資料結構、Matplotlib 和 GUI 控制項等知識，讓讀者從中進一步體會到圖形函數庫與 GUI 整合的優勢。

第 *10* 章
基於 RSI 範例程式實現郵件功能

　　Python 具有強大的資料分析功能，在實際應用中，在完成分析後，常常會透過 smtplib 和 email 這兩個模組，以郵件的形式發送結果。在本章中，將說明用 Python 程式發送郵件的相關技巧，包含發送附件和發送豐富文字格式郵件的方式。

　　本章用到的股票範例程式是以 RSI 指標為基礎的（RSI 是指相對強弱指標）。在說明完該指標的演算法和繪製方式後，同樣會根據該指標來計算買點和賣點，不過在本章中，將用郵件的方式發送計算結果，讓讀者進一步體會用 Python 語言撰寫郵件功能的技巧。

10.1 實現發郵件的功能

　　SMTP（Simple Mail Transfer Protocol）也叫簡單郵件傳輸協定，一般都是用這個協定來發送郵件。在 Python 的 smtplib 函數庫中封裝了 SMTP 協定的實現細節，透過呼叫這個函數庫提供的方法，無需了解協定的底層，就能方便地發送簡單文字郵件、豐富文字格式的郵件以及帶附件的郵件。

10.1.1 發送簡單格式的郵件（無收件人資訊）

　　在本節中，我們選用網易 163 電子郵件提供的 SMTP 服務來發送郵件，如果讀者要用新浪、QQ 或其他電子郵件的 SMTP 服務，可以依樣畫葫蘆照此改寫即可。

　　除了 smtplib 函數庫之外，和郵件相關的函數庫還有 email，可以透過它來設定郵件的標題和正文，這兩個函數庫都是 Python 附帶的，無需額外安裝。在下面的 sendSimpleMail.py 範例程式中將使用 smtplib 和 email 發送純文字格式的郵件。

```
1    # !/usr/bin/env python
2    # coding=utf-8
3    import smtplib
4    from email.mime.text import MIMEText
5    # 發送郵件
6    def sendMail(username,pwd,from_addr,to_addr,msg):
7        try:
8            smtp = smtplib.SMTP()
9            smtp.connect('smtp.163.com')
10           smtp.login(username, pwd)
11           smtp.sendmail(from_addr,to_addr, msg)
12           smtp.quit()
13       except Exception as e:
14           print(str(e))
15   # 組織郵件
16   message = MIMEText('Python 郵件發送測試 ', 'plain', 'utf-8')
17   message['Subject'] = 'Hello, 用 Python 發送郵件 '
18   sendMail('hsm_computer','xxx','hsm_computer@163.com', 'hsm_computer@163.
com',message.as_string())
```

在第 3 行和第 4 行中匯入了發送郵件需要的兩個函數庫，在第 6 行到第 14 行的 sendMail 方法中，首先在第 8 行建立了 smtp 物件，並透過第 9 行和第 10 行的程式碼登入到網易 163 電子郵件的 SMTP 伺服器：smtp.163.com，其中在第 10 行的 login 方法中，需要傳入登入所用的使用者名稱和密碼。這裡，讀者需要改寫範例程式，填入自己電子郵件的 SMTP 伺服器以及登入名稱和密碼。

登入完成後，是透過呼叫第 11 行的 sendmail 方法發送郵件，其中的前兩個參數分別代表郵件的發送者和接收者，第三個參數是郵件物件。發送完成後，需要透過第 12 行的程式敘述中斷和 SMTP 伺服器的連接。由於在發送郵件時可能出現網路等問題，因此這裡用 try…except 從句來接收並捕捉異常。

圖 10-1　網易 163 電子郵件接收到的純文字郵件

　　在第 18 行中透過呼叫 sendmail 方法來發送郵件，其中前兩個參數表示登入網易 163 電子郵件所用到的使用者名稱和密碼，第三個和第四個參數表示發送者和接收者，範例程式中的這條程式敘述其實是自己發自己收。

　　在第 16 行和第 17 行中定義了 sendmail 方法的第五個參數，即郵件物件。在第 16 行中建立了郵件物件 MIMEText，其中第一個參數表示郵件的正文內容，第二個參數表示是純文字，第三個參數表示文字的編碼方式，在第 17 行中則定義了郵件的標題。

　　執行這個範例程式後，即可在 163 電子郵件裡看到所發送的郵件，如圖 10-1 所示，其中郵件標題和郵件正文就由上述程式所設定。

　　本例使用網易 163 電子郵件的 SMTP 伺服器發送郵件，如果要用其他常用電子郵件的 SMTP 伺服器位址，請參考表 10-1。

表 10-1　常用電子郵件的 SMTP 伺服器總表

電子郵件	SMTP 伺服器
新浪電子郵件	smtp.sina.com
QQ 電子郵件	smtp.qq.com
126 電子郵件	smtp.126.com

10.1.2　發送 HTML 格式的郵件（顯示收件人）

　　在 10.1.1 小節發送的郵件是純文字格式，在下面的 sendMailWithHtml.py 範例程式中將在郵件正文內引用 html 元素。在圖 10-1 中，可以看到收件人為空，在本節的範例程式中將解決這個問題。

```
1    # !/usr/bin/env python
2    # coding=utf-8
3    import smtplib
4    from email.mime.text import MIMEText
5    # 發送郵件
6    def sendMail(username,pwd,from_addr,to_addr,msg):
7      # 程式碼和 sendSimpleMail.py 範例程式中的程式碼一樣
8    HTMLContent = '<html><head></head><body>'\
9     '<h1>Hello</h1>This is <a href="https://www.cnblogs.com/JavaArchitect/">My
     Blog.</a>'\
10    '</body></html>'
11   message = MIMEText(HTMLContent, 'html', 'utf-8')
12   message['Subject'] = 'Hello, 用 Python 發送郵件 '
13   message['From'] = 'hsm_computer'                # 郵件上顯示的寄件者
14   message['To'] = 'hsm_computer@163.com'        # 郵件上顯示的收件人
15   sendMail('hsm_computer','xxx','hsm_computer@163.com','xxx', message.as_
     string())
```

　　這個範例程式中也用到 sendSimpleMail.py 範例程式中的 sendMail 方法，由於該方法的程式碼在這兩個範例程式中完全一致，因此不再重複說明。

　　第 8 行到第 10 行其實是一行敘述，由於比較長，所以用「\」符號表示分行撰寫，在 HTMLContent 變數中放置了以 HTML 為基礎的郵件正文，其中包含了一個超連結文字元素。

　　由於郵件正文的格式是 HTML，因此第 11 行在定義 MIMEText 類型的 message 物件時，第二個參數不是 'plain'（純文字格式）而是 'html'（HTML 格式）。

　　在第 13 行中透過 message['From'] 屬性重新定義了寄件者資訊，在第 14 行是透過 To 屬性重新定義了收件人資訊，請注意這兩行僅用於顯示，郵件的真正寄件者和收件人還是需要透過 sendMail 方法中呼叫的 smtp.sendmail(from_addr,to_addr, msg) 方法，由其中的第一個和第二個參數來指定。

　　其他的程式碼沒有變動，還是在第 12 行透過 Subject 定義郵件標題，透過第 15 行呼叫 sendMail 方法發送郵件，該方法的第 5 個參數依然是 message.as_string()。

　　執行這個範例程式之後，在網易 163 電子郵件裡就能收到如範例程式中程式所定義的郵件，如圖 10-2 所示。點擊郵件中的連結後，即可進入到目標頁面。

請注意，由於在程式中透過 message['From'] 和 message['To'] 設定了用於顯示的寄件者和收件人資訊，所以與圖 10-1 相比，圖 10-2 中的寄件者和收件人兩欄的值有所改變。

圖 10-2　網易 163 電子郵件接收到的 HTML 格式的郵件

10.1.3　包含本文附件的郵件（多個收件人）

　　附件是郵件的可選項，在下面的 sendMailWithCsvAttachment.py 範例程式中，將示範如何在郵件中包含文字附件，在該範例程式中，還將示範如何把郵件同時發送給多個收件人。

```python
1    # !/usr/bin/env python
2    # coding=utf-8
3    import smtplib
4    from email.mime.text import MIMEText
5    from email.mime.multipart import MIMEMultipart
6    # 發送郵件
7    def sendMail(username,pwd,from_addr,to_addr,msg):
8        # 程式碼和 sendSimpleMail.py 範例程式中的一樣
9    HTMLContent = '<html><head></head><body>'\
10    '<h1>Hello</h1>This is <a href="https://www.cnblogs.com/JavaArchitect/">My Blog.</a>'\
11    '</body></html>'
12    message = MIMEMultipart()
13    body = MIMEText(HTMLContent, 'html', 'utf-8')
14    message.attach(body)
```

```
15    message['Subject'] = 'Hello, 用 Python 發送郵件 '
16    message['From'] = 'hsm_computer@163.com'                    # 郵件上顯示的收件人
17    message['To'] ='hsm_computer@163.com,153086207@qq.com'      # 郵件上顯示的寄件者
18    file = MIMEText(open('D:\\stockData\\ch9\\6008862019-01-012019-05-31.csv',
      'rb').read(),'plain', 'utf-8')
19    file['Content-Type'] = 'application/text'
20    file['Content-Disposition'] = 'attachment;filename="stockInfo.csv"'
21    message.attach(file)
22    sendMail('hsm_computer','xxx','hsm_computer@163.com', ['hsm_computer@163.
      com', '153086207@qq.com'],message.as_string())
```

由於要發送附件，因此需要匯入第 5 行的函數庫，第 7 行 sendMail 方法的程式碼和之前範例程式中 sendMail 方法的程式碼完全一致，故而不再說明。

在第 12 行中，為了發附件，所以設定的郵件正文物件是 MIMEMultipart 類型，而非 MIMEText 類型。第 13 行的郵件正文內容和之前 html 格式郵件的正文內容完全一致，但這裡需要呼叫第 14 行的 attach 方法放入郵件 message 物件。

在第 15 行和第 16 行程式中分別設定了用於顯示的郵件寄件者和收件人資訊，請注意，雖然在第 16 行中透過 message['To'] 屬性設定了兩個收件人，但如果不修改第 22 行的程式，即 sendMail 方法的第四個表示收件人的參數依然只有一個電子郵件位址的話，這封郵件還是只會發到一個位址。

由於是文字格式的附件，因此在第 18 行中用 MIMEText 格式的物件接收了指定路徑下的 csv 檔案。在第 19 行中透過 Content-Disposition 屬性指定了附件的檔案名稱，在第 20 行中透過 attach 方法把附件放入 message 物件。

請注意第 22 行 sendMail 方法的第 4 個參數，該參數對應於以下 smtp.sendmail 方法語法的第 2 個參數，表示收件人，該參數已經被修改成 ['hsm_computer@163.com', '153086207@qq.com']，表示本郵件將向兩個電子郵件發送，電子郵件之間用逗點分隔。

```
smtp.sendmail(from_addr,to_addr, msg)
```

執行這個範例程式之後，在網易 163 電子郵件裡就能看到如圖 10-3 所示的帶附件的郵件，同時請注意收件人欄中顯示了兩個電子郵件位址，而且另一個 QQ 電子郵件也能收到同樣的帶附件的郵件。

再次說明一下，這裡是透過 smtp.sendmail(from_addr,to_addr, msg) 方法中的

to_addr 參數把郵件發送到兩個電子郵件，而 message['To'] 屬性中的兩個電子郵件僅是用來顯示。

圖 10-3　網易 163 電子郵件接收到的帶文字附件的郵件

10.1.4　在正文中嵌入圖片

如果用類似 10.1.3 小節中範例程式的方法，則還可以引用圖片格式的附件，在下面的 sendMailWithPicAttachment.py 範例程式中，將再進一步示範除了攜帶圖片附件外，還將在郵件正文中以 html 的方式顯示圖片。

```
1   # !/usr/bin/env python
2   # coding=utf-8
3   import smtplib
4   from email.mime.text import MIMEText
5   from email.mime.image import MIMEImage
6   from email.mime.multipart import MIMEMultipart
7   # 發送郵件
8   def sendMail(username,pwd,from_addr,to_addr,msg):
9       try:
10          smtp = smtplib.SMTP()
11          smtp.connect('smtp.163.com')
12          smtp.login(username, pwd)
13          smtp.sendmail(from_addr,to_addr, msg)
14          smtp.quit()
15      except Exception as e:
16          print(str(e))
17  HTMLContent = '<html><head></head><body>'\ '<h1>Hello</h1>This is <a
```

```
     href="https://www.cnblogs.com/JavaArchitect/">My Blog.</a>'\ '<img src="cid:p
     icAttachment"/>'\                                '</body></html>'
18   message = MIMEMultipart()
19   body = MIMEText(HTMLContent, 'html', 'utf-8')
20   message.attach(body)
21   message['Subject'] = 'Hello,用 Python 發送郵件 '
22   message['From'] = 'hsm_computer@163.com'                # 郵件上顯示的寄件者
23   message['To'] ='hsm_computer@163.com,153086207@qq.com'   # 故意顯示兩個收件人
24   imageFile = MIMEImage(open('D:\\stockData\\ch10\\picAttachment.jpg', 'rb').
     read())
25   imageFile.add_header('Content-ID', 'picAttachment')
26   imageFile['Content-Disposition'] = 'attachment;filename="picAttachement.jpg"'
27   message.attach(imageFile)
28   sendMail('hsm_computer','xxx','hsm_computer@163.com', 'hsm_computer@163.
     com',message.as_string())
```

在第 23 行中雖然透過 message['To'] 屬性設定了兩個收件人，但在第 28 行的 sendMail 方法的第 4 個參數裡，還是只放置了一個收件人，也就是說，在第 13 行 sendmail 方法的 to_addr 參數中也只包含了一個收件人，在執行範例程式之後，會發現只有 hsm_computer@163.com 電子郵件收到了郵件，而 QQ 電子郵件並沒有收到，由此可知，message['To'] 屬性僅是用來顯示。

這裡的做法其實是先把圖片當成郵件的附件，隨後在正文 html 中透過 img 標籤來顯示圖片。

實際而言，在第 17 行的 HTMLContent 變數中，增加了一段話：'<img src="cid:picAttachment"/>'，用 img 標籤來顯示圖片，其中 cid 是固定寫法，而 cid 冒號後面的 picAttachment 需要和第 25 行中設定的 Content-ID 屬性值完全一致，否則圖片將無法正確顯示。

由於上傳的是圖片附件，因此在第 24 行是用 MIMEImage 物件來容納本機圖片，如前文所述，在第 25 行中是透過 add_header 方法設定圖片附件的 Content-ID 屬性值。

執行這個範例程式之後，即可看到如圖 10-4 所示的結果，其中收件人一欄中有兩個電子郵件位址（實際上只向網易 163 電子郵件發送了），而且圖片顯示在正文中。

圖 10-4　網易 163 電子郵件接收到的正文中包含圖片的郵件

10.2 以郵件的形式發送 RSI 指標圖

RSI 指標也叫相對強弱指標（Relative Strength Index，簡稱 RSI），是由威爾斯·魏爾德（Welles Wilder）於 1978 年首創，發表在他所寫的《技術交易系統新想法》一書中。

該指標最早應用於期貨交易中，後來發現它也能指導股票投資，於是就應用於股市。在本節中，先說明 RSI 指標的演算法，再用郵件的形式發送呼叫 Matplotlib 函數庫繪製出來的 RSI 指標圖。

10.2.1 RSI 指標的原理和演算法描述

相對強弱指標（RSI）是透過比較某個時段內股價的漲跌幅度來判斷多空雙方的強弱程度，以此來預測未來走勢。從數值上看，它表現出某股的買賣力量，所以投資者能據此預測未來價格的走勢，在實際應用中，通常與移動平均線配合使用，以加強分析的準確性。

RSI 指標的計算公式如下所示。

　　　RS（相對強度）＝ N 日內收盤價漲數和的平均值 ÷ N 日內收盤價跌數和的平均值

　　　RSI（相對強弱指標）＝ 100 － 100 ÷（1+RS）

請注意，這裡「平均值」的計算方法可以是簡單移動平均（SMA），也可以是加權移動平均（WMA）和指數移動平均（EMA），本書採用的是比較簡單的簡單移動平均演算法，有些股票軟體採用的是後兩種平均演算法。採用不同的平均演算法會導致 RSI 的值不同，但趨勢不會改變，對交易的指導意義也不會變。

以 6 日 RSI 指標為例，從當日算起向前推算 6 個交易日，取得到包含本日在內的 7 個收盤價，用每一日的收盤價減去上一交易日的收盤價，以此方式獲得 6 個數值，這些數值中有正有負。隨後再按以下四個步驟計算 RSI 指標。

步驟 01　up = 6 個數字中正數之和的平均值。

步驟 02　down = 先取 6 個數字中負數之和的絕對值，再對絕對值取平均值。

步驟 03　RS = up 除以 down，RS 表示相對強度。

步驟 04　RSI（相對強弱指標）= 100 － 100 ÷（1+RS）。

如果再對第四步得出的結果進行數學轉換，能進一步約去 RS 因素，獲得以下的結論：

$$RSI = 100 \times (up) \div (up+down)$$

也就是說，RSI 等於「100 乘以 up」除以「up 與 down 之和」。

從本質上來看，RSI 反映了某階段內（例如 6 個交易日內）由價格上漲引發的波動佔總波動的百分比率，百分比越大，說明在這個時間段內股票越強勢，反之如果百分比越小，則說明在這個時間段內股票越弱勢。

從上述公式可知，RSI 的值介於 0 到 100 之間，目前比較常見的基準週期為 6 日、12 日和 24 日，把每個交易日的 RSI 值在座標圖上的點連成曲線，即能繪製成 RSI 指標線，也就是說，目前滬深股市中 RSI 指標線是由三根曲線組成。

10.2.2 透過範例程式觀察 RSI 的演算法

下面以 600584（長電科技）股票為例，計算它從 2018 年 9 月 3 日開始的 6 日 RSI 指標，在表 10-2 中，列出了針對每個交易日收盤價的上漲和下跌情況。

表 10-2　計算 RSI 的中間過程表

序號	日期	當日收盤價	當日上漲值	當日下跌值
0	2018-9-3	15.09	0	0
1	2018-9-4	15.41	0.32	0
2	2018-9-5	15.04	0	0.37
3	2018-9-6	15.03	0	0.01
4	2018-9-7	14.78	0	0.25
5	2018-9-10	14.02	0	0.76
6	2018-9-11	14.13	0.11	0
7	2018-9-12	14.2	0.07	0

　　6 日 RSI 指標應該從 9 月 11 號開始算起，從該日向前推 6 個交易日，獲得包含 9 月 11 日在內的 7 個收盤價，在此基礎上計算。

步驟 **01**　從表 10-2 中可以看到，從 9 月 11 日算起（含本日），前 6 日收盤價上漲數值之和是 0.32 + 0.11 = 0.43，取平均值後是 0.43 除以 6，結果為 0.0717。

步驟 **02**　從 9 月 11 日算起，前 6 日收盤價下跌數值之和是 0.37 + 0.01 + 0.25 + 0.76 = 1.39，取平均值後是 0.2317。

步驟 **03**　RS = up 除以 down，即 0.0717 除以 0.2317，保留兩位小數是 0.31。

步驟 **04**　RSI = 100 − 100 ÷（1+RS），結果是 23.66。

　　也就是說，9 月 11 日的 6 日 RSI 指標值是 23.66，而 9 月 12 日的 RSI 指標的演算法如下。

步驟 **01**　從當日（9 月 12 日）算起，前 6 日收盤價上漲數值之和是 0.18，取平均值是 0.03。

步驟 **02**　從當日算起，前 6 日收盤價下跌數值之和是 1.39，取平均值是 0.2317。

步驟 **03**　RS = 0.03 除以 0.2317，保留兩位小數是 0.13。

步驟 **04**　RSI = 100 − 100 ÷（1+RS），結果是 11.46。

10.2.3 把 Matplotlib 繪製的 RSI 圖存為圖片

在下面的 DrawRSI.py 範例程式中，將根據上述演算法繪製 600584（長電科技）股票從 2018 年 9 月到 2019 年 5 月間的 6 日、12 日和 24 日的 RSI 指標。

本範例程式使用的資料來自 csv 檔案，而該檔案的資料來自網站的股票介面，相關內容可閱讀之前的章節。在本範例程式中，還會把由 Matplotlib 產生的圖形儲存為 png 格式，以方便之後用郵件的形式發送。

```
1    # !/usr/bin/env python
2    # coding=utf-8
3    import pandas as pd
4    import matplotlib.pyplot as plt
5    # 計算 RSI 的方法，輸入參數 periodList 傳入週期串列
6    def calRSI(df,periodList):
7        # 計算和上一個交易日收盤價的差值
8        df['diff'] = df["Close"]-df["Close"].shift(1)
9        df['diff'].fillna(0, inplace = True)
10       df['up'] = df['diff']
11       # 過濾掉小於 0 的值
12       df['up'][df['up']<0] = 0
13       df['down'] = df['diff']
14       # 過濾掉大於 0 的值
15       df['down'][df['down']>0] = 0
16       # 透過 for 循環，依次計算 periodList 中不同週期的 RSI 相等
17       for period in periodList:
18           df['upAvg'+str(period)] = df['up'].rolling(period).sum()/period
19           df['upAvg'+str(period)].fillna(0, inplace = True)
20           df['downAvg'+str(period)] = abs(df['down'].rolling(period).sum()/
     period)
21           df['downAvg'+str(period)].fillna(0, inplace = True)
22           df['RSI'+str(period)] = 100 - 100/((df['upAvg'+str(period)] /
     df['downAvg'+str(period)]+1))
23       return df
```

第 6 行定義了用於計算 RSI 值的 calRSI 方法，該方法第一個參數是包含日期收盤價等資訊的 DataFrame 類型的 df 物件，第二個參數是週期串列。

在第 8 行中把本交易日和上一個交易日收盤價的差價存入了 'diff' 串列，這裡是用 shift(1) 來取得 df 中上一行（即上一個交易日）的收盤價。由於第一行的 diff 值是 NaN，因此需要用第 9 行的 fillna 方法把 NaN 值更新為 0。

在第 11 行中在 df 物件中建立了 up 列，該列的值暫時和 diff 值相同，有正有負，但馬上就透過第 12 行的 df['up'][df['up']<0] = 0 把 up 列中的負值設定成 0，這樣一來，up 列中就只包含了「N 日內收盤價的漲數」。在第 13 行和第 15 行中，用同樣的方法，在 df 物件中建立了 down 列，並在其中存入了「N 日內收盤價的跌數」。

隨後是透過第 17 行的 for 循環，檢查儲存在 periodList 中的週期物件，其實是下面第 26 行的程式，可以看到計算 RSI 的週期分別是 6 天、12 天和 24 天。

針對每個週期，先是在第 18 行算出了這個週期內收盤價漲數和的平均值，並把這個平均值存入 df 物件中的 'upAvg'+str(period) 列中，例如目前週期是 6，那麼該漲數的平均值是存入 df['upAvg6'] 列。在第 20 行中算出該週期內的收盤價跌數的平均值，並存入 'downAvg'+str(period) 列中。最後在第 22 行算出本週期內的 RSI 值，並放入 df 物件中的 'RSI'+str(period) 中。

```
24   filename='D:\\stockData\ch10\\6005842018-09-012019-05-31.csv'
25   df = pd.read_csv(filename,encoding='gbk')
26   list = [6,12,24]            # 週期串列
27   # 呼叫方法計算 RSI
28   stockDataFrame = calRSI(df,list)
29   # print(stockDataFrame)
30   # 開始繪圖
31   plt.figure()
32   stockDataFrame['RSI6'].plot(color="blue",label='RSI6')
33   stockDataFrame['RSI12'].plot(color="green",label='RSI12')
34   stockDataFrame['RSI24'].plot(color="purple",label='RSI24')
35   plt.legend(loc='best')   # 繪製圖例
36   # 設定 x 軸座標的標籤和旋轉角度
37   major_index=stockDataFrame.index[stockDataFrame.index%10==0]
38   major_xtics=stockDataFrame['Date'][stockDataFrame.index%10==0]
39   plt.xticks(major_index,major_xtics)
40   plt.setp(plt.gca().get_xticklabels(), rotation=30)
41   # 帶格線，且設定了網格樣式
42   plt.grid(linestyle='-.')
43   plt.title("RSI 效果圖")
44   plt.rcParams['font.sans-serif']=['SimHei']
45   plt.savefig('D:\\stockData\ch10\\6005842018-09-012019-05-31.png')
46   plt.show()
```

在第 25 行從指定 csv 檔案中取得包含日期收盤價等資訊的資料，並在第 26 行指定了三個計算週期。在第 28 行呼叫了 calRSI 方法計算了三個週期的 RSI 值，並存入 stockDataFrame 物件，目前第 29 行的輸出敘述是註釋起來的，在取消註釋後，即可檢視計算後的結果值，其中包含 upAvg6、downAvg6 和 RSI6 等列。

在獲得 RSI 資料後，從第 31 行開始繪圖，其中比較重要的步驟是第 32 行到第 34 行的程式碼，呼叫 plot 方法繪製三根曲線，隨後在第 35 行呼叫 legend 方法設定圖例，執行第 37 行和第 38 行的程式碼設定 x 軸刻度的文字以及旋轉效果，第 42 行的程式碼用於設定網格樣式，第 43 的程式碼用於設定標題。

在第 46 行呼叫 show 方法繪圖之前，執行第 45 行的程式碼呼叫 savefig 方法把圖形儲存到了指定目錄，請注意這條程式敘述需要放在 show 方法之前，否則儲存的圖片就會是空的。

執行這個範例程式之後，即可看到如圖 10-5 所示的 RSI 效果圖。需要說明的是，由於本範例程式在計算收盤價漲數和平均值和收盤價跌數和平均值時，用的是簡單移動平均演算法，因此繪製出來的圖形可能和一些股票軟體中的不一致，不過趨勢是相同的。另外，在指定的目錄中可以看到該 RSI 效果圖以 png 格式儲存的圖片。

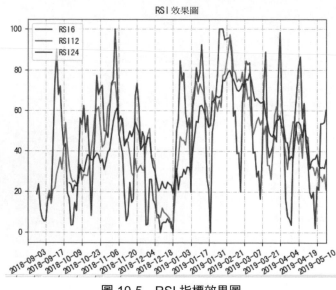

圖 10-5　RSI 指標效果圖

10.2.4　RSI 整合 K 線圖後以郵件形式發送

在本節的 DrawKwithRSI.py 範例程式中將完成以下三個工作：

（1）計算 6 日、12 日和 24 日的 RSI 值。

（2）繪製 K 線、均線和 RSI 指標圖，並把結果儲存到 png 格式的影像檔中。

（3）發送郵件，並把 png 圖片以豐富文字的格式顯示在郵件正文中。

```
1   # !/usr/bin/env python
2   # coding=utf-8
3   import pandas as pd
4   import matplotlib.pyplot as plt
5   from mpl_finance import candlestick2_ochl
6   from matplotlib.ticker import MultipleLocator
7   import smtplib
8   from email.mime.text import MIMEText
9   from email.mime.image import MIMEImage
10  from email.mime.multipart import MIMEMultipart
11  # 計算 RSI 的方法，輸入參數 periodList 傳入週期串列
12  def calRSI(df,periodList):
13      # 程式碼和 DrawRSI.py 範例程式中的程式碼一致，請參考本書提供下載的完整範例程式
```

從第 3 行到第 10 行的程式敘述匯入了相關的函數庫檔案，第 12 行定義的
calRSI 方法和本章前面與 RSI 相關的各範例程式中的 calRSI 方法完全一致，故
省略不再重複說明了。

```
14  filename='D:\\stockData\ch10\\6005842018-09-012019-05-31.csv'
15  df = pd.read_csv(filename,encoding='gbk')
16  list = [6,12,24]          # 週期串列
17  # 呼叫方法計算 RSI
18  stockDataFrame = calRSI(df,list)
19  figure = plt.figure()
20  # 建立子圖
21  (axPrice, axRSI) = figure.subplots(2, sharex=True)
22  # 呼叫方法，在 axPrice 子圖中繪製 K 線圖
23  candlestick2_ochl(ax = axPrice, opens=df["Open"].values, closes=df["Close"].
    values, highs=df["High"].values, lows=df["Low"].values,width=0.75,
    colorup='red', colordown='green')
24  axPrice.set_title("K 線圖和均線圖 ")   # 設定子圖標題
25  stockDataFrame['Close'].rolling(window=3).mean().plot(ax=axPrice,
    color="red",label='3 日均線 ')
```

```
26   stockDataFrame['Close'].rolling(window=5).mean().plot(ax=axPrice,
     color="blue",label='5 日均線 ')
27   stockDataFrame['Close'].rolling(window=10).mean().plot(ax=axPrice,
     color="green",label='10 日均線 ')
28   axPrice.legend(loc='best')              # 繪製圖例
29   axPrice.set_ylabel(" 價格（單位：元）")
30   axPrice.grid(linestyle='-.')            # 帶格線
31   # 在 axRSI 子圖中繪製 RSI 圖形
32   stockDataFrame['RSI6'].plot(ax=axRSI,color="blue",label='RSI6')
33   stockDataFrame['RSI12'].plot(ax=axRSI,color="green",label='RSI12')
34   stockDataFrame['RSI24'].plot(ax=axRSI,color="purple",label='RSI24')
35   plt.legend(loc='best') # 繪製圖例
36   plt.rcParams['font.sans-serif']=['SimHei']
37   axRSI.set_title("RSI 圖 ")              # 設定子圖的標題
38   axRSI.grid(linestyle='-.')             # 帶格線
39   # 設定 x 軸座標的標籤和旋轉角度
40   major_index=stockDataFrame.index[stockDataFrame.index%7==0]
41   major_xtics=stockDataFrame['Date'][stockDataFrame.index%7==0]
42   plt.xticks(major_index,major_xtics)
43   plt.setp(plt.gca().get_xticklabels(), rotation=30)
44   plt.savefig('D:\\stockData\ch10\\600584RSI.png')
```

在第 18 行中透過呼叫 calRSI 方法獲得了三個週期的 RSI 資料。在第 21 行設定了 axPrice 和 axRSI 這兩個子圖共用的 x 軸標籤，在第 23 行中繪製了 K 線圖，從第 25 行到第 27 行繪製了 3 日、5 日和 10 日的均線，從第 32 行到第 34 行繪製了 6 日、12 日和 24 日的三根 RSI 指標圖。在第 44 行透過呼叫 savefig 方法把包含 K 線、均線和 RSI 指標線的圖形儲存到指定目錄中。

```
45   # 發送郵件
46   def sendMail(username,pwd,from_addr,to_addr,msg):
47       # 和之前 sendMailWithPicAttachment.py 範例程式中的一致，請參考本書提供下載的完整範
     例程式
48   def buildMail(HTMLContent,subject,showFrom,showTo,attachfolder, attachFileName):
49       message = MIMEMultipart()
50       body = MIMEText(HTMLContent, 'html', 'utf-8')
51       message.attach(body)
52       message['Subject'] = subject
53       message['From'] = showFrom
54       message['To'] = showTo
55       imageFile = MIMEImage(open(attachfolder+attachFileName, 'rb').read())
56       imageFile.add_header('Content-ID', attachFileName)
57       imageFile['Content-Disposition'] = 'attachment;filename="'+attachFileNa
```

```
    me+'"'
58      message.attach(imageFile)
59      return message
```

　　第 46 行定義的 sendMail 方法和本章之前各範例程式中的 sendMail 方法完全一致，故省略不再重複說明了。本範例程式與本章之前範例程式的不同之處是，在第 48 行中專門定義了 buildMail 方法，用來組裝郵件物件，郵件的諸多元素由該方法的參數所定義。實際而言，在第 49 行中定義的郵件類型是 MIMEMultipart，也就是說對於帶附件的郵件，在第 50 行和第 51 行中根據參數 HTMLContent 建置了郵件的正文，從第 52 行到第 54 行的程式敘述設定了郵件的相關屬性值，從第 55 行到第 57 行的程式敘述根據輸入參數建置了 MIMEImage 類型的圖片類別附件，在第 58 行中透過呼叫 attach 方法把附件併入郵件正文。

```
60    subject='RSI 效果圖'
61    attachfolder='D:\\stockData\\ch10\\'
62    attachFileName='600584RSI.png'
63    HTMLContent = '<html><head></head><body>'\
64     '<img src="cid:'+attachFileName+'"/>'\
65     '</body></html>'
66    message = buildMail(HTMLContent,subject,'hsm_computer@163.com', 'hsm_
      computer@163.com',attachfolder,attachFileName)
67    sendMail('hsm_computer','xxx','hsm_computer@163.com', 'hsm_computer@163.
      com',message.as_string())
68    # 最後再繪製
69    plt.show()
```

　　從第 60 行到第 66 行的程式敘述設定了郵件的相關屬性值，並在第 66 行中透過呼叫 buildMail 方法建立了郵件物件 message，在第 67 行中透過呼叫 sendMail 方法發送郵件，最後在第 69 行透過 show 方法繪製了圖形。本範例程式中的 3 個細節需要注意。

　　（1）第 64 行 cid 的值需要和第 56 行的 Content-ID 值一致，否則圖片只能以附件的形式發送，而無法在郵件正文內以豐富文字的格式顯示。

　　（2）先建置並發送郵件，再透過第 69 行的程式繪製圖形，如果次序顛倒，先繪製圖形後發送郵件的話，那麼 show 方法被呼叫後程式會阻塞在這個位置，無法繼續執行。要等到手動關掉由 show 方法出現的視窗後，才會觸發 sendMail 方法發送郵件。

（3）在本範例程式的第 48 行，專門封裝了用於建置郵件物件的 buildMail 方法，在該方法中透過參數動態地建置郵件，如此以來，如果要發送其他郵件，則可以呼叫該方法，進一步可以提升程式的重用性。

執行這個範例程式之後，即可在出現的視窗中看到 K 線、均線和 RSI 指標圖整合後的效果圖，而且可以在郵件的正文內看到相同的圖，如圖 10-6 所示。

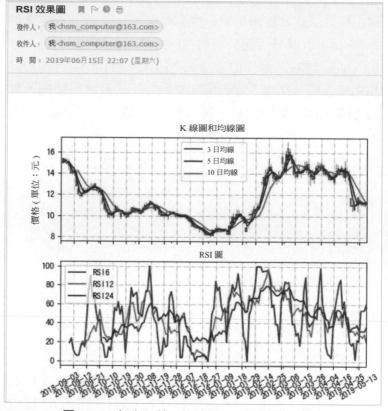

圖 10-6　包含 K 線、均線和 RSI 指標圖的郵件

10.3　以郵件的形式發送以 RSI 指標為基礎的買賣點

本節會說明以 RSI 指標為基礎的常用買賣交易策略，並透過 Python 程式實現並驗證相關策略。本節列出的買賣點日期將透過郵件的形式發出。

10.3.1 RSI 指標對買賣點的指導意義

一般來說，6 日、12 日和 24 日的 RSI 指標分別稱為短期、中期和長期指標。和 KDJ 指標一樣，RSI 指標也有超買區和超賣區。

實際而言，當 RSI 值在 50 到 70 之間波動時，表示目前屬於強勢狀態，如繼續上升，超過 80 時，則進入超買區，極可能在短期內轉升為跌。反之 RSI 值在 20 到 50 之間時，說明目前市場處於相對弱勢，若下降到 20 以下，則進入超賣區，股價可能出現反彈。

在說明 RSI 交易策略之前，先來說明一下在實際操作中歸納出來的 RSI 指標的缺陷。

（1）週期較短（例如 6 日）的 RSI 指標比較靈敏，但快速震盪的次數較多，可用性相對差些，而週期較長（例如 24 日）的 RSI 指標可用性強，但靈敏度不夠，經常會「落後」的情況。

（2）當數值在 40 到 60 之間波動時，常常參考價值不大，實際而言，當數值向上突破 50 臨界點時，表示股價已轉強，反之向下跌破 50 時則表示轉弱。不過在實作過程中，經常會出現 RSI 跌破 50 後股價卻不下跌，以及突破 50 後股價不漲。

綜合 RSI 演算法、相關理論以及缺陷，下面再來說明一下實際操作中常用的以該指標為基礎的買賣策略。

（1）RSI 短期指標（6 日）在 20 以下超賣區與中長期 RSI（12 日或 24 日）發生黃金交換，即 6 日線上穿 12 日或 24 日線，則說明即將發生反彈行情，如果參照其他技術指標或政策面等方面沒有太大問題的話，可以適當買進。

（2）反之，RSI 短期指標（6 日）在 80 以上超買區與中長期 RSI（12 日或 24 日）發生死亡交換，即 6 日線下穿 12 日或 24 日線，則說明可能會出現高位反轉的情況，如果沒有其他利好消息等，可以考慮賣出。

10.3.2 以 RSI 指標計算買點並以郵件為基礎的形式發出

根據 10.3.1 小節的描述，本節採用的以 RSI 為基礎的買點策略是，RSI6 日線在 20 以下與中長期 RSI（12 日或 24 日）發生了黃金交換。

　　在下面的 calRSIBuyPoints.py 範例程式中，據此策略計算 600584（長電科技）從 2018 年 9 月到 2019 年 5 月間的買點，並透過郵件發送買點日期。

```
1    # !/usr/bin/env python
2    # coding=utf-8
3    import pandas as pd
4    import smtplib
5    from email.mime.text import MIMEText
6    from email.mime.image import MIMEImage
7    from email.mime.multipart import MIMEMultipart
8    # 計算 RSI 的方法，輸入參數 periodList 傳入週期串列
9    def calRSI(df,periodList):
10       # 和 DrawRSI.py 範例程式中的一致，省略相關程式，請參考本書提供下載的完整範例程式
11       return df
12   filename='D:\\stockData\ch10\\6005842018-09-012019-05-31.csv'
13   df = pd.read_csv(filename,encoding='gbk')
14   list = [6,12,24]          # 週期串列
15   # 呼叫方法計算 RSI
16   stockDataFrame = calRSI(df,list)
```

　　從第 3 行到第 7 行的程式敘述透過 import 敘述匯入了相關函數庫，第 9 行定義的 calRSI 方法和本章之前各範例程式中的 calRSI 方法一致，故省略不再說明了。在第 13 行透過讀取 csv 檔案獲得了包含開盤價、收盤價、日期等的股票交易資料，在第 16 行呼叫 calRSI 方法後，stockDataFrame 物件中除了包含從 csv 檔案中讀取的股票資料外，還包含了 RSI6、RSI12 和 RSI24 的相關資料。

```
17   cnt=0
18   buyDate=''
19   while cnt<=len(stockDataFrame)-1:
20       if(cnt>=30):  # 前幾天有誤差，從第 30 天算起
21           try:
22               # 規則 1：這天 RSI 6 的值低於 20
23               if stockDataFrame.iloc[cnt]['RSI6']<20:
24                   # 規則 2.1：當天 RSI6 上穿 RSI12
25                   if  stockDataFrame.iloc[cnt]['RSI6']>stockDataFrame.
     iloc[cnt]['RSI12'] and stockDataFrame.iloc[cnt-1]['RSI6']<stockDataFrame.
     iloc[cnt-1]['RSI12']:
26                       buyDate = buyDate+stockDataFrame.iloc[cnt]['Date'] + ','
27                   # 規則 2.2：當天 RSI6 上穿 RSI24
28                   if  stockDataFrame.iloc[cnt]['RSI6']>stockDataFrame.
     iloc[cnt] ['RSI24'] and stockDataFrame.iloc[cnt-1]['RSI6'] < stockDataFrame.
```

```
      iloc[cnt-1] ['RSI24']:
29                       buyDate = buyDate+stockDataFrame.iloc[cnt]['Date'] + ','
30                   except:
31              pass
32      cnt=cnt+1
33  print(buyDate)
```

在第 19 行的 while 循環中，按交易日逐天檢查了 stockDataFrame 物件，由於存在誤差，因此過濾掉了前 30 個交易日的資料。

在第 22 行的 if 敘述中，制定了第一個規則，即當天 RSI6 的值小於 20，在滿足這個條件的前提下，再嘗試第 25 行和第 29 行的 if 條件。

在第 25 行中制定的過濾規則是當天 RSI6 的值上穿 RSI12 形成金叉，即當日 RSI6 大於 RSI12，前一個交易日 RSI6 小於 RSI12。在第 28 行制定的過濾規則是當日 RSI6 上穿 RSI24 形成金叉。注意，第 25 行和第 28 的 if 條件屬於「或」的關係。

本輪次的 while 循環結束後，透過第 33 行的列印敘述，就能看到儲存在 buyDate 物件中的買點日期。

```
34  def sendMail(username,pwd,from_addr,to_addr,msg):
35      # 和之前 DrawKwithRSI.py 範例程式中的一致，請參考本書提供下載的完整範例程式
36  def buildMail(HTMLContent,subject,showFrom,showTo,attachfolder, attachFileName):
37      # 和之前 DrawKwithRSI.py 範例程式中的一致，請參考本書提供下載的完整範例程式
38  subject='RSI 買點分析 '
39  attachfolder='D:\\stockData\\ch10\\'
40  attachFileName='600584RSI.png'
41  HTMLContent = '<html><head></head><body>'\
42   '買點日期 ' + buyDate + \
43   '<img src="cid:'+attachFileName+'"/>'\
44   '</body></html>'
45  message = buildMail(HTMLContent,subject,'hsm_computer@163.com', 'hsm_
    computer@163.com',attachfolder,attachFileName)
46  sendMail('hsm_computer','xxx','hsm_computer@163.com', 'hsm_computer@163.
    com',message.as_string())
```

在第 34 行中定義了封裝發郵件功能的 sendMail 方法，在第 36 行中定義了封裝建置郵件功能的 buildMail 方法，這兩個方法和本章前面各範例程式中的名稱相同方法完全一致，因此不再重複說明。

　　從第 41 行到第 44 行程式敘述中的 HTMLContent 物件裡定義了郵件的正文，其中透過第 42 行的程式碼在正文內引用了買點日期，在第 43 行引用了這個時間範圍內的 K 線、均線和 RSI 指標圖。最後透過第 46 行的程式碼呼叫 sendMail 方法發送郵件。

　　執行這個範例程式之後，即可收到如圖 10-7 所示的郵件，在其中就能看到買點日期和指標圖。

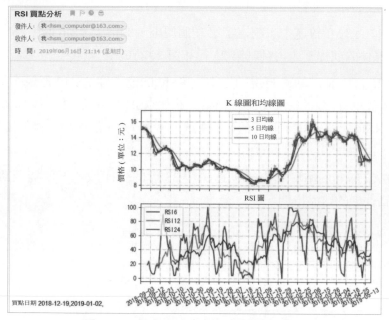

圖 10-7　包含 RSI 買點和指標圖的郵件

　　從執行結果可知，獲得的買點日期是 2018-12-19 和 2019-01-02，其中，在 2018-12-19 之後的交易日裡，股價有上漲，但漲幅不大，不過至少有出貨的機會，而在 2019-01-02 之後的許多交易日內，股價有顯著上漲。

10.3.3　以 RSI 指標計算賣點並以郵件為基礎的形式發出

　　在下面以 RSI 指標計算賣點為基礎的 calRSISellPoints.py 範例程式中，採用的策略是，RSI6 日線在 80 以上與中長期 RSI（12 日或 24 日）發生死叉，用於分析的股票依然是 600584（長電科技），時間段依然是 2018 年 9 月到 2019 年 5 月之間，計算出的賣點日期也是透過郵件發送。

```
1    # !/usr/bin/env python
2    # coding=utf-8
3    import pandas as pd
4    import smtplib
5    from email.mime.text import MIMEText
6    from email.mime.image import MIMEImage
7    from email.mime.multipart import MIMEMultipart
8    # 計算 RSI 的方法，輸入參數 periodList 傳入週期串列
9    def calRSI(df,periodList):
10       # 和 DrawRSI.py 範例程式中的一致，省略相關程式，請參考本書提供下載的完整範例程式
11   filename='D:\\stockData\ch10\\6005842018-09-012019-05-31.csv'
12   df = pd.read_csv(filename,encoding='gbk')
13   list = [6,12,24]        # 週期串列
14   # 呼叫方法計算 RSI
15   stockDataFrame = calRSI(df,list)
```

在第 15 行中透過呼叫 calRSI 方法計算 RSI 指標值，這部分程式碼和 10.3.2 小節的 calRSIBuyPoints.py 範例程式中的相關程式十分類似，故而不再重複說明了。

```
16   cnt=0
17   sellDate=''
18   while cnt<=len(stockDataFrame)-1:
19       if(cnt>=30):            # 前幾天有誤差，從第 30 天算起
20           try:
21               # 規則 1：這天 RSI6 高於 80
22               if stockDataFrame.iloc[cnt]['RSI6']<80:
23                   # 規則 2.1：當天 RSI6 下穿 RSI12
24                   if  stockDataFrame.iloc[cnt]['RSI6']<stockDataFrame.
     iloc[cnt] ['RSI12'] and stockDataFrame.iloc [cnt-1]['RSI6']>stockDataFrame.
     iloc[cnt-1] ['RSI12']:
25                       sellDate = sellDate+stockDataFrame.iloc[cnt]['Date'] + ','
26                   # 規則 2.2：當天 RSI6 下穿 RSI24
27                   if  stockDataFrame.iloc[cnt]['RSI6']<stockDataFrame.
     iloc[cnt] ['RSI24'] and stockDataFrame.iloc[cnt-1] ['RSI6']>stockDataFrame.
     iloc[cnt-1] ['RSI24']:
28                       if sellDate.index(stockDataFrame.iloc[cnt]['Date']) == -1:
29                           sellDate = sellDate+stockDataFrame.iloc[cnt][ 'Date' ] + ','
30           except:
31               pass
32       cnt=cnt+1
33   print(sellDate)
```

　　在第 18 行到第 32 行的 while 循環中，計算了以 RSI 為基礎的賣點，在第 22 行的程式敘述中制定了第一個規則：RSI6 數值大於 80。第 23 行和第 27 行的程式敘述是在規則 1 的基礎上制定了兩個平行的子規則。透過這些程式碼，在 sellDate 物件中就儲存了 RSI6 大於 80 並且 RSI6 下穿 RSI12（或 RSI24）的那個交易日，這些交易日即為賣點。

```
34   def sendMail(username,pwd,from_addr,to_addr,msg):
35       # 和之前 calRSIBuyPoints.py 範例程式中的完全一致，請參考本書提供下載的完整範例程式
36   def buildMail(HTMLContent,subject,showFrom,showTo,attachfolder,
     attachFileName):
37       # 和之前 calRSIBuyPoints.py 範例程式中的完全一致，請參考本書提供下載的完整範例程式
38   subject='RSI 賣點分析 '
39   attachfolder='D:\\stockData\\ch10\\'
40   attachFileName='600584RSI.png'
41   HTMLContent = '<html><head></head><body>'\
42    '賣點日期 ' + sellDate + \
43    '<img src="cid:'+attachFileName+'"/>'\
44    '</body></html>'
45   message = buildMail(HTMLContent,subject,'hsm_computer@163.com', 'hsm_
     computer@163.com',attachfolder,attachFileName)
46   sendMail('hsm_computer','xxx','hsm_computer@163.com', 'hsm_computer@163.
     com',message.as_string())
```

　　第 34 行和第 36 行中的兩個用於發送郵件和建置郵件的方法與本章前面的各範例程式中名稱相同的方法完全一致，故省略不再額外說明了。

　　在第 38 行中定義的郵件標題是「RSI 賣點分析」，在第 41 行定義的描述正文的 HTMLContent 物件中儲存的也是「賣點日期」，最後是在第 46 行呼叫 sendMail 方法透過郵件發送出去。

　　執行這個範例程式之後，即可看到如圖 10-8 所示的郵件，其中包含了賣點日期和指標圖。本範例計算得出的賣點日期比較多，經分析，這些日期之後，股價多有下跌的情況。

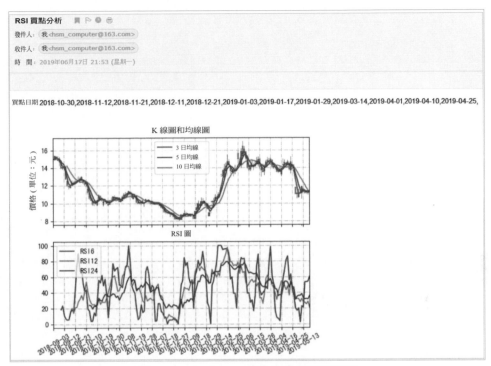

圖 10-8　包含 RSI 賣點和指標圖的郵件

10.4　本章小結

在本章的開始部分，說明了透過 Python 的 smtplib 和 email 函數庫發送純文字和 HTML 格式郵件的用法，在此基礎上還說明了發送附件以及在郵件正文內引用圖片的技巧。

之後說明了 RSI 指標的原理和計算方法，以及如何在郵件正文內以圖片的形式引用了 K 線、均線和 RSI 指標圖，並透過範例程式示範了 Python 郵件程式設計的相關技巧。

在介紹完 RSI 的演算法和繪製方法之後，照例說明了驗證以 RSI 指標買點和賣點為基礎的方式，最後透過郵件發送以 RSI 指標為基礎的買點和賣點日期。

第 *11* 章
用 BIAS 範例說明 Django 架構

在開發網站時，應當更關注於網站的功能，而不應當過多關注「網頁底層功能的實現」。例如開發顯示股票指標的網站，需要更關注「顯示哪些指標」之類的功能，而對於「HTTP 伺服器支援頁面的方式」以及「HTTP 頁面間跳躍方式」等細節，由於與網站的功能無關，則無需過多關注。

Django 架構可極佳地隱藏掉 HTTP 底層的細節，進一步讓開發者能集中精力開發必要的功能。更為方便的是，透過 Django 架構提供的工具，能方便地架設一個「原型」網站，開發者就能在此基礎上方便地增加各種功能，進一步建置一個屬於自己的網站，例如本章將在以 Django 為基礎的原型網站上開發實現股票 BIAS 指標的範例程式。

11.1 以 WSGI 標準為基礎的 Web 程式設計

沒有比較，就無法感受到 Web 架構的優勢，所以在介紹 Django 架構之前，先來看一下以 WSGI 規則為基礎的 Web 程式設計方式。從中可以感受到，在以 WSGI 標準為基礎的 Web 開發中，開發者還需要關注「頁面互動細節」這種無法直接產生經濟價值的 HTTP 底層實現。

11.1.1 以 WSGI 標準為基礎的 Python Web 程式

WSGI 是 Web Server Gateway Interface 的縮寫，中文含義是伺服器閘道介面。它是一個標準，透過該標準，Python 應用程式（或之後提到的架構）可以在 HTTP 伺服器（HTTP Server）上執行。

下面透過 startWSGIServer.py 範例程式，來示範一下以 WSGI 標準開發為基礎的 Web 專案的正常方式。

```
1    # !/usr/bin/env python
2    # coding=utf-8
3    from wsgiref.simple_server import make_server
4    def myWebApp(environ, response):
5        response('200 OK', [('Content-Type', 'text/html')])
6        return ['Web Page Created by WSGI.'.encode(encoding='utf_8')]
7
8    # 建立一個伺服器，通訊埠是 8080，用於處理的方法是 myWebApp
9    httpd = make_server('localhost', 8080, myWebApp)
10   print("Starting HTTP Server on 8080...")
11   # 監聽 HTTP 請求，如果有請求，則呼叫 myWebApp 方法進行處理
12   httpd.serve_forever()
```

在第 9 行中建立了一個 HTTP 伺服器，它執行在本機 localhost，監聽通訊埠是 8080，在第 12 行中透過呼叫 serve_forever 方法啟動了這個伺服器，此後一旦有請求發往 localhost 的 8080 通訊埠，則會如第 9 行程式敘述所設定的，呼叫在第 4 行定義的 myWebApp 方法來處理 HTTP 請求。

再來看一下第 4 行定義的處理 HTTP 請求的 myWebApp 方法，首先是在第 5 行傳回 200 狀態碼，表示請求成功，隨後在第 6 行傳回一段文字。請注意，由於是在 Python 3 環境中開發，因此第 6 行傳回的文字還需要呼叫 encode 方法轉換成 byte 陣列格式，否則會提示異常。

執行這個範例程式，隨後在瀏覽器中輸入 http://localhost:8080 就能看到如圖 11-1 所示的畫面，這說明，向 localhost 伺服器 8080 通訊埠發出的請求經 myWebApp 方法處理後，成功地傳回了 200 狀態碼和一段文字。

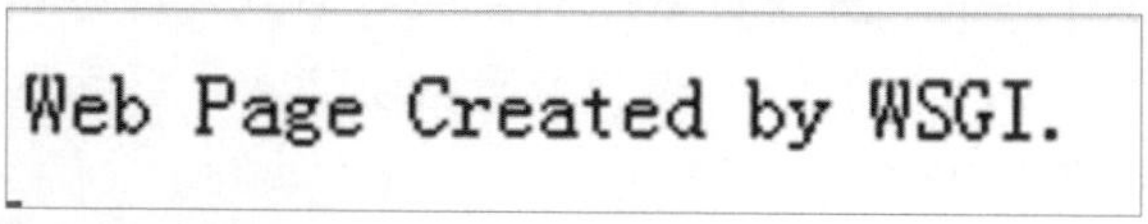

Web Page Created by WSGI.

圖 11-1　簡單的以 WSGI Web 程式為基礎的執行結果

11.1.2　再加入處理 GET 請求的功能

11.1.1 小節的範例程式過於簡單，讀者無法體會到 WSGI 開發的複雜度，在下面的 startWSGIServerWithGet.py 範例程式中，加入了處理 GET 請求的功能，可以從中體會以 WSGI 為基礎處理稍微複雜一點的 HTTP 請求的難度。

```
1   # !/usr/bin/env python
2   # coding=utf-8
3   from wsgiref.simple_server import make_server
4   def myWebApp(environ, response):
5       response('200 OK', [('Content-Type', 'text/html')])
6       method = environ['REQUEST_METHOD']
7       param = environ['PATH_INFO'][1:]
8       if method=='GET':
9           body='WSGI Get Demo!' + param
10      return [body.encode(encoding='utf_8')]
11
12  httpd = make_server('localhost', 8080, myWebApp)
13  print("Starting HTTP Server on 8080...")
14  httpd.serve_forever()
```

和 11.1.2 小節的 startWSGIServer.py 範例程式相比，本範例程式修改了處理 HTTP 請求的 myWebApp 方法。在這個方法的第 6 行，透過 environ['REQUEST_METHOD'] 屬性獲得了 HTTP 請求的方式，在第 7 行則透過 environ['PATH_INFO'][1:] 獲得了以 GET 請求為基礎的參數。

在第 8 行的 if 條件判斷敘述中，HTTP 請求如果是 GET 格式，則在 body 字串中加入 param 參數。啟動本範例程式之後，如果在瀏覽器中輸入 http://localhost:8080/Hello 就能看到如圖 11-2 所示的結果。

WSGI Get Demo!Hello

圖 11-2　WSGI 處理 GET 請求的結果

從 HTTP 服務的角度來看，http://localhost:8080/Hello 是以 GET 為基礎的請求，而 Hello 則是參數，所以在 startWSGIServerWithGet.py 範例程式的第 7 行中，param 變數其實被設定值為「Hello」。

從這個範例程式的執行就能看到以 WSGI 標準處理 GET 請求為基礎的步驟，首先要取得請求類型（例如 GET），然後再取得參數，隨後再根據請求類型（有可能再根據請求參數），用不同的 if…else 流程來處理。

如果在某個程式專案中，需要用 GET 類型的參數區分「訂單」「會員」和「商品查詢」等不同種類的請求，並根據請求執行不同的操作，那麼就不得不透過多個 if…else 敘述來分別處理，如果再加上 POST 類別的 HTTP 請求，那麼用於處理的程式碼將變得非常複雜，非常不利於專案的維護。對此，有必要在 Web 開發中引用架構。

11.2 透過 Django 架構開發 Web 專案

在 Python 語言系統中，有多種不同的 Web 架構，Django 是其中比較流行的一種。透過 Django 架構，可以方便地建立以 MVC 為基礎的空白 Web 專案。

由於這個空白的 Web 專案已經極佳地封裝了頁面跳躍等底層實現的細節，因此開發者可以在此基礎上增加實現業務功能的實際程式碼，進一步較為方便地建置實現實際功能的 Web 應用程式。

11.2.1 安裝 Django 元件

可以用本書前面介紹過的 pip 指令安裝 Django 架構元件，實際步驟是：到包含有 pip 指令的目錄中，執行 pip install django 指令，假如本機的 pip 指令在 D:\Python34\Scripts 目錄中，就先透過 cmd 指令進入到「命令提示字元」視窗，再進入到此目錄中，在其中執行 pip install django 指令。

上述指令執行後，會根據本機的 Python 版本安裝對應的版本，安裝成功後，在「命令提示字元」視窗中能看到提示性文字，還可以透過執行以下的 djangoDemo.py 程式來確認安裝是否成功。

```
1   # !/usr/bin/env python
2   import django
3   print(django.get_version())
```

其中在第 2 行匯入了 Django 函數庫，在第 3 行輸出了 Django 的版本編號，如果安裝成功，那麼執行這段程式時不會顯示出錯，而且會輸出版本編號。

11.2.2 建立並執行 Django

成功安裝 Django 後，在 pip 所在的目錄（本機是 D:\Python34\Scripts）就能看到 django-admin.exe 等 Django 相關的程式，在該目錄中執行 django-admin startproject MyDjangoApp 指令，就能在目前的目錄建立名為 MyDjangoApp 的空白專案。

建立完成後，在 MyDjangoApp 目錄中，能看到許多檔案，這些檔案的作用如表 11-1 所示，其中專案名稱為 MyDjangoApp。

表 11-1　Django 專案中各檔案及其作用總表

檔案名稱	作用
~/ manage.py	包含同該 Django 專案進行互動的命令列工具
~/ 專案名稱 / __init__.py	空檔案，說明該目錄是一個 Python 套件
~/ 專案名稱 /settings.py	在該檔案中能設定目前專案的設定
~/ 專案名稱 /urls.py	在該檔案中能設定目前專案的 HTTP 對映關係
~/ 專案名稱 /wsgi.py	以 WSGI 標準為基礎的目前專案的執行入口

在 wsgi.py 檔案中，可以看到以下的程式，這說明 Django 架構的底層實現也是以 WSGI 為基礎的。雖然如此，由於對 WSGI 進行了封裝，在使用 Django 開發時，感知不到 WSGI 標準的存在，因此也不用過多地考慮以 WSGI 標準為基礎的跳躍細節。

```
application = get_wsgi_application()
```

建立完 Django 專案之後，可以把包含在 MyDjangoApp 目錄中的檔案複製到 Eclipse 工具中，以方便後續的開發和程式管理。實際步驟是，首先在 Eclipse 中建立名為 MyDjangoApp 的 PyDev 專案，請注意這裡的專案名稱必須和之前透過 django-admin 指令建立的專案名稱保持一致。隨後，把專案目錄中的 manage.py 等檔案複製到 Eclipse 中 MyDjangoApp 專案中的 src 目錄下，對應的檔案目錄層次關係如圖 11-3 所示。

圖 11-3　Django 檔案的目錄層次關係圖

建立好上述專案後，就可以透過以下的步驟執行這個空白的 Django 專案。

步驟 01　用滑鼠選取 manage.py 檔案，點擊滑鼠右鍵，在出現的快顯功能表中依次選擇「Run As」→「Run Configurations」，如圖 11-4 所示。

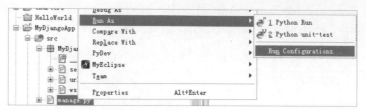

圖 11-4　選取檔案再點擊滑鼠右鍵，而後依次選擇選單項

步驟 02　在出現的如圖 11-5 所示的視窗中，切換到「Arguments」標籤，在「Program arguments」文字標籤中輸入「runserver localhost:8080」，再點擊「Apply」按鈕儲存上述修改，最後點擊「Run」按鈕啟動程式。

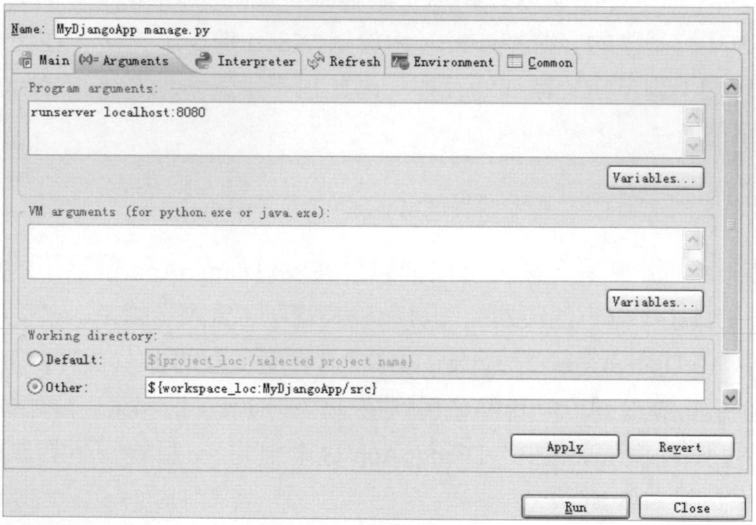

圖 11-5　設定啟動參數

在上述步驟中，設定了 manage.py 程式的啟動參數，它的效果相等於以下的指令，其作用是，在 localhost 的 8080 通訊埠啟動了以 Django 架構為基礎的 Web 程式。

```
python manage.py runserver localhost:8080
```

啟動程式後，在瀏覽器中輸入 localhost:8080，就能看到如圖 11-6 所示的

Django 預設頁面。

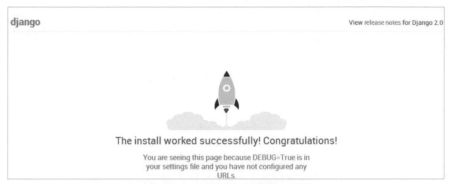

圖 11-6　Django 預設的頁面

在表 11-1 中可以看到 urls.py 檔案中包含了對映規則,在其中可以加入自己定義的規則,修改後的 urls.py 檔案如下所示。

```
1    from django.contrib import admin
2    from django.urls import path
3    from . import view
4
5    urlpatterns = [
6        path('admin/', admin.site.urls),
7        path('helloworld/', view.myView),
8    ]
```

第 7 行的程式是新加的,這說明 helloworld 內容的請求會被 view.py 中的 myView 方法處理過。到與 urls.py 檔案平行的目錄中建立 view.py 檔案,在其中寫入以下的程式。

```
1    from django.http import HttpResponse
2    def myView(request):
3        return HttpResponse("Hello world!")
```

在第 2 行定義的 myView 處理方法中,傳回如第 3 行所示的「Hello world!」文字。

修改完 urls.py 並增加 view.py 檔案後,再次啟動 manage.py 程式,同樣帶上 runserver localhost:8080 參數。此時,如果在瀏覽器中輸入 http://localhost:8080/

helloworld/，該請求包含了「helloworld」參數，所以會命中以下的 url 對映規則，進一步被 view.py 檔案中的 myView 方法處理。

```
path('helloworld/', view.myView),
```

執行結果是，在瀏覽器中能看到「Hello world!」文字，如圖 11-7 所示。

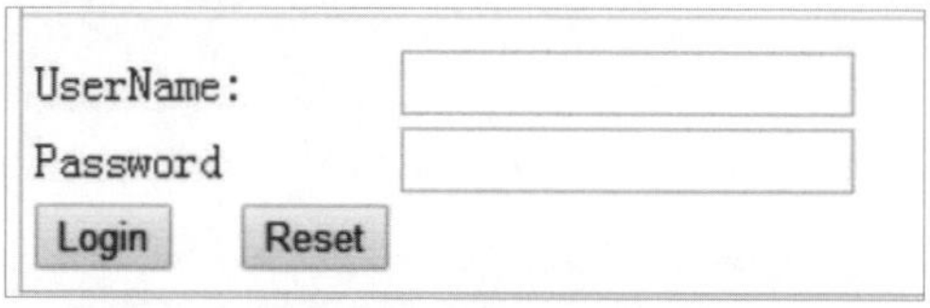

圖 11-7　自訂對映規則後的執行結果

11.2.3　從 Form 表單入手擴充 Django 架構

在 Web 專案中，離不開 Form 表單（也稱為表單），因為它是發送 GET 和 POST 等 HTTP 請求的最常用元素。在本節中，將在上述 MyDjangoApp 專案的基礎上，透過增加實現登入功能的 Form 表單來示範在 Django 架構中實現以 MVC 請求為基礎的技巧。

步驟 01　在與 url.py 同級的目錄中，新增一個名為 templates 的目錄，在其中儲存 html 格式的網頁檔案，同時，在 Django 架構中的 settings.py 檔案裡，透過以下的程式使 Django 架構認可這個目錄，這樣 Django 就會到這個目錄中尋找指定的 html 檔案。

```
1    TEMPLATES = [
2      {
3          ...
4          'DIRS': ['MyDjangoApp/templates'],
5          ...
6      },
7    ],
```

修改了第 4 行的 DIRS 屬性，在其中增加了剛才新增的 templates 目錄，否則的話，系統會報「無法找到對應 html 檔案」之類的錯誤。

步驟 02　在 templates 目錄中，新增兩個 html 檔案，分別是 login.html 和 welcome.html，其中顯示登入頁面的 login.html 程式如下。

```
1    <html>
2    <head>
3    <title>django login</title>
4    </head>
5    <body>
6        <form name="loginForm" action="/loginAction/" method="POST">
7            {% csrf_token %}
8            <table>
9                <tr>
10                   <td>UserName:</td>
11                   <td><input type="text" name="username" id="username" /></td>
12               </tr>
13               <tr>
14                   <td>Password</td>
15                   <td><input type="password" name="password" id="password"
    /></td>
16               </tr>
17               <tr>
18                   <td colspan="2" align="center">
19       <input type="submit" name="logon" value="Login" />  
20               <input type="reset" name="reset" value="Reset" />
21                   </td>
22               </tr>
23           </table>
24       </form>
25   </body>
26   </html>
```

在第 6 行定義的 form 中，包含了 username 和 password 這兩個文字標籤，一旦用滑鼠點擊了第 19 行定義的 Login 按鈕，則會按照第 6 行 action 的定義，以 POST 的形式發出 /loginAction/ 跳躍請求。

請注意，在 Django 架構的 form 中，需要加上如第 7 行所定義的 {% csrf_token %}，否則跳躍時會顯示出錯。而顯示歡迎頁面的 welcome.html 頁面相對簡單，程式如下。

```
1    <html>
2    <body>
3        Welcome,{{ username }}
4    </body>
5    </html1>
```

這裡的關鍵敘述是在第 3 行顯示 Welcome 等文字，其中 {{ username }} 表示從其他頁面中傳來的 username 參數。

步驟 03　在 urls.py 中，定義各種跳躍操作，程式如下。

```
1    from django.contrib import admin
2    from django.urls import path
3    from django.conf.urls import url
4    from . import login
5    urlpatterns = [
6        path('admin/', admin.site.urls),
7        url('^login/$', login.enterLoginPage),
8        url('^loginAction/$', login.loginAction)
9    ]
```

其中新加的是第 7 行和第 8 行敘述，在第 7 行中定義了一旦有 login/ 的請求，則交由 login.py 檔案中的 enterLoginPage 方法去處理，如果有 loginAction/ 的請求，則由 login.py 檔案中的 loginAction 方法去處理。

步驟 04　定義實際處理跳躍請求的 login.py，程式如下。

```
1    from django.shortcuts import render
2    def enterLoginPage(request):
3        return render(request, 'login.html')
4
5    def loginAction(request):
6        username = request.POST.get('username')
7        password = request.POST.get('password')
8        if username == 'Django' and password == 'Python':
9            return render(request, 'welcome.html', {
10               'username': username
11           })
12       else:
13           return render(request, 'login.html')
```

根據 urls.py 的定義，第 2 行定義的 enterLoginPage 方法用於處理 login/ 格式的請求，在其中的敘述就是直接跳躍到 login.html 頁面。

而第 5 行定義的 loginAction 方法用於處理 loginAction/ 格式的請求，在其中的第 6 行和第 7 行敘述，先取得到以 POST 格式傳來的 username 和 password 參數，在第 8 行是透過了簡單的 if 敘述來進行身份驗證，如果通過，則執行第

9 行的程式碼，攜帶 username 參數跳躍到 welcome.html 頁面，否則執行第 13 行的程式傳回到 login.html 頁面。

由於之前在 settings.py 的 TEMPLATES 中設定了 DIRS 路徑，因此 login.html 和 welcome.html 這兩個檔案雖然和 login.py 不在同一個目錄中，但 Django 系統會到 DIRS 路徑中去找。如果沒有事先設定，就會顯示出錯。

11.2.4 執行範例程式了解以 MVC 為基礎的呼叫模式

如果按照 11.2.3 小節說明的過程撰寫完以 Django 架構為基礎的「登入」程式後，參照 11.2.2 小節說明的方式，攜帶 runserver localhost:8080 參數執行 manage.py，在本機的 8080 通訊埠監聽 HTTP 請求。

隨後在瀏覽器中輸入 http://localhost:8080/login/，根據 urls.py 中的定義，該請求會由 login.py 的 enterLoginPage 方法去處理，而該方法會跳躍到 login.html 頁面，因此會看到如圖 11-8 所示的登入頁面。

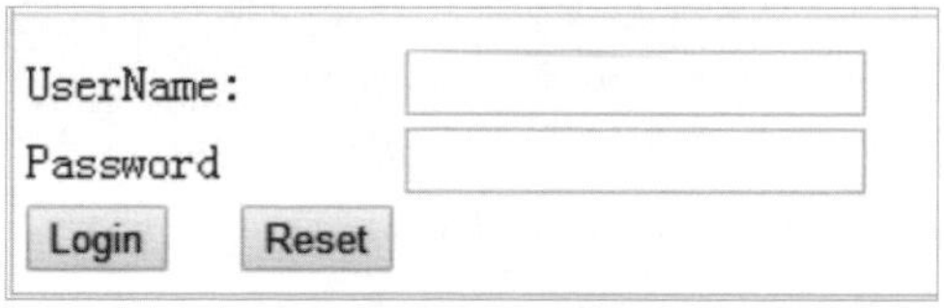

圖 11-8　以 Django 架構為基礎的登入頁面

在其中輸入使用者名稱：Django，密碼：Python，再點擊「Login」按鈕，該頁面所在的 Form 表單會以 POST 的格式，把請求發送到 /loginAction/，如 urls.py 定義，該請求會由 login.py 的 loginAction 方法去處理。

如果使用者名稱和密碼正確，則會攜帶 username 參數跳躍到 welcome.html 頁面，如圖 11-9 所示。如果使用者名稱和密碼不正確，也會由 loginAction 方法處理，但會跳躍回 login.html 登入頁面。

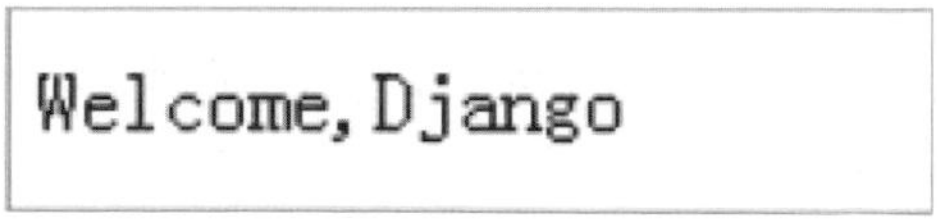

圖 11-9　通過身份驗證後的歡迎頁面

在 login.html 檔案中，需要加入 {% csrf_token %} 程式，這是為了防止 CSRF 攻擊，進一步提升安全性。只要在 Django 架構中使用 form 表單，則都需要加入這段程式。

如果把這段程式去掉，重新執行 manage.py，再次透過 http://localhost:8080/ login/ 進入登入頁面，在輸入 UserName 和 Password 並點擊「Login」按鈕後，則會看到如圖 11-10 所示的出錯頁面。

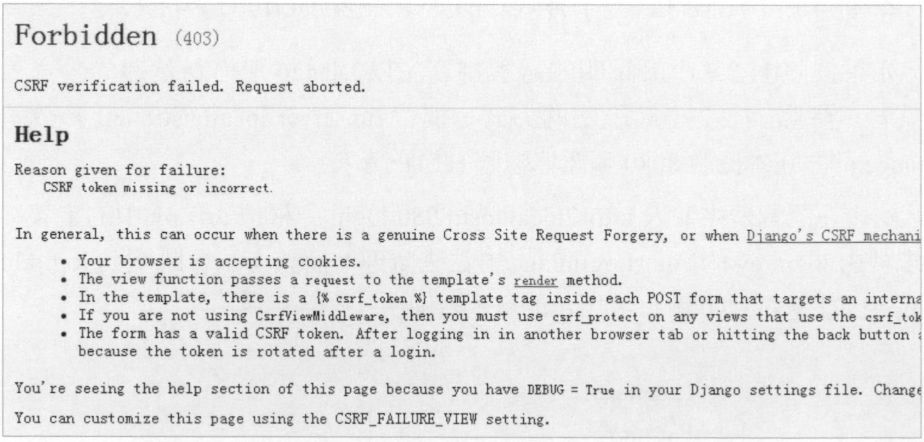

Forbidden (403)

CSRF verification failed. Request aborted.

Help

Reason given for failure:
    CSRF token missing or incorrect.

In general, this can occur when there is a genuine Cross Site Request Forgery, or when Django's CSRF mechani

- Your browser is accepting cookies.
- The view function passes a request to the template's render method.
- In the template, there is a {% csrf_token %} template tag inside each POST form that targets an interna
- If you are not using CsrfViewMiddleware, then you must use csrf_protect on any views that use the csrf_tok
- The form has a valid CSRF token. After logging in in another browser tab or hitting the back button a
  because the token is rotated after a login.

You're seeing the help section of this page because you have DEBUG = True in your Django settings file. Change
You can customize this page using the CSRF_FAILURE_VIEW setting.

圖 11-10　去掉 {% csrf_token %} 程式後的錯誤訊息頁面

從上述執行流程中，可以看到 Django 架構裡以 MVC 為基礎的執行流程。

Django 架構能容納 html 等 Web 頁面來提供視圖（View）的功能，而在 urls.py 中定義的跳躍程式則承擔了控制器（Control）的功能，也就是可以把視圖端的請求轉發到對應的處理方法中，而提供業務功能的 py 程式檔案（這裡是 login.py）則承擔了模型（Model）的效果，因為其中的業務處理方法能傳回經過處理後的業務結果模型。

正是因為 Django 架構中的 MVC 三模組各司其職，所以和 11.1 節說明的單純以 WSGI 為基礎的 Web 開發方式相比，Django 具有很好的擴充性。實際表現為，能透過「可維護」的方式來擴充功能，而且擴充後的程式可讀性非常好，也方便之後進一步的維護和擴充。

11.2.5 Django 架構與 Matplotlib 的整合

在之前的登入範例程式中模型（Model）層提供的 welcome.html 頁面裡，顯示的是文字。由於 Web 頁面難免需要顯示圖表，因此本節將在之前 MyDjangoApp 範例程式的基礎上按以下步驟增加一些程式，進一步在以 Django 架構為基礎的頁面中增加 Matplotlib 圖形的實現方法。

步驟 01 在 urls.py 檔案中的 urlpatterns 部分，新增一個對映關係，關鍵程式如下。

```
1   from . import viewForMatplotlib
2   urlpatterns = [
3       # 省略其他程式，請參考本書提供下載的完整範例程式
4       url('^showMatplotlibImg/$', viewForMatplotlib.createMatplotlibImg)
5   ]
```

第 4 行的規則做了以下定義：showMatplotlibImg 格式的請求交由 viewForMatplotlib.py 檔案的 createMatplotlibImg 方法去處理，而在第 1 行的 import 敘述中匯入了對應的處理類別。

步驟 02 建立包含上述處理方法的 viewForMatplotlib.py 檔案，實際程式如下。

```
1   #!/usr/bin/env python
2   #coding=utf-8
3   from django.shortcuts import render
4   import matplotlib.pyplot as plt
5   import numpy as np
6   import sys
7   from io import BytesIO
8   import base64
9   import imp
10  # 以上匯入了需要的類別庫
11  imp.reload(sys)    # 解決匯入類別庫裡可能會有的編碼問題
12  def createMatplotlibImg(request):
13      figure = plt.figure()
14      ax = figure.add_subplot(111)
15      ax.set_title('django 整合 matplotlib')
16      x = np.array([1,2,3,4,5])
17      ax.plot(x, x*x)
18      plt.rcParams['font.sans-serif']=['SimHei']
```

```
19        # 把圖形儲存為 bytes 格式，方便傳輸
20        buffer = BytesIO()
21        plt.savefig(buffer)
22        plt.close()            # 關閉 plt 物件，否則下次呼叫可能出錯
23        base64img = base64.b64encode(buffer.getvalue())
24        img = "data:image/png;base64,"+base64img.decode()
25        return render(request, 'data.html', {
26                'img': img
27            })
```

　　首先注意第 11 行的程式，在某些 Python 編譯器中，在 Django 架構內，當透過 import 敘述匯入 Matplotlib 等函數庫時，可能會報編碼格式的錯誤，此時可以透過這段程式來解決。

　　在第 12 行的程式中定義了處理請求的 createMatplotlibImg 方法，在其中的第 13 行到第 18 行程式中，透過 plt 物件繪製了 y=x*x 的圖形。在第 21 行透過呼叫 savefig 方法，把包含在 plt 物件中的圖形儲存到 buffer 這個位元組流快取內。第 23 行和第 24 行的程式敘述把圖形位元組流用 base64 演算法進行編碼，並在第 25 行以 img 參數的形式發送到目標頁面 data.html。

　　這裡要注意兩點：第一，以 Matplotlib 為基礎的圖形是以位元組流的形式發送到目標頁面；第二，在對容納 Matplotlib 圖形的 plt 處理完成後，需要如第 22 行那樣，呼叫 close 方法關閉 plt 物件，否則在更新頁面時，因為 plt 物件沒關閉，所以第二次使用時會出現異常。

步驟 03 撰寫最後顯示 Matplotlib 圖形的 data.html 頁面，程式如下。

```
1    <html>
2    <head>
3    <meta charset="utf-8">
4    </head>
5    <body>
6            由 Matplotlib 繪製的圖形 :<br/>
7       <img src="{{ img }}">
8    </body>
9    </html>
```

由 Matplotlib 繪製的圖型：

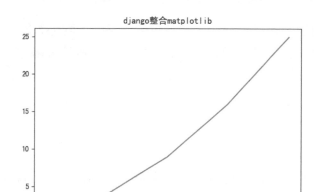

圖 11-11　Django 整合 Matplotlib 圖形後的效果圖

　　如果要在 html 頁面中顯示中文，則需要加入第 3 行的程式，指定本頁面支援 utf-8 格式，否則在某些版本的 Django 架構中會出錯。這裡顯示圖片的關鍵敘述在第 7 行，透過接收 createMatplotlibImg 方法傳來的 img 參數，在 html 頁面的 img 控制項中顯示圖片。

　　撰寫完上述程式後，同樣攜帶 runserver localhost:8080 參數執行 manage.py，以啟動本 Django 架構程式。隨後在瀏覽器中輸入 http://localhost:8080/showMatplotlibImg/，就能看到如圖 11-11 所示的結果。從中可以看到，由 Matplotlib 產生的圖形正確地顯示在 Django 架構中的 html 頁面內。

11.3　繪製乖離率 BIAS 指標

　　在 11.2 節已經解決了在 Django 架構中顯示 Matplotlib 圖形的技術困難，在本節中將用股票分析理論中的乖離率（BIAS）來進一步示範 Django 架構的用法。

　　乖離率是根據之前提到過的葛蘭碧移動均線八大法則而衍生出來的指標，顧名思義，它是透過計算目前價格和移動平均線的偏離程度來分析買賣時間點。

11.3.1　BIAS 指標的核心思想和演算法

乖離率指標的核心思想是，當股價偏離移動平均線太遠時，不論是在均線之上還是之下，都不會持續太長時間，而且股價隨時會趨近移動平均線。根據這一原則，來介紹一下實際的演算法。

同樣，乖離率指標也可以分為日乖離率指標、周乖離率、月乖離率和年乖離率，股市分析實作中經常用到日乖離率和周乖離率，本範例程式中注重說明日乖離率，它的計算方法如下。

N 日 BIAS =（當日收盤價 − N 日移動平均價）÷ N 日移動平均價 × 100

在實作中，N 的設定值方式一般有兩大種：一種是以 5 為倍數，例如 5 日、10 日和 30 日等，另一種是以 6 為倍數，例如 6 日、12 日和 24 日等。

雖然數值有所不同，但分析和研判買賣點的想法差不多，在本章列出的範例程式中，分別用 6 日、12 日和 24 日代表短期、中期和長期乖離率。

11.3.2　繪製 K 線與 BIAS 指標圖的整合效果

根據 11.3.1 小節介紹的演算法，在下面的 DrawKwithBIAS.py 範例程式中，整合了 K 線圖與 BIAS 指標圖。

```python
1   # !/usr/bin/env python
2   # coding=utf-8
3   import pandas as pd
4   import matplotlib.pyplot as plt
5   from mpl_finance import candlestick2_ochl
6   # 計算 BIAS 的方法，輸入參數 periodList 傳入週期串列
7   def calBIAS(df,periodList):
8       # 檢查週期，計算 6,12,24 日 BIAS
9       for period in periodList:
10          df['MA'+str(period)] = df['Close'].rolling(window=period).mean()
11          df['MA'+str(period)].fillna(value = df['Close'], inplace = True)
12          df['BIAS'+str(period)] = (df['Close'] - df['MA'+str(period)])/
    df['MA'+ str(period)]*100
13      return df
```

　　第 7 行的 calBIAS 方法實現了計算 BIAS 指標的功能，其中 df 參數中包含了交易日期收盤價等股票交易資料，而 periodList 參數中則包含了 BIAS 的計算週期，在呼叫時，其中包含了 6，12 和 24 這三個數值。

　　在第 9 行的 for 迴圈中，依次檢查了 periodList 參數，在第 10 行中計算了目前週期（例如 6 天）的均價，由於剛開始幾天均價是 0，因此在第 11 行中設定了這幾天的均價為收盤價。在第 12 行中根據了 11.3.1 小節列出的公式計算了目前週期的 BIAS 值。

```
14   filename='D:\\stockData\ch11\\6006402019-01-012019-05-31.csv'
15   df = pd.read_csv(filename,encoding='gbk')
16   list = [6,12,24]                # 週期串列
17   # 呼叫方法計算 BIAS
18   stockDataFrame = calBIAS(df,list)
19   # print(stockDataFrame)         # 可以去掉註釋來檢視結果
20   figure = plt.figure()
21   # 建立子圖
22   (axPrice, axBIAS) = figure.subplots(2, sharex=True)
23   # 呼叫方法，在 axPrice 子圖中繪製 K 線圖
24   candlestick2_ochl(ax = axPrice,
25                  opens=df["Open"].values, closes=df["Close"].values,
26                  highs=df["High"].values, lows=df["Low"].values,
27                  width=0.75, colorup='red', colordown='green')
28   axPrice.set_title("K 線圖和均線圖 ")    # 設定子圖標題
29   stockDataFrame['Close'].rolling(window=6).mean().plot(ax=axPrice,
     color="red",label='6 日均線 ')
30   stockDataFrame['Close'].rolling(window=12).mean().plot(ax=axPrice,
     color="blue",label='12 日均線 ')
31   stockDataFrame['Close'].rolling(window=24).mean().plot(ax=axPrice,
     color="green",label='24 日均線 ')
32   axPrice.legend(loc='best')            # 繪製圖例
33   axPrice.set_ylabel(" 價格（單位：元）")
34   axPrice.grid(linestyle='-.')          # 帶格線
35   # 在 axBIAS 子圖中繪製 BIAS 圖形
36   stockDataFrame['BIAS6'].plot(ax=axBIAS,color="blue",label='BIAS6')
37   stockDataFrame['BIAS12'].plot(ax=axBIAS,color="green",label='BIAS12')
38   stockDataFrame['BIAS24'].plot(ax=axBIAS,color="purple",label='BIAS24')
39   plt.legend(loc='best')        # 繪製圖例
40   plt.rcParams['font.sans-serif']=['SimHei']
41   axBIAS.set_title("BIAS 指標圖 ")       # 設定子圖的標題
42   axBIAS.grid(linestyle='-.')           # 帶格線
```

```
43    # 設定 x 軸座標的標籤和旋轉角度
44    major_index=stockDataFrame.index[stockDataFrame.index%5==0]
45    major_xtics=stockDataFrame['Date'][stockDataFrame.index%5==0]
46    plt.xticks(major_index,major_xtics)
47    plt.setp(plt.gca().get_xticklabels(), rotation=30)
48    plt.show()
```

　　第 16 行設定了計算 BIAS 的週期，分別是 6、12 和 24。在第 18 行中透過呼叫 calBIAS 方法，傳入包含指定 600640 股票資料的 csv 檔案，並計算出該股票短中長期的 BIAS 值。

　　隨後，透過第 24 行的程式在上部的子圖中繪製了 K 線圖，透過第 29 行到第 31 行的程式繪製了 6 日、12 日和 24 日的均線，這裡的均線週期和 BIAS 的週期保持一致。

　　而在第 36 行到第 38 行的程式中，根據 stockDataFrame['BIAS6'] 等資料，呼叫 plot 方法繪製了三條 BIAS 指標線。

　　至於其他設定圖例、格線和座標軸刻度文字等程式，在之前類似的範例程式中多次說明過，所以這裡不再重複說明了。

　　執行這個範例程式，即可看到如圖 11-12 所示的結果。

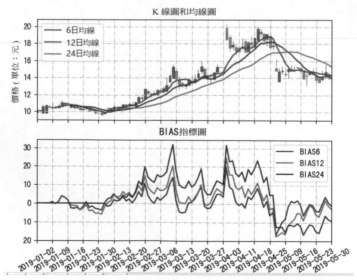

圖 11-12　K 線、均線整合 BIAS 指標圖的效果圖

11.3.3 以 BIAS 指標為基礎的買賣策略

從乖離率的演算法中可知，如果目前股價在移動均線之上，乖離率數值為正數，即所謂的正乖離率，反之為負乖離率。當然，數值上也有零乖離率。

從乖離率的設計原則中可知，正乖離率數值越大，說明股價偏離均線的程度就越大，即股價漲幅過大，因此再度上漲的壓力就變大，因而受獲利回吐因素打壓而下跌的可能性也就越高。反之亦然，負的乖離率數值越大，股價反彈的可能性就越大。據此，列出以下的以 BIAS 指標為基礎的買賣策略。

（1）從數值上來看，當某個股票 12 日的乖離率大於 7，如果沒有其他重大利好因素，則是短線賣出時機，而當 12 日乖離率小於 -7 時，如果沒有其他利空因素，則是短線買入時機。

（2）綜合短中長期（6 日、12 日和 24 日）的乖離率數值，當短期 BIAS 數值開始在低位向上突破（即出現金叉）長期 BIAS 曲線時，說明股價的弱勢整理格局可能被打破，股價短期內可能將向上運動。如果此時中期 BIAS 線也向上突破長期 BIAS 線，說明股價的中長期上漲行情已經開始。

（3）當短期 BIAS 線在高位向下掉頭時，說明股價短期上漲過快，可能出現向下調整的現象，如果此時中期 BIAS 線也開始在高位向下掉頭時，說明股價的短期上漲行情可能結束。

在實際使用過程中，對 BIAS 指標還有以下要注意的地方，這些也都是在實作中歸納出來的。

（1）該指標在確認賣出訊號時，會存在一定時間範圍上的落後性。而且當股市處於大熊市下跌初期時，用該指標計算買點也會出現失誤，最好是在下跌階段的中後期（即熊市跌過一陣了）開始使用。

（2）對那些上市時間不到半年的新股，由於初始化樣本數不足，判斷的失誤率會偏高。

（3）該指標的適用範圍是弱市，對弱市階段的搶反彈和抄底的指導意義比較明顯。

11.3.4　在 Django 架構中繪製 BIAS 指標圖

在本節中，首先將透過指令新增一個空白的 Django 專案，隨後在專案中增加一個用於指定股票代碼和時間範圍的 Form 表單，並且繪製由此表單所指定股票和時間範圍的 K 線、均線和 BIAS 指標圖，實際步驟如下。

步驟 01　執行 django-admin startproject MyStockWeb 指令，建立一個空白的 Django 專案，為了方便撰寫程式，在 Eclipse 開發環境中新增一個名稱相同的 PyDev 專案，並把建立好的空白專案檔案複製其中。該步驟實際的過程請參考 11.2.2 小節的說明。

步驟 02　在 MyStockWeb 目錄中新增 templates 目錄，在其中儲存 html 檔案，並在 settings.py 中的 templates 項裡增加此目錄，程式如下所示，這樣就能到該目錄中尋找對應的 html 檔案。

```
1    TEMPLATES = [
2        {
3            'DIRS': ['MyStockWeb/templates'],
4            省略其他程式
5        },
6    ]
```

步驟 03　在 urls.py 檔案中定義請求跳躍的對映規則，程式如下所示。

```
1    from django.contrib import admin
2    from django.urls import path
3    from django.conf.urls import url
4    from . import mainForm
5    urlpatterns = [
6        path('admin/', admin.site.urls),
7        url('^mainForm/$', mainForm.display),
8        url('^mainAction/$', mainForm.draw)
9    ]
```

在第 7 行的程式敘述定義了 mainForm 格式的請求交由 mainForm 的 display 方法去處理，在第 8 行定義了 mainAction 格式的請求交由 mainForm 的 draw 方法去處理。

步驟 04　定義 mainForm 的 display 方法，程式如下。

```
1    def display(request):
2        return render(request, 'main.html')
```

結合第三步的程式，可以看到，一旦遇到 mainForm 的請求，則會跳躍到
main.html 頁面。

步驟 **05** 撰寫 main.html 頁面，在其中包含了接收股票資訊的 Form 表單，
程式如下。

```
1    <html>
2    <meta charset="utf-8">
3    <head>
4    <title>分析股票</title>
5    </head>
6    <body>
7        <form name="mainForm" action="/mainAction/" method="POST">
8            {% csrf_token %}
9            <table>
10                <tr>
11                    <td>股票代碼 :</td>
12                    <td><input type="text" name="stockCode" id="stockCode"
     value="600007"/></td>
13                </tr>
14                <tr>
15                    <td>開始時間</td>
16                    <td><input type="text" name="startDate" id="startDate"
     value="2019-01-01" /></td>
17                </tr>
18                <tr>
19                    <td>結束時間</td>
20                    <td><input type="text" name="endDate" id="endDate"
     value="2019-05-31" /></td>
21                </tr>
22                <tr>
23                    <td colspan="2" align="center">
24                  <input type="submit" name="submit" value="提交" />  
25                    <input type="reset" name="reset" value="重置" />
26                    </td>
27                </tr>
28            </table>
29        </form>
30    </body>
31    </html>
```

　　如果需要在本頁面中引用中文，就需要加入第 2 行的程式，指定本頁面的編碼標準是 utf-8。

　　在第 7 行的 Form 表單中指定了跳躍請求，在 Form 表單內部分別在第 12 行、第 16 行和第 20 行定義了三個文字標籤，使用者可以在其中輸入股票代碼（stockCode）、開始時間（startDate）和結束時間（endDate）等資訊。請注意，在 Django 的 Form 表單中，需要加入第 8 行所示的程式，否則會出現問題。

　　當使用者輸入完資訊並點擊在第 24 行定義的「點擊」按鈕後，會如第 7 行定義的那樣，發起 POST 格式的 mainAction 請求，透過第三步定義的對映規則，該請求會由 mainForm 檔案的 draw 方法去處理。

　　步驟 06　這也是關鍵的一步，撰寫 mainForm 中的 draw 方法，在其中計算 BIAS 值，並繪製 K 線、均線和 BIAS 指標圖，程式如下。

```
1    # !/usr/bin/env python
2    # coding=utf-8
3    from django.shortcuts import render
4    import pandas_datareader
5    import matplotlib.pyplot as plt
6    import pandas as pd
7    from mpl_finance import candlestick2_ochl
8    import sys
9    from io import BytesIO
10   import base64
11   import imp
12   imp.reload(sys)
13   # 省略 display 方法，請參考本書提供下載的完整範例程式
14   # 計算 BIAS 的函數
15   def calBIAS(df,periodList):
16       # 省略中間計算程式，請參考本書提供下載的完整範例程式
17       return df
```

　　從第 4 行到第 11 行的程式敘述匯入了本範例程式所需要的函數庫，請注意，需要加入第 12 行的 imp.reload(sys) 程式，否則在某些 Django 版本中可能會因字元集的問題而導致出錯。

　　在第 15 行定義了計算 BIAS 值的 calBIAS 方法，它的參數以及計算過程和 11.3.2 小節 DrawKwithBIAS.py 範例程式內的名稱相同方法完全一致，故省略不再重複說明了。

```
18  def draw(request):
19      stockCode = request.POST.get('stockCode')
20      startDate = request.POST.get('startDate')
21      endDate = request.POST.get('endDate')
22      stock = pandas_datareader.get_data_yahoo(stockCode+'.ss',startDate, endDate)
23      # 刪除最後一天多餘的股票交易資料
24      stock.drop(stock.index[len(stock)-1],inplace=True)
25      filename='D:\\stockData\ch11\\'+stockCode+startDate+endDate+'.csv'
26      stock.to_csv(filename)
27      # 從檔案中讀取指定股票在指定範圍內的交易資料
28      df = pd.read_csv(filename,encoding='gbk')
29      list = [6,12,24]        # 週期串列
30      stockDataFrame = calBIAS(df,list)
31      figure = plt.figure()
32      (axPrice, axBIAS) = figure.subplots(2, sharex=True)
33      # 繪製 K 線
34      candlestick2_ochl(ax = axPrice,
35                  opens=df["Open"].values, closes=df["Close"].values,
36                  highs=df["High"].values, lows=df["Low"].values,
37                  width=0.75, colorup='red', colordown='green')
38      axPrice.set_title("K 線圖和均線圖 ")
39      stockDataFrame['Close'].rolling(window=6).mean(). plot(ax=axPrice,
    color="red",label='6 日均線 ')
40      stockDataFrame['Close'].rolling(window=12).mean(). plot(ax=axPrice,
    color="blue",label='12 日均線 ')
41      stockDataFrame['Close'].rolling(window=24).mean(). plot(ax=axPrice,
    color="green",label='24 日均線 ')
42      axPrice.legend(loc='best')                  # 繪製圖例
43      axPrice.set_ylabel(" 價格（單位：元）")
44      axPrice.grid(linestyle='-.')
45      # 繪製 BIAS 指標線
46      stockDataFrame['BIAS6'].plot(ax=axBIAS, color="blue",label='BIAS6')
47      stockDataFrame['BIAS12'].plot(ax=axBIAS, color="green",label='BIAS12')
48      stockDataFrame['BIAS24'].plot(ax=axBIAS, color="purple",label='BIAS24')
49      plt.legend(loc='best')
50      plt.rcParams['font.sans-serif']-['SimHei']
51      axBIAS.set_title("BIAS 指標圖 ")
52      axBIAS.grid(linestyle='-.')
53      major_index=stockDataFrame.index[stockDataFrame. index%5==0]
54      major_xtics=stockDataFrame['Date'][stockDataFrame. index%5==0]
55      plt.xticks(major_index,major_xtics)
56      plt.setp(plt.gca().get_xticklabels(), rotation=30)
57      # 把儲存在 plt 物件中的圖形存入到 buffer 快取物件中
58      buffer = BytesIO()
```

```
59        plt.savefig(buffer)
60        plt.close()
61        base64img = base64.b64encode(buffer.getvalue())
62        img = "data:image/png;base64,"+base64img.decode()
63        # 攜帶 img 參數，跳躍到 stock.html 頁面
64        return render(request, 'stock.html', {
65                'img': img,'stockCode':stockCode
66            })
```

在第 18 行定義的 draw 方法中要做以下三件事情：

（1）從第 19 行到第 21 行取得從 main.html 頁面經 POST 形式發來的參數，並在第 22 行透過呼叫 get_data_yahoo 方法，從網站取得指定股票代碼在指定時間範圍內的股票交易資料。由於透過該網站取得到的股票交易資料會多一天，因此需要透過第 24 行的程式刪除最後一行（即最後一天）的股票資料，再把資料儲存到檔案中。

（2）在第 28 行從指定檔案中讀取股票資料，再透過第 30 行的程式計算該股票對應的短中長期的 BIAS 值，隨後透過第 31 行到第 56 行的程式碼繪製 K 線、均線和 BIAS 指標圖。這部分程式碼在之前的 DrawKwithBIAS.py 範例程式中已經分析和說明過，所以不再贅述。不過，這個範例程式是把圖片以資料流程的形式發送到 stock.html 頁面，所以無需呼叫 plt.show() 方法將圖片顯示出來。

（3）透過第 59 行到第 62 行的程式碼把包含圖片的資料流程以 base64 格式進行編碼，並在第 64 行跳躍到 stock.html 頁面時，作為 img 參數傳過去，而且在第 64 行透過 render 敘述進行跳躍時，還攜帶了包含股票代碼資訊的 stockCode 變數，這樣當 draw 方法執行完成後，就能在 stock.html 頁面看到股票程式和對應的指標圖。

步驟 07　撰寫繪製股票指標圖的 stock.html 頁面，程式如下。

```
1    <html>
2    <meta charset="utf-8">
3    <head>
4    <title>分析股票</title>
5    </head>
6    <body>
7        股票代碼 :{{ stockCode }}<br>
8      <img src="{{ img }}">
9    </body>
10   </html>
```

這段程式的關鍵是：在第 7 行輸出從 draw 方法傳來的 stockCode 變數，在第 8 行以輸出 img 變數的形式顯示指標圖。

撰寫完上述程式後，啟動 manage.py 程式，同時傳入參數「runserver localhost:8080」。之後在瀏覽器中輸入請求：http://localhost:8080/mainForm/，此時按照 urls.py 中的定義，會跳躍到 main.html 頁面，隨後就能看到如圖 11-13 所示的 Form 表單。

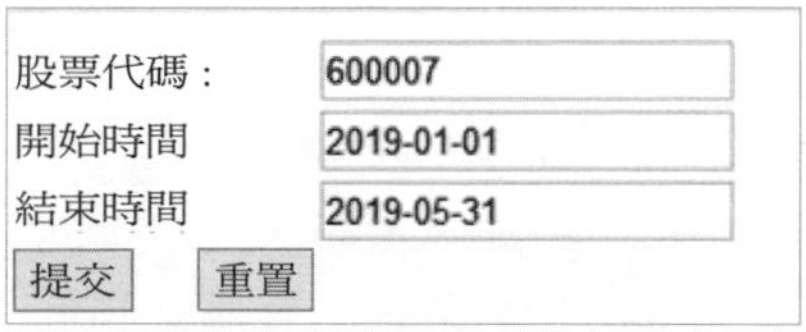

圖 11-13　main.html 頁面

在圖 11-13 中，可以輸入股票代碼以及開始和結束時間，在輸入的時候請注意格式，如果輸錯資料，可以通過點擊「重置」按鈕來重置輸錯的資訊。

輸入完成後點擊「提交」按鈕，這時會呼叫 mainForm.py 中的 draw 方法計算 BIAS 值並繪製對應的指標圖。draw 方法執行完成後，除了能在對應的目錄中看到 csv 格式的包含股票資訊的檔案之外，由於已經跳躍到 stock.html 頁面，因此還能在頁面看到如圖 11-14 所示的結果，在其中包含了股票代碼和指標圖。

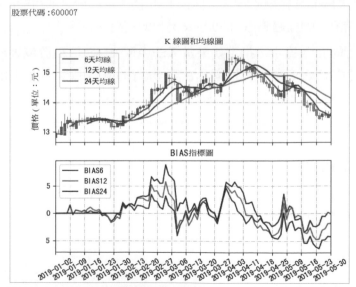

圖 11-14　在 Django 頁面中繪製的 K 線、均線和 BIAS 指標圖

11.3.5　在 Django 架構中驗證買點策略

根據 11.3.3 小節列出的關於 BIAS 指標的分析，本節要驗證的「買點」策略是，中期（12 日）BIAS 值小於或等於 -7，或短期（6 日）BIAS 值上穿長期（24 日）值，即形成金叉。

對此，在 mainForm.py 中增加一個實現計算買點的方法 calBuyPoints，該方法的程式如下，參數是包含股票日期以及短中長期 BIAS 指標的 df 物件。

```
1    def calBuyPoints(df):
2        cnt=0
3        buyDate=''
4        while cnt<=len(df)-1:
5            if(cnt>=30):     # 前幾天有誤差，從第 30 天算起
6                # 規則 1：這天中期 BIAS 小於或等於 -7
7                if df.iloc[cnt]['BIAS12']<=-7:
8                    buyDate = buyDate+df.iloc[cnt]['Date'] + ','
9                # 規則 2：當天 BIAS6 上穿 BIAS24
10               if  df.iloc[cnt]['BIAS6']>df.iloc[cnt]['BIAS24'] and
     df.iloc[cnt-1]['BIAS6']<df.iloc[cnt-1]['BIAS24']:
11                   buyDate = buyDate+df.iloc[cnt]['Date'] + ','
12           cnt=cnt+1
13       return buyDate
```

在第 4 行的 while 循環中，依次檢查了 df 物件，由於之前可能出現 BIAS 指標值為 0 的情況，因此過濾掉前 30 個交易日的資料。

在第 7 行的 if 敘述中，指定如果當天的中期 BIAS 值小於或等於 -7，則在 buyDate 物件中記錄下當天的日期。在第 10 行的 if 敘述中，如果出現前一天 BIAS6 值小於 BIAS24 且當天 BIAS6 大於 BIAS24（即當天出現上穿的金叉現象），那麼也把當天的日期記錄到 buyDate 物件中。由於這兩個條件是「或」的關係，因此第 7 行和第 10 行的 if 敘述是並列的關係，該方法最後在第 13 行傳回包含買點日期的 buyDate 物件。

本節先不列出該計算買點方法的呼叫方式和執行結果，等到後文說明完計算賣點的方法之後再一併列出。

11.3.6　在 Django 架構中驗證賣點策略

本節要驗證的「賣點」策略是和 11.3.5 小節說明的「買點」策略相對應，中期（12 日）BIAS 值大於或等於 7，或短期（6 日）BIAS 值下穿長期（24 日）值，即形成死叉。對此，在 mainForm.py 中，增加 calSellPoints 方法來計算賣點日期，程式如下。

```
1    def calSellPoints(df):
2        cnt=0
3        sellDate=''
4        while cnt<=len(df)-1:
5            if(cnt>=30):      # 前幾天有誤差，從第 30 天算起
6                # 規則 1：這天中期 BIAS 大於或等於 7
7                if df.iloc[cnt]['BIAS12']>=7:
8                    sellDate = sellDate+df.iloc[cnt]['Date'] + ','
9                # 規則 2：當天 BIAS6 下穿 BIAS24
10               if  df.iloc[cnt]['BIAS6']<df.iloc[cnt]['BIAS24'] and
    df.iloc[cnt-1]['BIAS6']>df.iloc[cnt-1]['BIAS24']:
11                   sellDate = sellDate+df.iloc[cnt]['Date'] + ','
12           cnt=cnt+1
13       return sellDate
```

這段程式與之前的 calBuyPoints 方法很相似，依然是透過第 4 行的 while 循環敘述檢查包含 BIAS 值的 df 物件。

差別之處是計算買點和賣點的兩個規則，在第 7 行的 if 敘述中，當中期 BIAS 值大於或等於 7 時，則把目前日期記錄到 sellDate 變數中，在第 10 行並列的 if 敘述中，如果判斷出現 BIAS6 下穿 BIAS24 的現象，那麼也把目前日期記錄到 sellDate 變數中，最後是透過第 13 行的 return 敘述傳回賣點日期。

撰寫完 calBuyPoints 和 calSellPoints 方法後，在 mainForm.py 檔案的 draw 方法中，加入以下兩條呼叫敘述，分別用 buyDate 和 sellDate 兩個變數來接收呼叫結果。

```
1    buyDate = calBuyPoints(stockDataFrame)
2    sellDate = calSellPoints(stockDataFrame)
```

在最後跳躍到 stock.html 頁面的 return 敘述中，需要撰寫下面第 3 行的程式，向 stock.html 頁面傳遞上述的兩個參數 buyDate 和 sellDate，程式如下。

```
1    return render(request, 'stock.html', {
2            'img': img,'stockCode':stockCode,
3            'buyDate':buyDate,'sellDate':sellDate
4        })
```

在 stock.html 頁面中，需要撰寫下面第 8 行和第 9 行所示的程式碼，以顯示買點和賣點日期。

```
1    <html>
2    <meta charset="utf-8">
3    <head>
4    <title>分析股票</title>
5    </head>
6    <body>
7        股票代碼:{{ stockCode }}<br>
8        買點日期:{{ buyDate }}<br>
9        賣點日期:{{ sellDate }}<br>
10    <img src="{{ img }}">
11    </body>
12    </html>
```

完成上面的程式修改後，啟動 manage.py 程式，在瀏覽器中輸入 http://localhost:8080/mainForm/，這次用 600460（士蘭微）股票來驗證，如圖 11-15 所示。

在如圖 11-15 所示的介面中完成輸入後，點擊「提交」按鈕，隨後在 stock.html 頁面中，除了 BIAS 等指標圖外，還能看到實際的買點和賣點日期，如圖 11-16 所示。

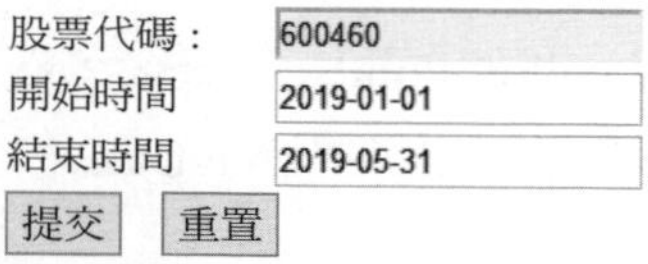

股票代碼：　600460
開始時間　　2019-01-01
結束時間　　2019-05-31
提交　重置

圖 11-15　用股票代碼 600460 來驗證 BIAS 指標的買賣點

股票代碼：600460
買點日期：2019-04-15, 2019-05-06, 2019-05-06, 2019-05-07, 2019-05-08, 2019-05-09,
賣點日期：2019-03-06, 2019-03-07, 2019-03-08, 2019-03-11, 2019-03-12, 2019-03-13, 2019-03-14,
17, 2019-05-20, 2019-05-20, 2019-05-21, 2019-05-22,

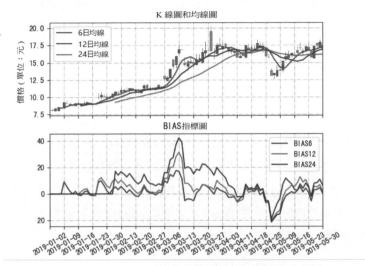

圖 11-16 以 BIAS 指標為基礎的買賣點示意圖

從中圖 11-16 可以看到，買點日期尚屬正確，在這些買點日期之後，股價多少有些上漲，至少有出貨的機會。而賣點日期就有些多，指導性就不強了，圖 11-16 只顯示了其中一部分，全部的賣點日期如下所示。賣點日期指導性不強的原因是，BIAS 指標更適用於弱勢，而在下述日期的前後幾天範圍內股價波動比較厲害，因此該指標有鈍化的現象。

賣點日期：2019-03-06,2019-03-07,2019-03-08,2019-03-11,2019-03-12,
　　　　　2019-03-13,2019-03-14,2019-03-15,2019-03-18,2019-04-01,
　　　　　2019-04-02,2019-04-16,2019-05-17,2019-05-20,2019-05-20,
　　　　　2019-05-21,2019-05-22,

11.4 本章小結

本章說明的主要內容是以 Python 語言為基礎的 Web 程式設計，尤其注重說明了 Django 架構，用到的股票指標是乖離率（BIAS）。在本章的開始部分，透過示範以 WSGI 標準為基礎的程式設計方式，說明了引用 Django 架構的必要性，隨後透過範例程式示範了以 Django 架構為基礎的 Web 專案開發方式，由於 Django 架構有效地分離了 MVC 等模組，因此以 Django 為基礎的 Web 架構比較容易擴充和維護。

在講完乖離率的實現演算法之後，用範例程式進一步示範了 Django 架構的用法，而且還在 Django 架構中實現了驗證乖離率買點和賣點的功能。

雖然本章列出的 Django 範例程式並不複雜，但如果要實現複雜的功能，讀者可以參照本章列出的想法，在 Django 架構中透過擴充對映項和功能檔案的方式來逐步增強複雜的業務功能。

第 *12* 章
以 OBV 範例深入說明 Django 架構

在一般的 Web 應用中，常常都會有對資料庫的操作，例如頁面從資料庫中讀取資料以實現動態的效果，或把資訊存入資料庫中，以達到「資料持久化」的目的，本章將說明 Django 架構整合 MySQL 資料庫的方式。另外，一般的 Web 應用也會引用記錄檔來定位並排除問題，本章將說明在 Django 架構中引用不同等級記錄檔的方法。

本章使用的股票指標是平衡交易量（OBV）指標，透過本章的範例程式，讀者能接觸到以 Python 網站開發為基礎的常用技術，如 MVC、記錄檔和資料庫等。不少 Wcb 應用雖然頁面多，但核心技術也就上述這些，所以閱讀本章後，讀者應該能毫無困難地開發以 Django 為基礎的 Web 應用。

12.1 在 Django 架構內引用記錄檔

在一般的 Python 程式中，可以透過 print 敘述向主控台輸出記錄檔，不過在以 Django 架構為基礎的 Web 專案中，不可能僅把記錄檔輸出到主控台，原因有兩個：

（1）在啟動服務後不可能一直盯著主控台看記錄檔；

（2）應該把記錄檔存入到檔案中，這樣出了問題也能方便地從記錄檔中檢視當時的記錄，以便定位和分析問題。

在本節中，首先將說明不同等級記錄檔的使用場合，其次將說明在 Django 架構內向主控台和檔案中輸出不同等級的記錄檔。

12.1.1　不同等級記錄檔的使用場合

在 Django 架構中，可以用 logging 模組來處理記錄檔，該模組提供了如表 12-1 所示的不同等級的記錄檔。

表 12-1　logging 模組不同等級記錄檔總表

記錄檔等級	使用場合
CRITICAL	輸出因發生嚴重錯誤導致程式不能繼續執行時期的資訊
ERROR	用於輸出錯誤訊息，例如資料庫連接出錯
WARNING	程式能正常執行，但出現和預期不符的資訊，則這種資訊用 WARNING 等級輸出，例如雖然程式能執行但遠端呼叫傳回時間過長
INFO	輸出關鍵點的訊息，例如關鍵函數的輸入參數和傳回值
DEBUG	一般在偵錯階段用 DEBUG 等級的記錄檔，可以列印輸出與功能測試相關的資訊

在一般的專案實作中，CRITICAL 等級的記錄檔不經常出現，畢竟嚴重的問題一般在測試階段就已經曝露出來了，而且 CRITICAL 和 ERROR 級記錄檔的區別並不容易掌握，所以錯誤類別記錄檔常常用 ERROR 等級來輸出。

另外，為了方便排除和定位問題，記錄檔應當有指向性，從這個意義上來講，不該把所有方法的輸入參數和傳回值都用 INFO 等級的記錄檔輸出，如果這樣的話，會因為記錄檔資訊量太大而導致很難排除問題，應當僅用 INFO 記錄檔輸出關鍵性函數的輸入參數和傳回值。

出於相同的原因，一般是透過 DEBUG 等級的記錄檔排除偵錯階段的問題，所以在程式上線後，常常不輸出 DEBUG 等級的記錄檔。

12.1.2　向主控台和檔案輸出不同等級的記錄檔

本節將在新增的 Django 專案中定義不同的記錄檔輸出模式，進一步實現以下的記錄檔輸出標準。

（1）因為常常會把生產環境中的記錄檔放在檔案內，而 DEBUG 等級的記錄檔大多包含偵錯資訊，所以此等級的記錄檔只輸出到主控台，不輸出到檔案中。

（2）ERROR 等級的記錄檔比較重要，因為反映出了生產環境中的錯誤訊息，所以該等級的記錄檔要輸出到專門的 error.log 檔案中，該檔案除了 ERROR 等級的記錄檔外，不包含其他等級的記錄檔。

定義記錄檔標準的實際步驟如下：

步驟 01 在 MyEclipse 中建立名為 MyDjangoLogProj 的 Django 專案，在其中的 src 目錄中建立 log 目錄，並在 log 目錄中新增 myLog.log 和 error.log 這兩個記錄檔，如圖 12-1 所示。其中 log 目錄和 MyDjangoLogProj 目錄平行。

圖 12-1　新增的記錄檔目錄和記錄檔

步驟 02 在 settings.py 檔案中，增加以下的關於記錄檔的設定資訊，程式如下。

```
1   LOGGING = {
2       'version': 1,
3       'disable_existing_loggers': False,
4       # 定義格式
5       'formatters': {
6           # 複雜的列印格式
7           'myFormat': {
8               'format': '[%(asctime)s][%(threadName)s:%(thread)d] [task_
    id:%(name)s] [%(levelname)s] %(message)s'
9           },
10          # 簡單的列印格式
11          'mySimpleFormat': {
12              'format': '[%(asctime)s][%(levelname)s] %(message)s'
13          },
14      },
```

在第 5 行開始的 formatters 元素中定義了兩種記錄檔的輸出格式，首先在第 8 行定義了名為 myFormat 的較為複雜的記錄檔輸出格式，其中包含了執行緒號和任務名（id），而在第 12 行定義的名為 mySimpleFormat 的格式中，僅包含了輸出時間，記錄檔等級和記錄檔內容。

```
15        # 定義篩檢程式
16        'filters': {
17            # 啟用 debug
18            'enableDebug': {
19                '()': 'django.utils.log.RequireDebugTrue',
20            },
21            'disableDebug': {
22                '()': 'django.utils.log.RequireDebugFalse',
23            }
24        },
```

　　在第 16 行開始定義的篩檢程式 filters 元素中，分別在第 18 行和第 21 行定義了「啟用」和「禁用」debug 模式的兩個屬性。

```
25        'handlers': {
26            'console':{
27                'level':'DEBUG',
28                # debug 等級記錄檔輸出到主控台
29                'filters': ['enableDebug'],
30                'class':'logging.StreamHandler',
31                'formatter': 'mySimpleFormat'
32            },
33            'default': {
34                'level': 'INFO',
35                'class': 'logging.FileHandler',
36                'filename': os.path.join(BASE_DIR, 'log/myLog.log'),
37                'formatter': 'myFormat'
38            },
39            # 針對 DEBUG 等級的記錄檔
40            'debug': {
41                'level': 'DEBUG',
42                'filters': ['enableDebug'],
43                'class': 'logging.FileHandler',
44                'filename': os.path.join(BASE_DIR, 'log/error.log'),
45                'formatter': 'myFormat'
46            },
47            # 針對 ERROR 等級的記錄檔
48            'error': {
49                'level': 'ERROR',
50                'filters': ['disableDebug'],
```

```
51              'class': 'logging.FileHandler',
52              'filename': os.path.join(BASE_DIR, 'log/error.log'),
53              'formatter': 'myFormat'
54          }
55      },
```

在第 25 行開始定義的 handlers 元素中定義了許多種記錄檔輸出模式。在第 26 行定義的 console 模式中，在第 29 行的程式指定了 DEBUG 等級的記錄檔（以及之上等級的 INFO、WARNING 和 ERROR 記錄檔）採用 'enableDebug' 篩檢程式，即啟用 debug 模式，第 30 行指定了記錄檔的處理類別是 'logging.StreamHandler'，即透過流的方式向主控台輸出記錄檔，第 31 行指定了採用 'mySimpleFormat' 格式來輸出 DEBUG 等級的記錄檔。

在第 33 行定義的 default 模式中，第 35 行指定了 INFO 等級的記錄檔（以及之上等級的 WARNING 和 ERROR 記錄檔，不包含之下的 DEBUG 級記錄檔）用 'logging.FileHandler' 類別來處理，即輸出到檔案中，在第 36 行裡指定了輸出記錄檔的檔案為 log 目錄下的 myLog.log 檔案，在第 37 行指定了檔案輸出的格式是之前定義的 'myFormat'。

之後用相似的方式，在第 40 行和第 47 行定義了 DEBUG 等級和 ERROR 等級記錄檔的輸出方式，請注意 ERROR 等級記錄檔的輸出模式，在第 50 行指定了 ERROR 等級記錄檔「禁用 DEBUG」，這是因為在生產環境中無需輸出 DEBUG 等級的記錄檔，在第 52 行指定了 ERROR 等級的記錄檔還需向 error.log 檔案中輸出。

下面定義了許多記錄檔輸出模式將應用在之後的 loggers 元素中。

```
56      'loggers': {
57          '': {
58              'handlers': ['console', 'default','error'],
59              'level': 'DEBUG'
60          },
61          'errorOnly': {
62              'handlers': ['debug','error'],
63              'level': 'ERROR'
64          }
65      },
66  }
```

在第 56 行定義的 loggers 元素中，第 57 行定義了預設的記錄檔處理規則，在其中的第 58 行中用到了之前定義的三種模式，在第 61 定義了 errorOnly 處理規則，在其中的第 62 行中引用了兩種模式，在第 63 行指定了該規則僅限於 ERROR 等級。

綜合上面的描述可以看到，為了在 Django 內輸出記錄檔，需要在 settings.py 檔案中設定四種元素，下面透過表 12-2 來歸納一下這四種元素的作用。

表 12-2　記錄檔相關的四種元素的作用總表

元素名	使用場合
formatters	定義元素的輸出格式，應用在 handlers 元素中，其中諸如 myFormat 等名字可以自己定義，但需要和參考的地方一致
filters	定義記錄檔模式在哪些場景裡生效的篩檢程式，其中諸如 enableDebug 等名字也可以自己定義
handlers	定義記錄檔的輸出模式，例如 console 模式定義 DEBUG 級記錄檔只能輸出到主控台，同樣，console 等名字也可以自己定義
loggers	定義記錄檔的規則實例，例如 errorOnly 實例定義了 ERROR 級記錄檔的輸出方式

步驟 03　定義 URL 對映規則和處理函數。

在 urls.py 檔案的 urlpatterns 中，新加了第 3 行和第 4 行兩個對映規則，其中實際的處理方法（或函數）是在 view.py 中定義的。

```
1   urlpatterns = [
2       path('admin/', admin.site.urls),
3       path('log/', view.logDemo),
4       path('errorLog/', view.errorOnlyDemo)
5   ]
```

建立 view.py 檔案，在其中增加以下的程式。

```
1   # !/usr/bin/env python
2   # coding=utf-8
3   from django.http import HttpResponse
4   import sys
5   import imp
6   imp.reload(sys)
7   import logging
8   # 參考 django 記錄檔實例
```

```
9   def logDemo(request):
10      logger = logging.getLogger(__name__)
11      logger.debug("debug level log")
12      logger.warning("warning level log")
13      logger.info("info level log")
14      logger.error("error level log")
15      return HttpResponse("Demo Log.")
16  # 參考 errorOnly 記錄檔實例
17  def errorOnlyDemo(request):
18      logger = logging.getLogger('errorOnly')
19      logger.debug("debug level log")
20      logger.warning("warning level log")
21      logger.info("info level log")
22      logger.error("error level log")
23      return HttpResponse("Only display error log.")
```

分別在第 8 行和第 17 行定義了處理兩個不同 url 請求的方法（或函數），除了最後輸出的文字不同之外，都用 logger 實例輸出了 DEBUG、WARNING、INFO 和 ERROR 四種等級的記錄檔。

請注意第 10 行和第 18 行的 getLogger 方法。在 logDemo 方法內的 getLogger 方法中的參數是 __name__，即表示目前的檔案名稱，而在 errorOnlyDemo 方法內的 getLogger 方法中的參數則是 errorOnly。

撰寫完上述程式碼之後，以帶「runserver localhost:8080」參數的方式啟動 manage.py 檔案，監聽 localhost 的 8080 通訊埠。隨後在瀏覽器中輸入 http://localhost:8080/log/，此時就能看到 Demo Log 的文字，不過這不是重點，要關注的是輸出的記錄檔。在主控台中與記錄檔相關的輸出如下：

```
[2019-07-15 07:10:35,437][DEBUG] debug level log
[2019-07-15 07:10:35,453][WARNING] warning level log
[2019-07-15 07:10:35,468][INFO] info level log
[2019-07-15 07:10:35,468][ERROR] error level log
```

在 myLog.log 檔案中與記錄檔相關的輸出如下。

```
[2019-07-15 07:10:35,453][Thread-1:4572][task_id:MyDjangoLogProj.view]
[WARNING] warning level log
[2019-07-15 07:10:35,468][Thread-1:4572][task_id:MyDjangoLogProj.view][INFO]
info level log
```

```
    [2019-07-15 07:10:35,468][Thread-1:4572][task_id:MyDjangoLogProj.view][ERROR]
error level log
```

在處理 log/ 請求的 logDemo 方法中，getLogger 的輸入參數在 loggers 元素中找不到對應的實例名稱，所以就採用預設的規則，在預設規則中包含了 ['console', 'default','error'] 三種輸出模式，其中在 console 模式中定義了 DEBUG 等級以及之上等級的記錄檔都輸出到主控台上。

在 default 模式中定義了 INFO 等級以及之上等級的記錄檔（不含 DEBUG 等級）輸出到檔案中，所以在 myLog.log 檔案中看不到 DEBUG 等級的記錄檔，而在主控台上能看到 DEBUG 等級以及之上等級的四種記錄檔。

此外，由於在預設的規則中沒有引用 ERROR 等級記錄檔的列印模式，因此 ERROR 等級的記錄檔也是輸出到 myLog.log 檔案中，而沒有輸出到 error.log 檔案中。要注意的是，主控台的記錄檔輸出採用的是 mySimpleFormat 格式，所以不含執行緒號和任務名（id），輸出到檔案的記錄檔格式是 'myFormat'，因而還額外多出了 Thread 和 task_id 的內容（即執行緒和任務 id）。

如果在瀏覽器中輸入 http://localhost:8080/errorLog/，在頁面上就可以看到「Only display error log.」的輸出。在 error.log 檔案中，雖然在 view.py 檔案的 errorOnlyDemo 方法中也有輸出 INFO 等其他等級的記錄檔，但只能看到以下關於 ERROR 等級記錄檔的輸出。

```
    [2019-07-15 22:04:59,593][Thread-5:1568][task_id:errorOnly][ERROR]
error level log
```

這是因為在 errorOnly 記錄檔規則中定義了向 error.log 檔案中輸出，且在此記錄檔規則中，透過第 63 行的 'level': 'ERROR' 敘述指定了向 error.log 檔案只輸出 ERROR 等級及之上等級的記錄檔。

12.2 在 Django 架構內引用資料庫

在大多數 Web 應用中，頁面上的資料動態地來自資料庫，在本節中，將說明 Django 與 MySQL 資料庫整合的用法，如果要整合其他資料庫，方法其實是大同小異的。

12.2.1 整合並連接 MySQL 資料庫

可以在 Django 架構內修改設定檔並撰寫 Model 類別，隨後就可以透過 Python 指令在 MySQL 資料庫中建立在 Django 內定義好的資料表，實際步驟如下。

步驟 01 建立名為 MyDjangoDBProj 的 Django 專案，在該專案中，使用了第 8 章講過的 PyMySQL 函數庫來連接 MySQL 資料庫，因而需要在 __init__.py 中增加以下兩行程式，以便在專案啟動時匯入 PyMySQL。同時，在 manage.py 程式的最後，也加入以下兩行程式。

```
import pymysql
pymysql.install_as_MySQLdb()
```

步驟 02 在 settings.py 中，修改 DATABASES 設定項目的程式，如下所示。

```
1   DATABASES = {
2       'default': {
3           'ENGINE': 'django.db.backends.mysql',       # 資料庫引擎
4           'NAME': 'djangoStock',                      # 資料庫名稱
5           'USER': 'root',                             # 使用者名稱
6           'PASSWORD': '123456',                       # 密碼
7           'HOST': 'localhost',                        # 主機名稱
8           'PORT': '3306',                             # 通訊埠編號
9           'OPTIONS':{'isolation_level':None}
10      }
11  }
```

其中在第 3 行指定了資料庫引擎，在第 4 行指定了要連接的 MySQL 資料庫的名字，在第 5 行到第 8 行分別指定了連接所需的使用者名稱、密碼、連接位址和通訊埠編號。

請注意，這裡需要像第 9 行那樣把資料庫的隔離等級設定為 None，否則在之後用 Python 指令產生資料庫時可能會出現問題。

步驟 03 透過 Navicat 或其他 MySQL 的用戶端連接到 localhost:3006，並建立名為 djangoStock 的資料庫，這個資料庫名稱必須和第二步在 settings.py 檔案內設定的 DATABASES 設定相一致。

步驟 **04**　在 settings.py 所在的目錄中，建立名為 models.py 的資料庫模型類別，在該檔案內建立名為 stockInfo 的模型，程式如下。

```
1    # !/usr/bin/env python
2    # coding=utf-8
3    from django.db import models
4
5    class stockInfo(models.Model):
6        date = models.CharField('date', max_length=10)
7        open = models.FloatField('open')
8        close = models.FloatField('close')
9        high = models.FloatField('high')
10       low = models.FloatField('low')
11       vol = models.IntegerField('vol')
12       stockCode = models.CharField('stockCode', max_length=10)
13       class Meta:
14           db_table = 'stockInfo'
```

在第 5 行定義的 stockInfo 類別是 Model 類別，它對應 MySQL 資料庫的 stockInfo 資料表。在第 6 行到第 12 行的程式中定義了 stockInfo 類別的諸多物件與 stockInfo 資料表間的對映關係。例如在第 6 行定義了 stockInfo 類別的 date 屬性與 stockInfo 資料表內的 char 類型（即字串類型）的 date 欄位相對應，在第 7 行中則定義了 open 屬性與 float 類型（即浮點數）的 open 欄位相對應，其他各項依此類推。

在第 13 行和第 14 行的程式中，通過了 class Meta 內的 db_table 定義了第 5 行所定義的 stockInfo 這個 Model 類別對應於 MySQL 資料庫中的 stockInfo 資料表。

請注意，為了避免混淆，資料庫名稱一般和 Model 類別名稱一致，例如在這個範例程式中資料庫名稱和 Model 類別名稱都叫 stockInfo，而 Model 中的屬性名稱（例如 date）常常和對應資料表中的欄位名稱保持一致。

步驟 **05**　在 settings.py 內的 INSTALLED_APPS 中，增加本專案名稱，程式如下。

```
1    INSTALLED_APPS = [
2        'django.contrib.admin',
3        'django.contrib.auth',
```

```
4        'django.contrib.contenttypes',
5        'django.contrib.sessions',
6        'django.contrib.messages',
7        'django.contrib.staticfiles',
8        'MyDjangoDBProj',
9   ]
```

其中第 2 行到第 7 行是原來就有的程式,第 8 行是新增加的本專案名稱。

步驟 06 透過 Python 指令,在 MySQL 的 djangoStock 資料庫中建立與 stockInfo 類別相對應的資料表。啟動「命令提示字元」視窗,切換到 MyDjangoDBProj 專案的 manage.py 程式檔案所在的目錄,執行以下兩行 Python 指令。

```
python manage.py makemigrations MyDjangoDBProj
python manage.py migrate MyDjangoDBProj
```

執行完這兩行指令後,就能在 MySQL 的 djangoStock 資料庫中看到建立好的 stockinfo 資料表,其中的欄位結構如圖 12-2 所示。由於在 stockInfo 這個 Model 類別中並沒有設定對應資料表的主鍵,因此 Django 會自動增加一個名為 id 的自動增加長主鍵。

名稱	類型	長度	小數點	允許空值	
id	int	11	0	☐	🔑1
date	varchar	10	0	☐	
open	double	0	0	☐	
close	double	0	0	☐	
high	double	0	0	☐	
low	double	0	0	☐	
vol	int	11	0	☐	
stockCode	varchar	10	0	☐	

圖 12-2 透過 Python 指令建立好的 stockinfo 資料表

12.2.2 以 Model 的方式進行增刪改查操作

透過 12.2.1 小節所述的步驟建立完 stockInfo 這個 Model 類別和對應的資料表以後,就可以透過這個 Model 類別來對資料表進行增刪改查的操作,在 12.2.1 小節開發的 MyDjangoDBProj 專案的基礎上,再增加以下的程式。

步驟 01 在 urls.py 檔案中增加以下的對映關係。

```
1    from django.contrib import admin
2    from django.urls import path
3    from django.conf.urls import url
4    from . import DBUtil
5
6    urlpatterns = [
7        path('admin/', admin.site.urls),
8        url('^insert/$', DBUtil.insertStock),
9        url('^insertMore/$', DBUtil.insertMoreStock),
10       url('^getAll/$', DBUtil.getAllStock),
11       url('^getStockWithFilter/$', DBUtil.getStockWithFilter),
12       url('^deleteStock/$', DBUtil.deleteStock),
13       url('^updateStock/$', DBUtil.updateStock),
14   ]
```

第 8 行到第 13 行是新加的程式，其中定義的許多格式的 url 將對映到 DBUtil.py 檔案中的相關方法。為了呼叫 DBUtil.py 的方法，需要如第 4 行那樣用 import 匯入相關類別。

步驟 **02**　建立 DBUtil.py 檔案，該檔案和 settings.py 與 urls.py 檔案在同一個目錄中，其中的程式如下。

```
1    # !/usr/bin/env python
2    # coding=utf-8
3    from django.http import HttpResponse
4    from . import models
5    def insertStock(request):
6        stockInfo = models.stockInfo(date='20190101',open=10.0,
    close=10.5,high=10.7, low=10.3,vol=10,stockCode='DemoCode')
7        stockInfo.save()
8        return HttpResponse("OK!")
```

在 insertStock 方法內的第 6 行中，透過 models.stock 的方式建立了一個 stockInfo 物件，在建立時傳入了諸多屬性的值，並在第 7 行呼叫 save 方法把該 model 物件存入 MySQL 資料表。

請注意，程式中並沒有直接透過資料庫敘述插入該條股票資訊，而是透過對映關係，以「儲存 Model 物件」的方式插入資料。這樣做的目的是讓開發者無須關注資料庫底層實現的細節。

```
9   def insertMoreStock(request):
10      stockInfoList=[]
11      stock1 = models.stockInfo(date='20190101',open=10.0,close=10.5,high=10.7,
    low=10.3,vol=10,stockCode='DemoCode')
12      stockInfoList.append(stock1)
13      stock2 = models.stockInfo(date='20190102',open=10.5,close=11,
    high=11.2,low=10.8, vol=12,stockCode='DemoCode')
14      stockInfoList.append(stock2)
15      models.stockInfo.objects.bulk_create(stockInfoList)
16      return HttpResponse("OK!")
```

在往資料庫中插入多筆記錄時，如果針對每筆記錄都呼叫 save 方法，一來程式容錯，二來會降低資料庫的效能，所以在 insertMoreStock 方法內的第 15 行程式敘述，是透過呼叫 bulk_create 方法以批次的方式插入多筆記錄。

請注意該方法的參數是串列（List），在第 12 行和第 14 行的程式敘述分別把兩筆 stockInfo 資料記錄以 append 的方式儲存到 stockInfoList 中。在批次插入資料記錄時，每次插入的筆數不能過多，一般每次 100 條。

```
17   def deleteStock(request):
18      # 刪除所有資料記錄
19      # models.stockInfo.objects.all().delete()
20      # 刪除指定資料記錄
21      models.stockInfo.objects.filter (date='20190101',stockCode='DemoCode').
    delete()
22      return HttpResponse("OK!")
```

在 deleteStock 方法內的第 21 行程式敘述，首先呼叫 filter 方法，按參數設定的條件找到對應股票的資料記錄，再呼叫 delete 方法刪除它們。在第 19 行註釋起來的程式中，其作用是直接刪除資料表中所有的資料記錄。

```
23   def updateStock(request):
24      # 找到資料記錄並更新
25      models.stockInfo.objects.filter (date='20190101',stockCode = 'DemoCode').
    update(open=12,close=13)
26      return HttpResponse("OK!")
```

在 updateStock 方法內的第 25 行程式敘述，首先也是呼叫 filter 方法找到對應的資料記錄，再呼叫 update 方法把對應的資料記錄更新成為參數指定的資料記錄。

```
27   def getAllStock(request):
28       stockInfoList = models.stockInfo.objects.all()
29       response = ""
30       for stock in stockInfoList:
31           response += 'stockCode is:' + stock.stockCode + ',date is:' + stock.
     date +',open is:' +str(stock.open)+',close is:'+str(stock.close)+'<br>'
32       return HttpResponse(response)
```

在 getAllStock 方法內的第 28 行程式敘述，是呼叫 all 方法取得 stockInfo 資料表中的所有資料記錄，並透過第 30 行的 for 循環，依次把每筆資料記錄中的 stockCode 等屬性增加到 response 物件中，請注意每筆資料記錄之間是用
 換行，最後在第 32 行傳回 response 物件。

```
33   def getStockWithFilter(request):
34       stockInfoList = models.stockInfo.objects.filter(date='20190101')
35       response = ""
36       for stock in stockInfoList:
37           response += 'stockCode is:' + stock.stockCode + ',date is:' + stock.
     date +',open is:' +str(stock.open)+',close is:'+str(stock.close)+'<br>'
38       return HttpResponse(response)
```

在第 33 行的 getStockWithFilter 方法中，透過第 34 行的 filter 方法傳回符合指定條件的資料記錄，之後同樣是透過第 36 行的 for 循環逐筆列印傳回的結果。這裡的 filter 條件只有一個，如果要帶多個參數，請參考上面的第 21 行程式敘述，多個條件之間用逗點分隔。

撰寫完上述程式後，以帶「runserver localhost:8080」參數的方式啟動 manage.py 程式，監聽 localhost 的 8080 通訊埠，隨後透過以下的 url 來驗證對資料庫的增刪改查操作。

步驟 01　輸入 http://localhost:8080/insert/，該 HTTP 請求會觸發 DBUtil. insertStock 方法向 stockInfo 資料表中插入一筆資料記錄，結果如圖 12-3 所示。

id	date	open	close	high	low	vol	stockCode
1	20190101	10	10.5	10.7	10.3	10	DemoCode

圖 12-3　插入一筆資料記錄後的結果

步驟 02　輸入 http://localhost:8080/deleteStock/，該 HTTP 請求會觸發 DBUtil.deleteStock 方法刪除資料記錄，執行完成之後，會看到 stockInfo 資料表

內的資料被清空。

步驟 **03** 輸入 http://localhost:8080/insertMore/，該 HTTP 請求會觸發 DBUtil.insertMoreStock 方法，向 stockInfo 資料表中插入兩筆資料記錄，結果如圖 12-4 所示。

id	date	open	close	high	low	vol	stockCode
2	20190101	10	10.5	10.7	10.3	10	DemoCode
3	20190102	10.5	11	11.2	10.8	12	DemoCode

圖 12-4 插入兩筆資料記錄後的結果

步驟 **04** 輸入 http://localhost:8080/getAll/，該 HTTP 請求會觸發 DBUtil.getAllStock 方法，尋找並傳回 stockInfo 表中的所有資料記錄，執行之後可以在瀏覽器中看到以下的輸出。

```
stockCode is:DemoCode,date is:20190101,open is:10.0,close is:10.5
stockCode is:DemoCode,date is:20190102,open is:10.5,close is:11.0
```

步驟 **05** 輸入 http://localhost:8080/getStockWithFilter/，該 HTTP 請求會觸發 DBUtil.getStockWithFilter 方法，在該方法中透過 filter 傳入的條件，傳回對應的資料記錄，執行後可以在瀏覽器中看到以下的輸出。

```
stockCode is:DemoCode,date is:20190101,open is:10.0,close is:10.5
```

步驟 **06** 輸 入 http://localhost:8080/updateStock/，該 HTTP 請 求 會 觸 發 DBUtil.updateStock 方法，更新後的資料記錄如圖 12-5 所示，其中 open 值設定為 12，close 值設定為 13。

id	date	open	close	high	low	vol	stockCode
2	20190101	12	13	10.7	10.3	10	DemoCode

圖 12-5 更新後的資料記錄

12.2.3 使用查詢準則取得資料

在 12.2.2 小節，說明了透過 filter 方法傳入查詢準則過濾資料的用法，這其實和 select 敘述中的 where 從句很相似，不過當時實現的是完全符合，例如透過以下的 filter 參數，將獲得所有 date 是 20190101 的資料。

```
stockInfoList = models.stockInfo.objects.filter(date='20190101')
```

在 select 敘述的 where 從句中，可以透過 like 進行模糊符合的查詢，也可以用大於或小於符號進行範圍查詢，在本節中將示範這種用法。

在 12.2.2 小節列出的 MyDjangoDBProj 專案的基礎上，在 DBUtil.py 程式碼的後面，再加上以下的程式碼。

```
1   def demoLike(request):
2       # 傳回包含 2019 的股票資料
3       stockInfoList = models.stockInfo.objects.filter(date__contains='2019')
4       response = ""
5       for stock in stockInfoList:
6           response += 'stockCode is:' + stock.stockCode + ',date is:' + stock.
    date +',open is:' +str(stock.open)+',close is:'+str(stock.close)+'<br>'
7       return HttpResponse(response)
```

在 demoLike 方法內的第 3 行程式敘述中，在 filter 方法內的參數是 date__contains，其中 date 是欄位名稱，contains 表示「包含」，連起來的含義相等於 where date like '%2019%'，即傳回 date 欄位中包含 2019 的股票資訊。

```
8   def demoStartswith(request):
9       # 傳回以 2019 開頭的股票資料
10      stockInfoList = models.stockInfo.objects.filter(date__startswith='2019')
11      response = ""
12      for stock in stockInfoList:
13          response += 'stockCode is:' + stock.stockCode + ',date is:' + stock.
    date +',open is:' +str(stock.open)+',close is:'+str(stock.close)+'<br>'
14      return HttpResponse(response)
15
16  def demoEndswith(request):
17      # 傳回以 2019 結束的股票資料
18      stockInfoList = models.stockInfo.objects.filter(date__endswith='2019')
19      response = ""
20      for stock in stockInfoList:
21          response += 'stockCode is:' + stock.stockCode + ',date is:' + stock.
    date +',open is:' +str(stock.open)+',close is:'+str(stock.close)+'<br>'
22      return HttpResponse(response)
```

同理，在第 8 行的 demoStartswith 方法內的第 10 行程式敘述中，filter 方法的參數中包含了 demoStartswith，即傳回 date 欄位中以 2019 開頭的股票資訊，這相等於 where date like '2019%'。

在第 16 行的 demoEndswith 方法中，在第 18 行的 filter 方法的參數中包含了 endswith，即傳回 date 欄位中以 2019 結尾的股票資訊，這相等於 where date like '%2019'。

```
23   def demoRange(request):
24       # 大於 8，小於 12
25       stockInfoList = models.stockInfo.objects.filter(open__gt=8,open__lt=12)
26       # 大於等於 8，小於等於 12
27       # stockInfoList = models.stockInfo.objects.filter(open__gte=8, open__lte=12)
28       response = ""
29       for stock in stockInfoList:
30           response += 'stockCode is:' + stock.stockCode + ',date is:' + stock.
     date +',open is:' +str(stock.open)+',close is:'+str(stock.close)+'<br>'
31       return HttpResponse(response)
```

在第 23 行的 demoRange 方法內的第 25 行程式敘述中，在 filter 方法的條件中用到了 open__gt（gt 表示大於）和 open__lt（lt 表示小於），這句話相等於 where open>8 and open<12，而第 27 行程式敘述中 filter 方法的條件是 gte（大於等於）和 lte（小於等於），這相等於 where open>=8 and open<=12。

再到 utls.py 中增加以下對映規則。

```
url('^demoLike/$', DBUtil.demoLike),
url('^demoStartswith/$', DBUtil.demoStartswith),
url('^demoEndswith/$', DBUtil.demoEndswith),
url('^demoRange/$', DBUtil.demoRange),
```

同樣再以帶「runserver localhost:8080」參數的方式啟動 manage.py 程式。

步驟 01 在瀏覽器中輸入 http://localhost:8080/demoLike/，在以下執行的結果中能看到類似 SQL 敘述中 like 操作的結果。

```
stockCode is:DemoCode,date is:20190101,open is:12.0,close is:13.0
stockCode is:DemoCode,date is:20190102,open is:10.5,close is:11.0
```

步驟 02 輸入 http://localhost:8080/demoStartswith/，相等於 date like '2019%'，和上述呼叫 demoLike 方法的結果相同。

步驟 03 輸入 http://localhost:8080/demoEndswith/，相等於 date like '%20

19'，無數據。

步驟 **04**　輸入 http://localhost:8080/demoRange/，會獲得 open 介於 8~12 之間（但不含 8 和 12）的股票資料，結果如下所示。

```
stockCode is:DemoCode,date is:20190102,open is:10.5,close is:11.0
```

如果註釋起來第 25 行的程式敘述，去除掉第 27 行的註釋使之生效，再輸入 http://localhost:8080/demoRange/，就會獲得 open 介於 8~12 之間（同時包含 8 和 12）的資料，如下所示。和之前 gt 和 lt 的結果相比，多了第 1 行 open 等於 12 的資料。

```
stockCode is:DemoCode,date is:20190101,open is:12.0,close is:13.0
stockCode is:DemoCode,date is:20190102,open is:10.5,close is:11.0
```

12.2.4　以 SQL 敘述的方式讀寫資料庫

在很多場合中，可以像 12.2.3 小節所述那樣，透過呼叫 Model 類別的 filter 或 save 等方法來讀寫資料庫，不過在有些場合中，可能還得用到 SQL 敘述。

例如在 select 敘述中包含 group by 或 having 等複雜關鍵字，或在 update 敘述中包含比較複雜的 where 條件。這時單純呼叫 Model 類別的相關方法就不大方便了。

下面將示範在 Django 架構內直接透過 SQL 敘述存取資料庫，實際做法是，在 DBUtil.py 檔案中增加以下程式。

```
1    from django.db import connection
2    def demoSQL(request):
3        cursor = connection.cursor()
4        try:
5            cursor.execute('select * from stockInfo')
6            result=cursor.fetchall()
7        finally:
8            cursor.close()
9        return HttpResponse(result)
```

在第 1 行匯入所需的函數庫，在第 2 行的 demoSQL 方法內的第 3 行程式敘述中,是透過 connection 物件獲得 cursor 游標物件,在第 5 行中透過 cursor 物件執行了一筆 SQL 敘述,並在第 6 行把讀取的結果值設定給 result 物件。

上面程式中執行的 select 敘述,其實是透過第 5 行的 cursor.execute 方法。當然,還可以執行 insert、delete 和 update 等其他類型的 SQL 敘述。最後在第 9 行透過 return 敘述傳回了包含結果的 result 物件。

同時,還需要在 urls.py 中增加觸發上述 demoSQL 方法的對映關係,程式如下。

```
url('^demoSQL/$', DBUtil.demoSQL),
```

以帶「runserver localhost:8080」參數的方式啟動 manage.py 程式,在瀏覽器中輸入 http://localhost:8080/demoSQL/,就能看到以下的結果。這說明透過直接呼叫方法執行 SQL 敘述的方式,就可以從資料庫中取得資料。

```
(2, '20190101', 12.0, 13.0, 10.7, 10.3, 10, 'DemoCode')(3, '20190102', 10.5,
11.0, 11.2, 10.8, 12, 'DemoCode')
```

12.3 繪製 OBV 指標圖

OBV 指標的英文全稱為 On Balance Volume,中文含義是平衡交易量,是由美國的投資分析家喬·葛蘭碧(Joe Granville)所創造。實際而言,該指標是將成交量量化後繪製成曲線,再結合股價的上漲或下跌的趨勢,從價格變動和成交量增減的關係中,預測市場的漲跌情況。

12.3.1 OBV 指標的原理以及演算法

具體地講,OBV 指標是將成交量與股價的關係數位化,並根據股市成交量的變化情況來衡量股市上漲或下跌的支援力,以此來研判股價的走勢。OBV 指標的設計是基於以下的原理。

(1)如果投資者對目前股價的看法越有分歧,那麼成交量就越大,反之成交量就越小,所以可以用成交量來衡量多空雙方的力量。

（2）股價在上升時，尤其是在上升初期，必須要較大的成交量相配合；相反，股價在下跌時，無須耗費很大的動量，因此成交量未必放大，甚至下跌階段成交量會有萎縮趨勢。

（3）受關注的股票在一段時間內成交量和股價波動會很大，而冷門股票的成交量和價格波動會比較小。

根據上述原則，OBV 的演算法如下，主要是以日為單位累積成交量。

當日 OBV 值 = 本日值 + 前日 OBV 值

如果本日收盤價高於前一日的收盤價，本日的值為正，反之為負，如果本日收盤價和前一日的收盤價相同，則本日值不參與計算，按照這種規則累積計算成交量。成交量可以選擇多種計算單位，OBV 用到的是成交手數。參考表 12-3，透過範例來了解一下 OBV 的演算法。

表 12-3　OBV 指標演算法的實例表

日期	收盤價（元）	成交量（手）	當日 OBV 累計值
第 1 天	10	10000	不計算
第 2 天	10.2	+11000	+11000
第 3 天	10.3	+12000	+23000
第 4 天	10.2	-10000	+13000
第 5 天	10.1	-5000	+8000

其中，第一天不計算，第 2 天的收盤價高於第 1 天，所以當日 OBV 是當日成交量（為正數）。第 3 天收盤價也高於第 2 天，所以該日的 OBV 是第 2 天的值（+11000）加上該日成交量（+12000）。

第 4 天股票下跌，所以當日的 OBV 累計值是前日的 23000 減去當日的成交量，結果是 +13000，同理第 5 天也是下跌，當日的 OBV 是前日值 13000 減去當日成交量 5000，結果是 8000。

之後的 OBV 值按同理計算，將每日算得的 OBV 值作為垂直座標，交易的日期作為水平座標，將這些點連接起來就是 OBV 指標線了。

12.3.2　繪製 K 線、均線和 OBV 指標圖的整合效果圖

在繪製 K 線、均線與 OBV 指標圖時，是從 csv 檔案（其源於網站爬取的股

票交易資料）中的 Volume 欄位獲得的成交量，它的單位是「股數」，而計算 OBV 時成交量的單位是「手」，兩者的對應關係是 1 手等於 100 股。

在 DrawKwithOBV.py 範例程式中，將繪製整合的效果圖，該範例程式儲存在 MyDjangoDBProj 專案中，與 DBUtil.py 處於同一目錄。為了突出 OBV 演算法，範例程式不匯入資料庫相關的操作，也不輸出記錄檔。

```python
1   # !/usr/bin/env python
2   # coding=utf-8
3   import pandas as pd
4   import matplotlib.pyplot as plt
5   from mpl_finance import candlestick2_ochl
6   # 計算 OBV 的方法
7   def calOBV(df):
8       # 把成交量換算成萬手
9       df['VolByHand'] = df['Volume']/1000000
10      # 建立 OBV 列，先全填充為 0
11      df['OBV'] =0
12      cnt=1       # 索引從 1 開始，即從第 2 天算起
13      while cnt<=len(df)-1:
14          if(df.iloc[cnt]['Close']>df.iloc[cnt-1]['Close']):
15              df.ix[cnt,'OBV'] = df.ix[cnt-1,'OBV'] + df.ix[cnt,'VolByHand']
16          if(df.iloc[cnt]['Close']<df.iloc[cnt-1]['Close']):
17              df.ix[cnt,'OBV'] = df.ix[cnt-1,'OBV'] - df.ix[cnt,'VolByHand']
18          cnt=cnt+1
19      return df
```

在第 7 行的 calOBV 方法中封裝了計算 OBV 指標的程式邏輯。實際執行步驟是，在第 9 行中為 df 物件新增 VolByHand 列，把成交量轉換成「萬手」，雖然 OBV 的計算單位是手，但以此繪製出來的指標圖上 y 軸的 OBV 數值還是過大，所以這裡在除以 100 的基礎上再除以 10000，轉換成「萬手」。

隨後在第 11 行新增 OBV 列，該列的初值是 0。之後在第 13 行的 while 循環中，從第 2 天開始依次檢查 df 物件，根據 OBV 的計算規則給每天的 OBV 列設定值，例如透過第 14 行的 if 敘述處理當天收盤價上漲的情況，從第 15 行的程式碼中可以看到，在上漲情況下，當日的 OBV 值是前日 OBV 值加上當日的成交量，在第 17 行中處理了當日下跌的情況，當日的 OBV 值是前日值減去當日的成交量。

```
20   filename='D:\\stockData\ch12\\6004602019-01-012019-05-31.csv'
21   df = pd.read_csv(filename,encoding='gbk')
22   # 呼叫方法計算 OBV
23   df = calOBV(df)
24   # print(df)    # 可以去除這段註釋以檢視結果
```

　　在第 21 行從指定的 csv 檔案中讀到 600460（士蘭微）從 20190101 到 20190531 的交易資料，並在第 23 行呼叫 calOBV 方法計算 OBV 值，在該方法的傳回結果儲存到 df 物件中，其中 OBV 值包含在 df['OBV'] 這一列中。如果要檢驗計算的 OBV 結果，可以去掉第 24 行的註釋，使得列印敘述生效。

```
25   figure = plt.figure()
26   # 建立子圖
27   (axPrice, axOBV) = figure.subplots(2, sharex=True)
28   # 呼叫方法，在 axPrice 子圖中繪製 K 線圖
29   candlestick2_ochl(ax = axPrice,
30                   opens=df["Open"].values, closes=df["Close"].values,
31                   highs=df["High"].values, lows=df["Low"].values,
32                   width=0.75, colorup='red', colordown='green')
33   axPrice.set_title("K 線圖和均線圖 ")    # 設定子圖標題
34   df['Close'].rolling(window=3).mean().plot(ax=axPrice,color="red",label='3
     日均線 ')
35   df['Close'].rolling(window=5).mean().plot(ax=axPrice,color="blue",label='5
     日均線 ')
36   df['Close'].rolling(window=10).mean().plot(ax=axPrice,
     color="green",label='10 日均線 ')
37   axPrice.legend(loc='best')                    # 繪製圖例
38   axPrice.set_ylabel(" 價格（單位：元）")
39   axPrice.grid(linestyle='-.')                  # 帶格線
40   # 在 axOBV 子圖中繪製 OBV 圖形
41   df['OBV'].plot(ax=axOBV,color="blue",label='OBV')
42   plt.legend(loc='best')                        # 繪製圖例
43   plt.rcParams['font.sans-serif']=['SimHei']
44   # 在 OBV 子圖上加上負值效果
45   plt.rcParams['axes.unicode_minus'] = False
46   axOBV.set_ylabel(" 單位：萬手 ")
47   axOBV.set_title("OBV 指標圖 ")                 # 設定子圖的標題
48   axOBV.grid(linestyle='-.')                     # 帶格線
49   # 設定 x 軸座標的標籤和旋轉角度
50   major_index=df.index[df.index%5==0]
51   major_xtics=df['Date'][df.index%5==0]
52   plt.xticks(major_index,major_xtics)
```

```
53   plt.setp(plt.gca().get_xticklabels(), rotation=30)
54   plt.show()
```

在第 27 行的程式敘述設定了兩個子圖，其中 axPrice 用於繪製 K 線和均線，而 axOBV 則用於繪製 OBV 指標圖。

從第 29 行到第 39 行的程式敘述用於繪製 K 線以及三條均線，這部分程式在之前幾章中的範例程式中都講過，所以不再重複說明。在第 41 行中透過呼叫 df['OBV'].plot 方法繪製 OBV 指標圖。

在繪製 OBV 子圖時請注意兩個細節：

（1）在第 46 行中，在 axOBV 子圖內透過呼叫 set_ylabel 方法設定了 OBV 子圖的 y 座標標籤為「萬手」。

（2）透過第 45 行的程式碼，讓 OBV 子圖上的 y 座標數字有正有負，如果去掉這行敘述，OBV 子圖上 y 座標的數字均為正數。

執行這個範例程式，即可看到如圖 12-6 所示的執行結果。

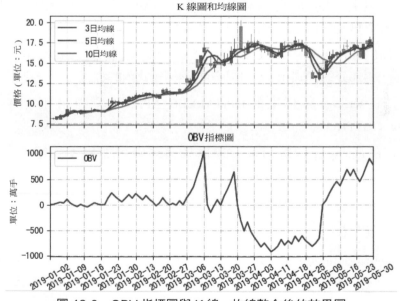

圖 12-6　OBV 指標圖與 K 線、均線整合後的效果圖

12.4　在 Django 架構內整合記錄檔與資料庫

在前面的章節中，說明了在 Django 架構內引用記錄檔和連接 MySQL 資料庫的用法，也說明了 OBV 指標圖的繪製方式，在本節中還將以 OBV 指標為範例，示範一下 Django 整合 MVC、記錄檔與資料庫的用法。

12.4.1　架設 Django 環境

首先建立名為 MyDjangoOBVProj 的以 Django 為基礎的專案，在其中實現上述整合功能，在繪製 OBV 指標之前，先透過以下的步驟設定記錄檔和資料庫的相關設定。

（1）在 src 目錄下建立 log 目錄，並在其中新增 myLog.log 檔案來儲存記錄檔資訊。隨後，在 settings.py 檔案中新加設定針對記錄檔輸出的 LOGGING 元素，這部分程式和 12.1.2 小節範例程式內的程式很相似，讀者可以參考本書提供下載的完整原始程式碼，這裡就不再詳細列出了。讀者在看原始程式碼的時候就能看到，在其中的 loggers 子元素中，不再有 'error' 部分，這是因為，已經把各種等級的記錄檔統一輸出到 myLog.log 檔案中了。

（2）在 settings.py 中修改 DATABASES 設定項目，以設定和 MySQL 資料庫的連接，這部分的程式和 12.2.1 小節的範例程式內的程式完全一致。

（3）在 settings.py 檔案的 INSTALLED_APPS 元素中增加本專案名稱 'MyDjangoOBVProj'。

（4）在 manage.py 和 __init__.py 程式檔案中增加以下兩行程式，以用 PyMySQL 函數庫來連接 MySQL。

```
import pymysql
pymysql.install_as_MySQLdb()
```

（5）在與 settings.py 同級的目錄中，建立 models.py，其中的程式和 12.2.1 小節的範例程式內的程式一致，以此和 MySQL 的 stockInfo 資料表建立連結關係。

至此，就完成了對記錄檔和資料庫的設定。

12.4.2 把資料插入到資料表中（含記錄檔列印）

步驟 01 在 MyDjangoOBVProj 專案的 urls.py 檔案中建立 url 和處理方法的對映關係，實際程式如下，其中 mainForm 和 mainAction 的兩種格式的請求，分別會用 mainForm.py 中對應的兩個方法來處理。

```
1    from django.contrib import admin
2    from django.urls import path
3    from django.conf.urls import url
4    from . import mainForm
5    urlpatterns = [
6        path('admin/', admin.site.urls),
7        url('^mainForm/$', mainForm.display),
8        url('^mainAction/$', mainForm.draw)
9    ]
```

步驟 02 建立和 urls.py 同等級的 templates 目錄，並在其中撰寫 main.html 檔案，程式如下。

```
1    <html>
2    <meta charset="utf-8">
3    <head>
4    <title>分析代碼</title>
5    </head>
6    <body>
7        <form name="mainForm" action="/mainAction/" method="POST">
8            {% csrf_token %}
9            <table>
10               <tr>
11                   <td>股票程式 :</td>
12                   <td><input type="text" name="stockCode" id="stockCode"
     value="600007"/></td>
13               </tr>
14               <tr>
15                   <td>開始時間 </td>
16                   <td><input type="text" name="startDate" id="startDate"
     value="2019-01-01" /></td>
17               </tr>
18               <tr>
19                   <td>結束時間 </td>
20                   <td><input type="text" name="endDate" id="endDate"
     value="2019-05-31" /></td>
```

```
21                </tr>
22                <tr>
23                  <td colspan="2" align="center">
24                <input type="submit" name="submit" value=" 提交 "
    />  
25                    <input type="reset" name="reset" value=" 重置 " />
26                  </td>
27                </tr>
28            </table>
29        </form>
30  </body>
31  </html>
```

在第 7 行的 Form 表單中，是用三個文字標籤來接收股票代碼、開始時間和結束時間這三個值，且它們均有預設值。點擊第 24 行的「提交」按鈕，會以 POST 的方式發送名為 mainAction 的請求。

在 templates 目錄中建立 stock.html，程式如下。其中在第 7 行，根據傳來的參數顯示股票代碼，在第 8 行中，根據傳來的 img 資料流程顯示 Matplotlib 格式的圖片。

```
1   <html>
2   <meta charset="utf-8">
3   <head>
4   <title> 以 OBV 指標分析股票 </title>
5   </head>
6   <body>
7        股票代碼 :{{ stockCode }}<br>
8     <img src="{{ img }}">
9   </body>
10  </html>
```

步驟 03　在 urls.py 同級的目錄中建立 mainForm.py 檔案，在其中定義跳躍以及繪製 OBV 指標的程式碼，其中引用了記錄檔和資料庫，由於程式碼比較長，下面分段說明。

```
1   # !/usr/bin/env python
2   # coding=utf-8
3   from django.shortcuts import render
4   import pandas_datareader
5   import matplotlib.pyplot as plt
6   import pandas as pd
```

```
7    from mpl_finance import candlestick2_ochl
8    import sys
9    from io import BytesIO
10   import base64
11   import imp
12   from . import models
13   imp.reload(sys)
14   import logging
15   from django.db import connection
16   # 參考 django 記錄檔實例
17   logger = logging.getLogger(__name__)
18
19   def display(request):
20       logger.info("start to display main.html")
21       return render(request, 'main.html')
```

從第 3 行到第 15 行匯入所需的函數庫，其中在第 14 行匯入了記錄檔函數庫，在第 15 行匯入了連接 MySQL 所需的 connection 函數庫。在第 17 行中定義了記錄檔的實例。

在第 19 行的 display 方法中透過在第 21 行呼叫 render 方法，跳躍到 main.html 頁面，同時請注意在第 20 行，透過 INFO 等級的記錄檔來記錄該方法的執行時間。

```
22   # 計算 OBV 的方法
23   def calOBV(df):
24       ......
25       return df
```

第 23 行定義的 calOBV 方法和 12.3.2 小節的範例程式內的名稱相同方法完全一致，在此不再重複說明。在第 25 行傳回的 df 物件中包含了 OBV 值。

```
26   def insertData(stockCode,startDate,endDate):
27       logger.info("start insertData")
28       # 先刪除
29       models.stockInfo.objects.filter(stockCode=stockCode).delete()
30       stock = pandas_datareader.get_data_yahoo(stockCode+'.ss',
     startDate,endDate)
31       # 刪除最後一天多餘的股票交易資料
32       stock.drop(stock.index[len(stock)-1],inplace=True)
33       filename='D:\\stockData\ch12\\'+stockCode+startDate+ endDate+'.csv'
```

```
34        stock.to_csv(filename)
35        stock = pd.read_csv(filename,encoding='gbk')
36        cnt=0
37        # 存入資料庫
38        stockInfoList=[]
39        while cnt<=len(stock)-1:
40            date=stock.iloc[cnt]['Date']
41            open=float(stock.iloc[cnt]['Open'])
42            close=float(stock.iloc[cnt]['Close'])
43            high=float(stock.iloc[cnt]['High'])
44            low=float(stock.iloc[cnt]['Low'])
45            vol=int(stock.iloc[cnt]['Volume'])
46            stockOne = models.stockInfo(date=date,open=open,close=close,
    high=high,low=low, vol=vol,stockCode=stockCode)
47            stockInfoList.append(stockOne)
48            cnt=cnt+1
49        models.stockInfo.objects.bulk_create(stockInfoList)
50        return stock
51
52    def loadStock(stockCode,startDate,endDate):
53        logger.info("start loadStock")
54        # 先從資料表中取得資料
55        cursor = connection.cursor()
56        try:
57            cursor.execute("select date,high,low,open,close,vol from
    stockInfo where stockCode='"+stockCode+"' and date>='"+startDate+"'
    and date<='"+endDate+"'")
58            heads = ['Date','High','Low','Open','Close','Volume']
59            # 依次把每個 cols 元素中的第一個值放入 col 陣列
60            result = cursor.fetchall()
61            df = pd.DataFrame(list(result))
62        except:
63            logger.error("in loadStock,error during visiting stockInfo table")
64        finally:
65            cursor.close()
66        # 資料表中存在資料，則從資料表中讀取
67        if(len(df)>0):
68            df.columns=heads
69            return df;
70        # 如果沒有讀取到，則從網站爬取，並插入資料表中
71        else:
72            logger.info("No data in DB, get from Web")
73            df = insertData(stockCode,startDate,endDate)
74            return df
```

在之後繪製圖形的 draw 方法中會呼叫第 52 行的 loadStock 方法取得股票資料。實際而言，先從第 55 行獲得游標物件，並在第 57 行透過游標 cursor 物件執行一條 select 敘述，根據傳入的 stockCode，startDate 和 endDate 值，從 stockInfo 資料表中獲得股票資料。

如果透過第 67 行的 if 敘述判斷資料表中存在所需的資料，則透過第 69 行傳回找到的資料，如果資料不存在，則在第 73 行的程式中呼叫 insertData 方法從網站爬取資料，再插入到 stockInfo 資料表中。

insertData 方法是在第 26 行定義的，它的實際執行步驟是：先透過第 30 行的程式從網站爬取股票資料，隨後在第 34 行把資料儲存到 csv 檔案中，再透過第 39 行的 while 循環，依次把每行資料（即每個交易日的資料）放入 stockInfoList 物件中，而後透過呼叫第 49 行的 bulk_create 方法，一次性把所有股票資料插入到 stockInfo 資料表中，最後再傳回包含股票資料的 df 物件。

```
75    def draw(request):
76        logger.info("start draw")
77        # 取得頁面參數
78        stockCode = request.POST.get('stockCode')
79        logger.info("stockCode is:" + stockCode)
80        startDate = request.POST.get('startDate')
81        logger.info("startDate is:" + startDate)
82        endDate = request.POST.get('endDate')
83        logger.info("endDate is:" + endDate)
84        # 取得股票資料
85        df = loadStock(stockCode,startDate,endDate)
86        # 計算 OBV 值
87        df = calOBV(df)
88
89        figure = plt.figure()
90        # 建立子圖
91        (axPrice, axOBV) = figure.subplots(2, sharex=True)
92        # 呼叫方法，在 axPrice 子圖中繪製 K 線圖
93        candlestick2_ochl(ax = axPrice,
94                opens=df["Open"].values, closes=df["Close"].values,
95                highs=df["High"].values, lows=df["Low"].values,
96                width=0.75, colorup='red', colordown='green')
97        axPrice.set_title("K 線圖和均線圖 ")        # 設定子圖標題
98        df['Close'].rolling(window=3).mean().plot(ax=axPrice,color="red",
      label='3 日均線 ')
99        df['Close'].rolling(window=5).mean().plot(ax=axPrice,color="blue",
```

```
        label='5 日均線 ')
100     df['Close'].rolling(window=10).mean().plot(ax=axPrice,color="green",
        label='10 日均線 ')
101     axPrice.legend(loc='best')                    # 繪製圖例
102     axPrice.set_ylabel(" 價格（單位：元）")
103     axPrice.grid(linestyle='-.')                  # 帶格線
104     # 在 axOBV 子圖中繪製 OBV 圖形
105     df['OBV'].plot(ax=axOBV,color="blue",label='OBV')
106     plt.legend(loc='best')              # 繪製圖例
107     plt.rcParams['font.sans-serif']=['SimHei']
108     # 在 OBV 子圖上加上負值效果
109     plt.rcParams['axes.unicode_minus'] = False
110     axOBV.set_ylabel(" 單位：萬手 ")
111     axOBV.set_title("OBV 指標圖 ")                  # 設定子圖的標題
112     axOBV.grid(linestyle='-.')                    # 帶格線
113     # 設定 x 軸座標的標籤和旋轉角度
114     major_index=df.index[df.index%5==0]
115     major_xtics=df['Date'][df.index%5==0]
116     plt.xticks(major_index,major_xtics)
117     plt.setp(plt.gca().get_xticklabels(), rotation=30)
118     logger.debug("convert plt to buffer")
119     buffer = BytesIO()
120     plt.savefig(buffer)
121     plt.close()
122     base64img = base64.b64encode(buffer.getvalue())
123     img = "data:image/png;base64,"+base64img.decode()
124     logger.debug("start to Render in stock.html")
125     return render(request, 'stock.html', {
126             'img': img,'stockCode':stockCode})
```

在第 75 行的 draw 方法中，首先透過第 78 行到第 82 行的程式碼，取得從 main.html 頁面以 POST 方式傳來的股票代碼、開始時間和結束時間，再透過呼叫第 85 行的 loadStock 方法取得股票資料。

前文已經說明了 loadStock 方法的執行過程，先從 stockInfo 資料表中根據股票程式、開始時間和結束時間去尋找，如果找到就直接傳回，如果沒有找到，就從網站去爬取，爬取到股票資料後再插入到 stockInfo 資料表中。

在獲得股票資料後，再透過呼叫第 87 行的 calOBV 方法計算 OBV 值，隨後透過第 89 行到第 117 行的程式碼繪製該股票的 K 線、均線和 OBV 指標的整合圖。這部分繪製圖形的程式碼和 12.3.2 小節的範例程式內繪製圖形的程式碼很相似，只不過最後不是呼叫 plt.show 方法進行繪製，而是透過第 119 行到第 123

行的程式碼把圖形以 base64 編碼的形式放入 img 物件中，最後透過第 125 行的程式敘述，攜帶包含股票代碼的 stockCode 物件和包含圖形二進位流的 img 物件，跳躍到 stock.html 頁面。

同時，請注意在上述方法中的記錄檔列印敘述，一般在進入方法時，會列印 INFO 等級的記錄檔，在第 63 行，當觸發 exception 時，會列印 ERROR 等級的記錄檔，為了在本機偵錯時，確保圖形轉換成流，並發送到 stock.html 頁面，所以在第 118 行和第 124 行列印了 DEBUG 等級的記錄檔。

撰寫完上述程式碼之後，以帶「runserver localhost:8080」參數的方式啟動 manage.py 程式，在瀏覽器中輸入 http://localhost:8080/mainForm/，即可看到如圖 12-7 所示的結果。

圖 12-7　用於輸入股票代碼、開始時間和結束時間的頁面

在其中可以更改股票代碼，也可以更改時間，不過在本文中使用預設值。此時，MySQL 資料庫中的 stockInfo 表內沒有資料。點擊「提交」按鈕後，就會看到如圖 12-8 所示的頁面。

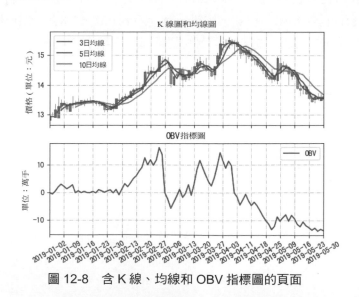

圖 12-8　含 K 線、均線和 OBV 指標圖的頁面

同時，可以在 MySQL 資料庫的 stockInfo 資料表中看到對應股票代碼在對應日期範圍內的股票交易資料。另外，還可以在 myLog.log 檔案中看到以下和該範例程式相符合的記錄檔，尤其是從下面第 6 行到第 8 行的記錄檔可以看到，在呼叫 loadStock 方法時，由於資料表中沒有資料，因此呼叫了 insertData 方法從網站去爬取股票資料。

```
1    [2019-07-24 21:54:29,140][Thread-2:1444][task_id:MyDjangoOBVProj.mainForm]
     [INFO] start to display main.html
2    [2019-07-24 21:59:56,296][Thread-5:3024][task_id:MyDjangoOBVProj.mainForm]
     [INFO] start draw
3    [2019-07-24 21:59:56,296][Thread-5:3024][task_id:MyDjangoOBVProj.mainForm]
     [INFO] stockCode is:600007
4    [2019-07-24 21:59:56,296][Thread-5:3024][task_id:MyDjangoOBVProj.mainForm]
     [INFO] startDate is:2019-01-01
5    [2019-07-24 21:59:56,296][Thread-5:3024][task_id:MyDjangoOBVProj.mainForm]
     [INFO] endDate is:2019-05-31
6    [2019-07-24 21:59:56,296][Thread-5:3024][task_id:MyDjangoOBVProj.mainForm]
     [INFO] start loadStock
7    [2019-07-24 21:59:56,312][Thread-5:3024][task_id:MyDjangoOBVProj.mainForm]
     [INFO] No data in DB, get from Web
8    [2019-07-24 21:59:56,312][Thread-5:3024][task_id:MyDjangoOBVProj.mainForm]
     [INFO] start insertData
9    [2019-07-24 22:01:28,437][Thread-5:3024][task_id:MyDjangoOBVProj.mainForm]
     [INFO] start calOBV
```

執行網站爬取資料之後，stockInfo 資料表中就有了股票資料，如果回到 main.html 頁面再次點擊「提交」按鈕，就能看到和圖 12-8 所示相同的結果，只不過，這次從 myLog.log 檔案中看到的記錄檔情況稍有不同。

```
1    [2019-07-24 22:05:25,656][Thread-6:4048][task_id:MyDjangoOBVProj.mainForm]
     [INFO] start to display main.html
2    [2019-07-24 22:05:27,281][Thread-7:5024][task_id:MyDjangoOBVProj.mainForm]
     [INFO] start draw
3    [2019-07-24 22:05:27,281][Thread-7:5024][task_id:MyDjangoOBVProj.mainForm]
     [INFO] stockCode is:600007
4    [2019-07-24 22:05:27,281][Thread-7:5024][task_id:MyDjangoOBVProj.mainForm]
     [INFO] startDate is:2019-01-01
5    [2019-07-24 22:05:27,281][Thread-7:5024][task_id:MyDjangoOBVProj.mainForm]
     [INFO] endDate is:2019-05-31
6    [2019-07-24 22:05:27,281][Thread-7:5024][task_id:MyDjangoOBVProj.mainForm]
     [INFO] start loadStock
```

```
7    [2019-07-24 22:05:27,281][Thread-7:5024][task_id:MyDjangoOBVProj.mainForm]
     [INFO] start calOBV
```

從第 6 行和第 7 行的記錄檔情況來看，由於資料表中存在資料，因此 loadStock 方法並沒有呼叫 insertData 方法，而是直接傳回。

DEBUG 等級的記錄檔輸出到主控台上，如下所示，這也是和範例程式中的程式碼相符合的。

```
1    [2019-07-24 22:05:27,703][DEBUG] convert plt to buffer
2    [2019-07-24 22:05:27,937][DEBUG] start to Render in stock.html
```

12.4.3 驗證以 OBV 指標為基礎的買賣策略

根據之前說明的 OBV 指標的演算法，針對 OBV 的交易策略是比較多的，因為本書的核心還是學習 Python 語言的知識，所以僅列出以下的買賣策略。

（1）當 OBV 指標下降但股價上升，說明股票上升動力不足，股價可能隨時下跌，是賣出訊號。Python 程式的實作方式是，收盤價連續兩天上漲，但 OBV 指標連續兩天下跌。

（2）反之，當 OBV 上升但股票下降，說明股票支撐力比較強，之後反彈的可能性比較大。Python 程式的實現是，收盤價連續兩天下跌，但 OBV 連續兩天上漲。

在 MyDjangoOBVProj 專案中，透過以下的步驟改寫 mainForm.py 和 stock.html 來實現上述交易策略。在 mainForm.py 中，改寫以下程式。

修改點 1：增加計算買點的 calBuyPoints 方法和計算賣點的方法 calSellPoints，程式如下。

```
1    def calBuyPoints(df):
2        cnt=0
3        buyDate=''
4        while cnt<=len(df)-1:
5            if(cnt>=5):        # 前幾天有誤差，從第 5 天算起
6                # 買點規則：股價連續兩天下跌，而 OBV 連續兩天上漲
7                if df.iloc[cnt-1]['Close']>df.iloc[cnt]['Close'] and
     df.iloc[cnt-2]['Close']>df.iloc[cnt-1]['Close']:
8                    logger.debug("calBuyPoints, decrease for 2 days." +
     df.iloc[cnt]['Date'])
```

```
9                         logger.debug("obv on first day is:" +
     str(df.iloc[cnt-2]['OBV']))
10                        logger.debug("obv on second day is:" +
     str(df.iloc[cnt-1]['OBV']))
11                        logger.debug("obv on third day is:" +
     str(df.iloc[cnt]['OBV']))
12                        if(df.iloc[cnt-1]['OBV']<df.iloc[cnt]['OBV'] and
     df.iloc[cnt-2]['OBV']<df.iloc[cnt-1]['OBV']):
13                            buyDate = buyDate+df.iloc[cnt]['Date'] + ','
14            cnt=cnt+1
15        return buyDate
16
17   def calSellPoints(df):
18       cnt=0
19       sellDate=''
20       while cnt<=len(df)-1:
21           if(cnt>=5):          # 前幾天有誤差,從第 5 天算起
22               # 賣點規則:股價連續兩天上漲,而 OBV 連續兩天下跌
23               if df.iloc[cnt-1]['Close']<df.iloc[cnt]['Close'] and
     df.iloc[cnt-2]['Close']<df.iloc[cnt-1]['Close']:
24                   logger.debug("calSellPoints, increase for 2 days." +
     df.iloc[cnt]['Date'])
25                   logger.debug("obv on first day is:" +
     str(df.iloc[cnt-2]['OBV']))
26                   logger.debug("obv on second day is:" +
     str(df.iloc[cnt-1]['OBV']))
27                   logger.debug("obv on third day is:" +
     str(df.iloc[cnt]['OBV']))
28                   if(df.iloc[cnt-1]['OBV']>df.iloc[cnt]['OBV'] and
     df.iloc[cnt-2]['OBV']>df.iloc[cnt-1]['OBV']):
29                       sellDate = sellDate+df.iloc[cnt]['Date'] + ','
30           cnt=cnt+1
31       return sellDate
```

在第 1 行計算買點的方法中,首先是透過第 4 行的 while 循環依次檢查每個交易日的資料,在檢查過程中,先透過第 7 行的 if 敘述判斷收盤價是否連續兩天下跌,如果滿足的話,再透過第 12 行的 if 敘述判斷 OBV 值是否連續兩天上漲。如果滿足兩個條件,則在第 13 行的敘述,把當天的日期記錄到 buyDate 變數中作為買點日期。

而第 17 行的計算賣點的 calSellPoints 方法與之相反,首先透過第 23 行的程式判斷收盤價是否連續兩天上漲,如果是的話,則透過第 28 行的敘述判斷

OBV 值是否連續兩天下跌，如果同時滿足兩個條件，則在第 29 行的敘述，把當天的日期記錄到 sellDate 變數中作為賣點日期。

在 mainForm.py 檔案中的第二個修改之處是，在 draw 方法的 return 敘述之前，呼叫上述的兩個方法，並在 return 敘述中，透過 buyDate 和 sellDate 兩個參數把買點日期和賣點日期傳到 stock.html 頁面，相關程式如下。

```
1    buyDate = calBuyPoints(df)
2    sellDate = calSellPoints(df)
3    return render(request, 'stock.html', {
4            'img': img,'stockCode':stockCode,
5            'buyDate':buyDate,'sellDate':sellDate})
```

在 stock.html 頁面中，增加以下兩行顯示買點日期和賣點日期的程式。

```
1    買點日期:{{ buyDate }}<br>
2    賣點日期:{{ sellDate }}<br>
```

修改完成後重新啟動服務，再回到 main.html 頁面中，在使用預設股票資料的前提下再點擊「提交」按鈕，即可看到如圖 12-9 所示的結果，其中的圖形和之前圖 12-8 中的完全相同，只是多了顯示買點和賣點的功能。

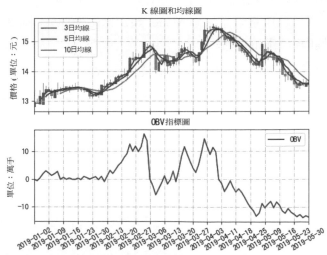

圖 12-9　顯示以 OBV 指標為基礎的買點和賣點日期的頁面

從圖 12-9 中可以看到，目前沒有符合上述買賣點策略的日期。在 calBuyPoints 和 calSellPoints 方法中已經加入了向主控台輸出的 DEBUG 等級的記錄檔，可以透過記錄檔來驗證這一結果，例如有以下的記錄檔。

```
1   [2019-07-25 07:10:25,546][DEBUG] calBuyPoints, decrease for 2 days.2019-01-10
2   [2019-07-25 07:10:25,546][DEBUG] obv on first day is:3.1010940000000002
3   [2019-07-25 07:10:25,546][DEBUG] obv on second day is:2.3395650000000003
4   [2019-07-25 07:10:25,546][DEBUG] obv on third day is:1.4282660000000003
```

從第 1 行的記錄檔中可以看到，在計算買點的方法中，雖然 20190110 這天符合第一個條件，即收盤價連續兩天下跌，但從第 2 行到第 4 行的記錄檔中可以發現，OBV 值並沒有連續兩天上升，因此不把這一天作為買點日期的判別是正確的。

同理，經過驗證 DEBUG 等級的其他記錄檔，也可以發現根據上述策略，確實無法計算出買賣點日期，這就說明策略本身沒問題，而是根據股票資料在指定日期的範圍內沒有找到比對該策略的買賣點日期。

12.5　本章小結

在本章的開始部分，列出了在 Django 架構內引用記錄檔的相關用法，以及說明了分類處理不同等級記錄檔的方法；之後介紹了 Django 架構與 MySQL 資料庫的整合方式，其中包含了透過 Model 類別物件操作資料庫的方法和直接透過 SQL 敘述操作資料庫的方法。

隨後本章借助以 OBV 指標為基礎的範例程式，示範了在 Django 架構內整合記錄檔和資料庫，有關第 11 章介紹的 MVC 知識，讓讀者體會在實際環境中以 Django 架構為基礎開發 Web 專案的過程。

第*13*章
以股票預測範例入門機器學習

　　說到機器學習，大家或許會望而卻步。的確，如果要從複雜的數學原理開始學，讀懂各種演算法，並在演算法的基礎上了解機器學習，這確實有點難。不過，在 Python 的 Sklearn 等函數庫中，已經封裝了機器學習相關演算法的實現。

　　在初學階段，可以在了解簡單原理的基礎上，透過呼叫相關方法來實現以機器學習為基礎的預測功能。因此，在本章中會用通俗容易的文字來介紹機器學習的原理以及關鍵性步驟，並透過呼叫相關的方法，單純地從數學角度預測股票價格。

　　和本書的目的一樣，本章的核心目的不是「深入說明」，而是「幫助讀者入門機器學習」，在讀完本章的文字描述和範例程式後，相信讀者會對機器學習中以線性回歸和 SVM 為基礎的預測方法有一定的了解，這樣讀者在今後的學習過程中，以此為基礎繼續深入機器學習領域。

13.1 用線性回歸演算法預測股票

　　線性回歸是機器學習中的常用演算法，它是用數理統計中的回歸分析方法來確定兩個或兩個以上變數間的相互相依關係。

　　在本節中，不會說明過於複雜的線性回歸的數學公式，而是在簡單描述其數學原理的基礎上，呼叫 Sklearn 函數庫中封裝的相關方法，來實現線性回歸的預測功能。

13.1.1 安裝開發環境函數庫

　　Scikit-learn（Sklearn）是 Python 語言在機器學習領域常用的模組，在其中封裝了經常使用的機器學習的方法（Method），例如封裝了回歸（Regression）

和分類（Classification）等方法。在本章中，將用它來進行機器學習的相關開發，實際的安裝步驟如下。

步驟 01　進入「命令提示字元」視窗，到 pip .exe 所在的目錄，在其中執行 pip install scipy 指令安裝 SciPy 函數庫，因為這個函數庫是安裝 Sklearn 函數庫的必要條件。

步驟 02　完成後再透過 pip install sklearn 指令安裝 Sklearn 函數庫。

13.1.2　從波士頓房價範例初識線性回歸

安裝好 Sklearn 函數庫後，在安裝套件下的路徑中就能看到描述波士頓房價的 csv 檔案，實際路徑是「python 安裝路徑 \Lib\site-packages\sklearn\datasets\data」，例如安裝路徑是 D 磁碟的 Python34 目錄，那麼在 \Lib\site-packages\sklearn\datasets\data 目錄中就能看到如圖 13-1 所示的資料檔案。

圖 13-1　包含波士頓房價資料的 csv 檔案

在這個目錄中還包含了 Sklearn 函數庫會用到的其他資料檔案，本節用到的是包含在 boston_house_prices.csv 檔案中的波士頓房價資訊。開啟這個檔案，可以看到如圖 13-2 所示的資料。

A	B	C	D	E	F	G	H	I	J	K	L	M	N
506	13												
CRIM	ZN	INDUS	CHAS	NOX	RM	AGE	DIS	RAD	TAX	PTRATIO	B	LSTAT	MEDV
0.00632	18	2.31	0	0.538	6.575	65.2	4.09	1	296	15.3	396.9	4.98	24
0.02731	0	7.07	0	0.469	6.421	78.9	4.9671	2	242	17.8	396.9	9.14	21.6
0.02729	0	7.07	0	0.469	7.185	61.1	4.9671	2	242	17.8	392.83	4.03	34.7
0.03237	0	2.18	0	0.458	6.998	45.8	6.0622	3	222	18.7	394.63	2.94	33.4
0.06905	0	2.18	0	0.458	7.147	54.2	6.0622	3	222	18.7	396.9	5.33	36.2
0.02985	0	2.18	0	0.458	6.43	58.7	6.0622	3	222	18.7	394.12	5.21	28.7

圖 13-2　boston_house_prices.csv 檔案中的部分波士頓房價資料

　　第 1 行的 506 表示該檔案中包含 506 筆樣本資料，即有 506 筆房價資料，而 13 表示有 13 個影響房價的特徵值，即從 A 列到 M 列這 13 列的特徵值資料會影響第 N 列 MEDV（即房價值），在表 13-1 中列出了部分列的英文標題及其含義。

表 13-1　波士頓房價檔案部分中英文標題總表

標題名	中文含義	標題名	中文含義
CRIM	城鎮人均犯罪率	DIS	到波士頓五個中心區域的加權距離
ZN	住宅用地超過某數值的比例	RAD	輻射性公路的接近指數
INDUS	城鎮非零售商用土地的比例	TAX	每 10000 美金的全值財產稅率
CHAS	查理斯河相關變數，如邊界是河流則為 1，否則為 0	PTRATIO	城鎮師生比例
NOX	一氧化氮濃度	MEDV	是自住房的平均房價
RM	住宅平均房間數		
AGE	1940 年之前建成的自用房屋比例		

　　從表 13-1 中可以看到，波士頓房價的數值（即 MEDV）和諸如「住宅用地超過某數值的比例」等 13 個特徵值有關。而線性回歸要解決的問題是，量化地找出這些特徵值和目標值（即房價）的線性關係，即找出以下的 k1 到 k13 係數的數值和 b 這個常數值。

$$MEDV = k1*CRIM + k2*ZN + \cdots + k13*LITAT + b$$

　　上述參數有 13 個，為了簡化問題，先計算 1 個特徵值（DIS）與房價（MEDV）的關係，然後在此基礎上說明 13 個特徵值與房價關係的計算方式。

　　如果只有 1 個特徵值 DIS，它與房價的線性關聯運算式如下所示。在計算出 k1 和 b 的值以後，如果再輸入對應 DIS 值，即可據此計算 MEDV 的值，以此實現線性回歸的預測效果。

$$MEDV = k1*DIS + b$$

　　在下面的 OneParamLR.py 範例程式中，透過呼叫 Sklearn 函數庫中的方法，以訓練加預測的方式，推算出一個特徵值（DIS）與目標值（MEDV，即房價）的線性關係，該範例程式檔案名稱中的 LR 是線性回歸英文 Linear Regression 的縮寫。

```
1    # !/usr/bin/env python
```

```
2    # coding=utf-8
3    import numpy as np
4    import pandas as pd
5    import matplotlib.pyplot as plt
6    from sklearn import datasets
7    from sklearn.linear_model import LinearRegression
```

在上述程式中匯入了必要的函數庫，其中第 6 行和第 7 行用於匯入 sklearn 相關函數庫。

```
8    # 從檔案中讀取資料，並轉換成 DataFrame 格式
9    dataset=datasets.load_boston()
10   data=pd.DataFrame(dataset.data)
11   data.columns=dataset.feature_names          # 特徵值
12   data['HousePrice']=dataset.target           # 房價，即目標值
13   # 這裡單純計算離中心區域的距離和房價的關係
14   dis=data.loc[0:data['DIS'].size-1,'DIS'].as_matrix()
15   housePrice=data.loc[0:data['HousePrice'].size-1,'HousePrice'].as_matrix()
```

在第 9 行中，載入了 Sklearn 函數庫下的波士頓房價資料檔案，並設定值給 dataset 物件。在第 10 行透過 dataset.data 讀取了檔案中的資料。在第 11 行透過 dataset.feature_name 讀取了特徵值，如前文所述，data.columns 物件中包含了 13 個特徵值。在第 12 行透過 dataset.target 讀取目標值，即 MEDV 列的房價，並把目標值設定到 data 的 HousePrice 列中。

在第 14 行讀取了 DIS 列的資料，並呼叫 as_matrix 方法把讀到的資料轉換成矩陣中一列的格式，如圖 13-3 所示。

| 4.09 |
| 4.9671 |
| 4.9671 |
| ... |
| 一共506行 |

圖 13-3　DIS 轉換成矩陣的格式

在第 15 行中，是用同樣的方法把房價數值轉換成矩陣中列的格式，如圖 13-3 所示。

```
16   # 轉置一下，否則資料是豎排的
17   dis=np.array([dis]).T
18   housePrice=np.array([housePrice]).T
19   # 訓練線性模型
```

```
20    lrTool=LinearRegression()
21    lrTool.fit(dis,housePrice)
22    # 輸出係數和截距
23    print(lrTool.coef_)
24    print(lrTool.intercept_)
```

由於目前在 dis 和 housePrice 變數中儲存的是「列」形式的資料，因此在第 16 行和第 17 行中，需要把它們轉換成行形式的資料。

在第 20 行中，透過呼叫 LinearRegression 方法建立了一個用於線性回歸分析的 lrTool 物件，在第 21 行中，透過呼叫 fit 方法進行以線性回歸為基礎的訓練。這裡訓練的目的是，根據傳入的一組特徵值 dis 和目標值 MEDV，推算出 MEDV = k1*DIS + b 公式中的 k1 和 b 的值。

呼叫 fit 方法進行訓練後，lrTool 物件就內含了係數和截距等線性回歸相關的參數，透過第 23 行的列印敘述輸出了係數，即參數 k1 的值，而第 24 行的列印敘述輸出了截距，即參數 b 的值。

```
25    # 畫圖顯示
26    plt.scatter(dis,housePrice,label='Real Data')
27    plt.plot(dis,lrTool.predict(dis),c='R',linewidth='2',label='Predict')
28    # 驗證資料
29    print(dis[0])
30    print(lrTool.predict(dis)[0])
31    print(dis[2])
32    print(lrTool.predict(dis)[2])
33
34    plt.legend(loc='best')   # 繪製圖例
35    plt.rcParams['font.sans-serif']=['SimHei']
36    plt.title("DIS 與房價的線性關係 ")
37    plt.xlabel("DIS")
38    plt.ylabel("HousePrice")
39    plt.show()
```

在第 26 行中，透過呼叫 scatter 方法繪製出 x 值是 DIS，y 值是房價的諸多散點，第 27 行則是呼叫 plot 方法繪製出 DIS 和預測結果的關係，即一條直線。

之後就是用 Matplotlib 函數庫中的方法繪製出 x 軸 y 軸文字和圖形標題等資訊。執行上述程式，即可看到如圖 13-4 所示的結果。

圖 13-4 中各個點表示真實資料，每個點的 x 座標是 DIS 值，y 座標是房價。紅線則表示根據目前 DIS 值，透過線性回歸預測出的房價結果。

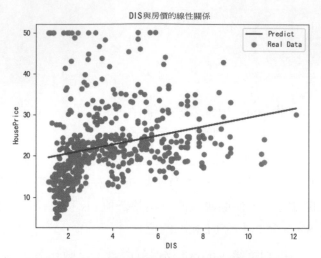

圖 13-4　根據 DIS 特徵值預測房價的結果圖

下面透過輸出的資料，進一步說明圖 13-3 中以紅線形式顯示的預測資料的含義。透過程式的第 23 行和第 24 行輸出了係數和截距，結果如下。

```
[[1.09161302]]
[18.39008833]
```

即房價和 DIS 滿足以下的一次函數關係：MEDV = 1.09161302*DIS + 18.39008833。

從第 29 行到第 32 行輸出了兩組 DIS 和預測房價資料，每兩行是一組，結果如下。

```
[4.09]
[22.85478557]
[4.9671]
[23.81223934]
```

在已經獲得的公式中，MEDV = 1.09161302*DIS + 18.39008833，把第 1 行的 4.09 代入 DIS，把第 2 行的 22.85478557 代入 MEDV，發現結果吻合。同理，把第 3 行的 DIS 和第 4 行 MEDV 值代入上述公式，結果也吻合。

也就是說，透過以線性回歸為基礎的 fit 方法，訓練了 lrTool 物件，使之包含了相關參數，這樣如果輸入其他的 DIS 值，那麼 lrTool 物件根據相關參數也能算出對應的房價值。

從視覺化的效果來看，用 DIS 預測 MEDV 房價的效果並不好，原因是畢竟只用了其中一個特徵值。不過，透過這個範例程式，還是可以看出以線性回歸為基礎實現預測的一般步驟：根據一組（506 筆）資料的特徵值（本範例中是 DIS）和目標值（房價），呼叫 fit 方法訓練 lrTool 等線性回歸中的物件，讓它包含相關係數，隨後再呼叫 predict 方法，根據由相關係數組成的公式，透過計算預測目標結果。

看到這裡，讀者可能會產生兩大問題。第一，上例中的特徵值數量就一個，如果遇到多個特徵值情況該怎麼辦呢？例如在這個波士頓房價範例中，如何透過 13 個特徵值來預測？第二，在諸如 fit 等計算方法的內部，是怎麼透過機器學習確定參數的？在後續的章節中，將說明這兩大問題。

13.1.3 實現以多個特徵值為基礎的線性回歸

在 13.1.2 小節的範例中，特徵值的數量就一個，如果要用到波士頓房價範例中 13 個特徵值來進行預測，那麼對應的公式如下，這裡要做的工作是，透過 fit 方法，計算以下的 k1 到 k13 係數以及 b 截距值。

MEDV = k1*CRIM + k2*ZN + ··· + k13*LITAT + b

在下面的 MoreParamLR.py 範例程式中，實現用 13 個特徵值預測房價的功能。

```python
1   # !/usr/bin/env python
2   # coding=utf-8
3   from sklearn import datasets
4   from sklearn.linear_model import LinearRegression
5   import matplotlib.pyplot as plt
6   # 載入資料
7   dataset = datasets.load_boston()
8   # 特徵值集合，不包含目標值房價
9   featureData = dataset.data
10  housePrice = dataset.target
```

在第 7 行中載入了波士頓房價的資料，在第 9 行和第 10 行分別把 13 個特徵值和房價目標值放入 featureData 和 housePrice 這兩個變數中。

```python
11  lrTool = LinearRegression()
12  lrTool.fit(featureData, housePrice)
13  # 輸出係數和截距
```

```
14    print(lrTool.coef_)
15    print(lrTool.intercept_)
```

　　上述程式和前文推算一個特徵值和目標值關係的程式很相似，只不過在第 12 行的 fit 方法中，傳入的特徵值是 13 個，而非 1 個。在第 14 行和第 15 行的程式敘述同樣輸出了各項係數和截距數值。

```
16    # 畫圖顯示
17    plt.scatter(housePrice,housePrice,label='Real Data')
18    plt.scatter(housePrice,lrTool.predict(featureData),c='R',label='Predicted
      Data')
19    plt.legend(loc='best')  # 繪製圖例
20    plt.rcParams['font.sans-serif']=['SimHei']
21    plt.xlabel("House Price")
22    plt.ylabel("Predicted Price")
23    plt.show()
```

　　在第 17 行繪製了 x 座標和 y 座標都是房價值的雜湊點，這些點表示原始資料，在第 19 行繪製雜湊點時，x 座標是原始房價，y 座標是根據線性回歸推算出的房價。

　　執行上述程式，即可看到如圖 13-5 所示的結果。其中藍色雜湊點表示真實資料，紅色雜湊點表示預測出的資料，和圖 13-4 相比，預測出的房價結果資料更接近真實房價資料，這是因為這次用了 13 個特徵值來預測，而在圖 13-4 中只用了其中一個特徵資料來預測。

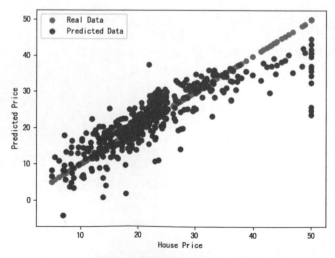

圖 13-5　根據 13 個特徵值來預測房價的結果圖

另外，從主控台中可以看到由第 14 行和第 15 行的程式敘述列印出的各項係數和截距。

```
1    [-1.08011358e-01  4.64204584e-02  2.05586264e-02  2.68673382e+00
     -1.77666112e+01  3.80986521e+00  6.92224640e-04 -1.47556685e+00
     3.06049479e-01 -1.23345939e-02 -9.52747232e-01  9.31168327e-03
     -5.24758378e-01]
2    36.459488385089855
```

其中，第 1 行表示 13 個特徵值的係數，而第 2 行表示截距。代入上述係數，即可看到以下的 13 個特徵值與目標房價的對應關係——預測公式。得出以下的公式後，再輸入其他的 13 個特徵值，即可預測出對應的房價。

MEDV = -1.08011358e-01*CRIM + 4.64204584e-02*ZN + ⋯ + -5.24758378e-01*LITAT
    + 36.459488385089855

13.1.4　fit 函數訓練參數的標準和方法

在 13.1.3 小節，首先介紹了透過 fit 方法來計算出房價和 DIS 關係的一元線性函數的係數和常數項，其中該方法學習了 506 個 DIS 和房價的樣本，並在此基礎上用一次函數擬合了兩者的關係。

MEDV = k*DIS + b

在上述公式中，將用 fit 方法計算出來的 k 和 b 來推算房價，在計算 k 和 b 的值時，希望預測值和真實值誤差最小，這裡需要用「方差」評估誤差。

例如已經有許多個值，(k1, b1)，(k2, b2)⋯，(kn, bn)，怎麼評估哪組預測出的房價最準呢？Sklearn 函數庫中的 fit 方法將用 506 個 DIS 值來訓練（也可以說是學習），實際的步驟如下。

步驟 **01**　把第一個 DIS 的真實資料 4.09 代入，算出 k1*4.09 + b1，獲得一個房價值 m1。

步驟 **02**　計算 m1 和 4.09 對應的真實房價（即 24）的方差 s1，實際演算法是，s1 等於 24-m1 的平方，用 s1 這個方差來評估預測結果 m1 和真實房價 24 的偏離程度。

步驟 03　同理，以 k2*4.9671 + b2 計算第二個 DIS 真實資料 4.9671 預測出的房價 m2，再計算 m2 與該 DIS 對應真實房價 21.6 的方差 m2，如果 m2 小於 m1，那麼說明用 (k2，b2) 參數預測出的房價要比用 (k1，b1) 參數預測出的房價要準，反之亦然，同理計算出剩下 (kn, bn) 預測出的房價與真實房價的方差。

在只有 1 個特徵值的應用場景中，是用「方差」來訓練，在有 13 個特徵值的應用場景中，方法是一樣的，即用多組已知的值 (k1, k2…kn, b) 預測房價，再計算預測結果與真實房價的方差，方差越小說明預測越準，也可以說是用方差來訓練的。

在訓練過程中，會用到數學分析理論中的最小平方法，這裡不講實際的公式，因為 Sklearn 函數庫已經封裝了這個方法，我們直接使用即可。歸納一下，請記得以下的結論。

（1）在機器學習的訓練過程中，需要有個標準來評估訓練效果，本章範例用的是方差，在其他場景中也可以用其他的標準，甚至可以自己定義評估的標準。

（2）在訓練過程中，會用到數學方法，本章範例用的是最小平方法，在其他場景中可能會遇到其他方法。不過，其實沒有必要在完全了解數學公式含義的基礎上才去開發機器學習的功能（如果能了解當然更好），因為 Python 的機器學習的相關函數庫中已經封裝了相關數學公式。

13.1.5　訓練集、驗證集和測試集

在 13.1.4 小節，選擇把訓練的主動權交給了「最小平方法」，也就是說，沒有人工操作訓練過程。不過在某些場合中，需要在訓練過程中，根據訓練的結果與真實資料間的誤差，動態地改變訓練參數甚至訓練策略，這時候就需要引用「驗證集」和「測試集」，先來看一下相關的概念。

一般會把樣本數的 60% 作為訓練集，例如在波士頓房價範例中，把總數為 506 筆樣本資料中 60% 的資料用來計算各項參數。

一般也會把 20% 的樣本數作為驗證集，驗證集不會像訓練集一樣參與擬合參數等工作，而是專門被用來驗證調整訓練參數乃至訓練策略後的結果，以此不斷最佳化訓練過程。

而測試集的比例一般也是 20%，它不參與訓練，而且也不能像驗證集那樣作為調整訓練參數以及調整訓練策略等的依據，測試集是用來評估最後訓練結果的優劣程度。

在列出相關的範例程式前，請記住以下的結論：

（1）在採用同一種訓練策略和訓練參數的前提下，如果把原本屬於訓練集的樣本劃分給驗證集和訓練集，一定會降低預測的準確性，從這角度來看，劃分驗證集和測試集是有代價的。

（2）劃分出驗證集和測試集後，可以動態地調整訓練過程，並可以根據測試集評估訓練後的結果，這就是付出代價後獲得的收穫。換句話說，如果有必要在訓練過程中進行調整並評估訓練結果，這才有必要再劃分驗證集和測試集。

（3）訓練集、驗證集和測試集的比例一般是 6:2:2，不過這不是絕對的，可以根據需要適當地調整。而且，如果不涉及動態調整，則無須劃分驗證集。

在下面的 MoreParamLRWithTestSet.py 範例程式中，將把樣本劃分成訓練集和測試集，用訓練集來計算 13 個特徵值的參數和常數項，再用測試集來評估訓練的結果。

```python
1    # !/usr/bin/env python
2    # coding=utf-8
3    import numpy as np
4    from sklearn import datasets
5    from sklearn.model_selection import train_test_split
6    from sklearn.linear_model import LinearRegression
7    import matplotlib.pyplot as plt
8
9    dataset = datasets.load_boston()
10   # 特徵值集合，不包含目標值房價
11   featureData = dataset.data
12   housePrice = dataset.target
13   # 劃分訓練集和測試集，測試集的比例是 10%
14   featureTrain, featureTrainTest, housePriceTrain, housePriceTest =
     train_test_split(featureData, housePrice, test_size=0.1)
```

在第 11 行把特徵值放入 featureData 物件，在第 12 行把目標房價放入 housePrice 物件。在第 14 行的 train_test_split 方法中，分別把特徵值和房價目標值劃分為訓練集和測試集，而且透過 test_size=0.1 指定測試集的大小是 10%。

在呼叫該方法產生訓練集和測試集時，傳回了 4 個參數，其中 featureTrain 和 featureTrainTest 分別表示特徵值的訓練集和測試集，而 housePriceTrain 和 housePriceTest 分別表示目標房價的訓練集和測試集。

```
15   # 建置線性回歸物件
16   lrTool = LinearRegression()
17   # 用訓練集來擬合參數
18   lrTool.fit(featureTrain, housePriceTrain)
19   # 用訓練集繪圖
20    plt.scatter(housePriceTrain,lrTool.predict(featureTrain),c='R',
     label='Predicted Data')
21   plt.scatter(housePriceTrain,housePriceTrain,label='Real Data')
```

請注意，在 18 行透過 fit 方法訓練時，是用訓練集，而非像之前那樣用特徵值和目標值的全集來訓練。而且，在第 20 行和第 21 行繪製散點圖時，也是以訓練集為基礎來繪製的。

```
22   # 用測試集來計算方差
23   predictByTest = lrTool.predict(featureTrainTest)
24   # 用測試集計算方差
25   testResult = np.sum(((predictByTest - housePriceTest) ** 2) /
     len(housePriceTest))
26   print(testResult)
27   plt.show()
```

第 23 行的程式敘述透過特徵值的測試集計算出了目標房價的預測結果，並在第 25 行計算了基於特徵值預測結果和房價測試集之間的方差，以此來量化訓練結果，由此可知測試集的目的主要是用於驗證。

執行上述程式，即可看到如圖 13-6 所示的結果，而且可以在主控台看到輸出的方差結果是 17.025243707185318，由此可以量化地分析預測結果和真實結果的偏差。

在這個實例中，由於在訓練時，使用了特徵值或目標房價的樣本，也就是說訓練前後樣本值有可能變化，因此需要專門保留一定比例的測試集，以便用來評估線性回歸的結果。另外，在本範例程式中，因為只用了一種演算法來訓練，所以無須劃分出驗證集。

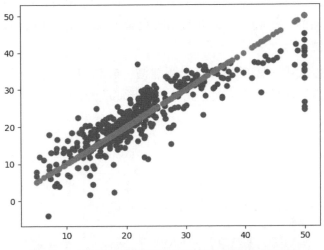

圖 13-6　用訓練集預測房價的線性回歸的結果圖

13.1.6　預測股票價格

在 13.1.5 小節，說明了線性回歸的概念以及 Sklearn 函數庫中的相關方法，還說明了透過測試集來評估訓練結果的方式。在此基礎上，在本節中將在下面的 predictStockByLR.py 範例程式中，根據股票歷史的開盤價、收盤價和成交量等特徵值，從數學角度來預測股票未來的收盤價。

```python
1   # !/usr/bin/env python
2   # coding=utf-8
3   import pandas as pd
4   import numpy as np
5   import math
6   import matplotlib.pyplot as plt
7   from sklearn.linear_model import LinearRegression
8   from sklearn.model_selection import train_test_split
9   # 從檔案中取得資料
10  origDf = pd.read_csv('D:/stockData/ch13/6035052018-09-012019-05-31.csv',
    encoding='gbk')
11  df = origDf[['Close', 'High', 'Low','Open' ,'Volume']]
12  featureData = df[['Open', 'High', 'Volume','Low']]
13  # 劃分特徵值和目標值
14  feature = featureData.values
15  target = np.array(df['Close'])
```

　　第 10 行的程式敘述從包含股票資訊的 csv 檔案中讀取資料，在第 14 行設定了特徵值是開盤價、最高價、最低價和成交量，同時在第 15 行設定了要預測的目標列是收盤價。

　　在後續的程式中，需要將計算出開盤價、最高價、最低價和成交量這四個特徵值和收盤價的線性關係，並在此基礎上預測收盤價。

```
16   # 劃分訓練集,測試集
17   feature_train, feature_test, target_train ,target_test = train_test_
     split(feature,target,test_size=0.05)
18   pridectedDays = int(math.ceil(0.05 * len(origDf)))  # 預測天數
19   lrTool = LinearRegression()
20   lrTool.fit(feature_train,target_train)        # 訓練
21   # 用測試集預測結果
22   predictByTest = lrTool.predict(feature_test)
```

　　第 17 行的程式敘述透過呼叫 train_test_split 方法把包含在 csv 檔案中的股票資料分成訓練集和測試集，這個方法前兩個參數分別是特徵列和目標列，而第三個參數 0.05 則表示測試集的大小是總量的 0.05。該方法傳回的四個參數分別是特徵值的訓練集、特徵值的測試集、要預測目標列的訓練集和目標列的測試集。

　　第 18 行的程式敘述計算了要預測的交易日數，在第 19 行中建置了一個線性回歸預測的物件，在第 20 行是呼叫 fit 方法訓練特徵值和目標值的線性關係，請注意這裡的訓練是針對訓練集的，在第 22 行中，則是用特徵值的測試集來預測目標值（即收盤價）。也就是說，是用多個交易日的股價來訓練 lrTool 物件，並在此基礎上預測後續交易日的收盤價。至此，上面的程式碼完成了相關的計算工作。

```
23   # 組裝資料
24   index=0
25   # 在前 95% 的交易日中,設定預測結果和收盤價一致
26   while index < len(origDf) - pridectedDays:
27       df.ix[index,'predictedVal']=origDf.ix[index,'Close']
28       df.ix[index,'Date']=origDf.ix[index,'Date']
29       index = index+1
30   predictedCnt=0
31   # 在後 5% 的交易日中,用測試集推算預測股價
32   while predictedCnt<pridectedDays:
```

```
33    df.ix[index,'predictedVal']=predictByTest[predictedCnt]
34    df.ix[index,'Date']=origDf.ix[index,'Date']
35    predictedCnt=predictedCnt+1
36    index=index+1
```

在第 26 行到第 29 行的 while 循環中，在第 27 行把訓練集部分的預測股價設定成收盤價，並在第 28 行設定了訓練集部分的日期。

在第 32 行到第 36 行的 while 循環中，檢查了測試集，在第 33 行的程式敘述把 df 中表示測試結果的 predictedVal 列設定成對應的預測結果，同時也在第 34 行的程式敘述逐行設定了每筆記錄中的日期。

```
37    plt.figure()
38    df['predictedVal'].plot(color="red",label='predicted Data')
39    df['Close'].plot(color="blue",label='Real Data')
40    plt.legend(loc='best')  # 繪製圖例
41    # 設定 x 座標的標籤
42    major_index=df.index[df.index%10==0]
43    major_xtics=df['Date'][df.index%10==0]
44    plt.xticks(major_index,major_xtics)
45    plt.setp(plt.gca().get_xticklabels(), rotation=30)
46    # 帶格線，且設定了網格樣式
47    plt.grid(linestyle='-.')
48    plt.show()
```

在完成資料計算和資料組裝的工作後，從第 37 行到第 48 行程式碼的最後，實現了視覺化。

第 38 行和第 39 行的程式碼分別繪製了預測股價和真實收盤價，在繪製的時候設定了不同的顏色，也設定了不同的 label 標籤值，在第 40 行透過呼叫 legend 方法，根據收盤價和預測股價的標籤值，繪製了對應的圖例。

從第 42 行到第 45 行設定了 x 軸顯示的標籤文字是日期，為了不讓標籤文字顯示過密，設定了「每 10 個日期裡只顯示 1 個」的顯示方式，並且在第 47 行設定了格線的效果，最後在第 48 行透過呼叫 show 方法繪製出整個圖形。執行本範例程式，即可看到如圖 13-7 所示的結果。

圖 13-7　用線性回歸方法預測股票價格的結果圖

從圖 13-7 中可以看出，藍線表示真實的收盤價（圖中完整的線），紅線表示預測股價（圖中靠右邊的線）。因為本書黑白印刷的原因，在書中讀者看不到藍色和紅色，請讀者在自己的電腦上執行這個範例程式即可看到紅藍兩色的線）。雖然預測股價和真實價之間有差距，但漲跌的趨勢大致相同。而且在預測時沒有考慮到漲跌停的因素，所以預測結果的漲跌幅度比真實資料要大。

股票價格不僅由技術層面決定，還受政策方面、資金量以及訊息面等諸多因素的影響，這也能解釋預測結果和真實結果間有差異的原因。

13.2　透過 SVM 預測股票漲跌

SVM 是英文 Support Vector Machine 的縮寫，中文名為支援向量機，透過它可以對樣本資料進行分類。以股票為例，SVM 能根據許多特徵樣本的資料，把要預測的目標結果劃分成「漲」和「跌」兩種，進一步實現對股票漲跌的預測。

13.2.1　透過簡單的範例程式了解 SVM 的分類作用

在 Sklearn 函數庫中，同樣封裝了 SVM 分類的相關方法，也就是說，我們無須了解其中複雜的演算法，即可用它實現以 SVM 為基礎的分類。在本節中，

透過下面 SimpleSVMDemo.py 範例程式，來看一下使用 SVM 函數庫實現分類
的用法以及相關方法的呼叫方式。

```python
1    # !/usr/bin/env python
2    # coding=utf-8
3    import numpy as np
4    import matplotlib.pyplot as plt
5    from sklearn import svm
6    # 列出平面上的許多點
7    points = np.r_[[[-1,1],[1.5,1.5],[1.8,0.2],[0.8,0.7],[2.2,2.8],
     [2.5,3.5],[4,2]]]
8    # 按 0 和 1 標記成兩種
9    typeName = [0,0,0,0,1,1,1]
```

第 5 行的程式敘述匯入了以 SVM 為基礎的函數庫。在第 7 行定義了許多個
點，並在第 9 行把這些點分成了兩種，例如 [-1,1] 點是第一種，而 [4,2] 是第兩種。

請注意，在第 7 行定義點的時候，是透過 np.r_ 方法把資料轉換成「列矩陣」，
這樣做的目的是讓資料結構滿足 fit 方法的要求。

```python
10   # 建立模型
11   svmTool = svm.SVC(kernel='linear')
12   svmTool.fit(points,typeName)          # 傳入參數
13   # 確立分類的直線
14   sample = svmTool.coef_[0]              # 係數
15   slope = -sample[0]/sample[1]           # 斜率
16   lineX = np.arange(-2,5,1)              # 取得 -2 到 5，間距是 1 的許多資料
17   lineY = slope*lineX-(svmTool.intercept_[0])/sample[1]
```

在第 11 行中，建立了以 SVM 為基礎的物件，並指定該 SVM 模型採用比較
常用的「線性核心」來實現分類操作。

第 12 行透過呼叫 fit 方法訓練樣本，這裡的 fit 方法和之前基於線性回歸範
例程式中的 fit 方法一樣，只不過這裡是以線性核心為基礎的相關演算法，而之
前是以線性回歸為基礎的相關演算法（例如最小平方法）。

訓練完成後，透過第 14 行和第 15 行的程式碼獲得了可以分隔兩種樣本的
直線，包含直線的斜率和截距，並透過第 16 行和第 17 行的程式碼設定了分隔
線的許多個點。

```python
18   # 畫出劃分直線
19   plt.plot(lineX,lineY,color='blue',label='Classified Line')
```

```
20   plt.legend(loc='best')  # 繪製圖例
21   plt.scatter(points[:,0],points[:,1],c='R')
22   plt.show()
```

　　計算完成後，透過呼叫第 19 行的 plot 方法繪製了分隔線，並在第 21 行呼叫 scatter 方法繪製所有的樣本點。由於 points 是「列矩陣」的資料結構，因此是用 points[:,0] 來取得繪製點的 x 座標，用 points[:,1] 來取得 y 座標，最後是透過呼叫第 22 行的 show 方法來繪製圖形。

　　執行這個範例程式，即可看到如圖 13-8 所示的結果，從圖中可以看到，邊界線能有效地分隔兩種樣本。

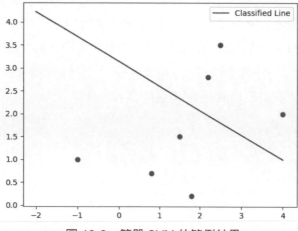

圖 13-8　簡單 SVM 的範例結果

　　從這個實例可以看到，SVM 的作用是：根據樣本訓練出可以劃分不同種類資料的邊界線，由此實現「分類」的效果。而且，在根據訓練樣本確定好邊界線的參數後，還可以根據其他沒有明確種類的樣本，計算出它的種類，以此實現「預測」。

13.2.2　資料標準化處理

　　標準化（Normalization）處理是將特徵樣本按一定演算法進行縮放，讓它們落在某個範圍比較小的區間內，同時去掉單位限制，讓樣本資料轉換成無量綱的純數值。

在用機器學習進行訓練時，一般需要對訓練資料進行標準化處理，原因是 Sklearn 等函數庫封裝的一些機器學習演算法對樣本有一定的要求，如果有些特徵值的數量級偏離大多數特徵值的數量級，或有些特徵值偏離正態分佈，那麼預測結果就不準確。

需要說明的是，雖然在訓練前對樣本進行了標準化處理，改變了樣本值，但由於在標準化的過程中是用同一個演算法對全部樣本進行轉換，屬於「資料最佳化」，不會對後續的訓練造成不好的作用。

下面透過 Sklearn 函數庫提供的 preprocessing.scale 方法實現標準化，該方法是讓特徵值減去平均值然後除以標準差。下面透過 ScaleDemo.py 範例程式來實際示範一下 preprocessing.scale 方法。

```
1   # !/usr/bin/env python
2   # coding=utf-8
3   from sklearn import preprocessing
4   import numpy as np
5
6   origVal = np.array([[10,5,3],
7                       [8,6,12],
8                       [14,7,15]])
9   # 計算平均值
10  avgOrig = origVal.mean(axis=0)
11  # 計算標準差
12  stdOrig=origVal.std(axis=0)
13  # 減去平均值，除以標準差
14  print((origVal-avgOrig)/stdOrig)
15  scaledVal=preprocessing.scale(origVal)
16  # 直接輸出 preprocessing.scale 後的結果
17  print(scaledVal)
```

第 6 行初始化了一個長寬各為 3 的矩陣，在第 10 行透過呼叫 mean 方法計算了該矩陣的平均值，在第 12 行則透過呼叫 std 方法來計算標準差。

第 14 行是用原始值減去平均值，再除以標準差，在第 17 行是直接輸出 preprocessing.scale 的結果。第 14 行和第 17 行的輸出結果相同，如下所示。

```
1   [[-0.26726124 -1.22474487 -1.37281295]
2    [-1.06904497  0.          0.39223227]
3    [ 1.33630621  1.22474487  0.98058068]]
```

13.2.3　預測股票漲跌

在 13.2.1 小節的範例程式中，用以 SVM 為基礎的方法，透過一維直線來分類二維的點。據此可以進一步推論：透過以 SVM 為基礎的方法，還可以分類具有多個特徵值的樣本。

例如可以透過開盤價、收盤價、最高價、最低價和成交量等特徵值，用 SVM 的演算法訓練出這些特徵值和股票「漲」和「跌」的關係，即透過特徵值劃分指定股票「漲」和「跌」的邊界。採用這種方法，一旦輸入其他的股票特徵資料，即可預測出對應的漲跌情況。

在下面的 PredictStockBySVM.py 範例程式中，列出了以 SVM 為基礎預測股票漲跌的功能，這個範例程式比較長，下面逐段說明。

```
1    # !/usr/bin/env python
2    # coding=utf-8
3    import pandas as pd
4    from sklearn import svm,preprocessing
5    import matplotlib.pyplot as plt
6    origDf=pd.read_csv('D:/stockData/ch13/
     6035052018-09-012019-05-31.csv',encoding='gbk')
7    df=origDf[['Close', 'High', 'Low','Open' ,'Volume','Date']]
8    # diff列表示本日和上日收盤價的差
9    df['diff'] = df["Close"]-df["Close"].shift(1)
10   df['diff'].fillna(0, inplace = True)
11   # up列表示本日是否上漲，1表示漲，0表示跌
12   df['up'] = df['diff']
13   df['up'][df['diff']>0] = 1
14   df['up'][df['diff']<=0] = 0
15   # 預測值暫且初始化為0
16   df['predictForUp'] = 0
```

第 6 行從指定的 csv 檔案讀取股票資料，該 csv 格式檔案中的股票資料其實是從網站爬取到的，實際做法可以參考前面的章節。

第 9 行設定了 df 的 diff 列為本日收盤價和前日收盤價的差值，透過第 12 行到第 14 行的程式碼，設定了 up 列的值，實際的執行過程是：如果當日股票上漲，即本日收盤價大於前日收盤價，則 up 值是 1；反之，如果當日股票下跌，up 值則為 0。

第 16 行的程式敘述在 df 物件中新增了表示預測結果的 predictForUp 列，該列的值暫且都設定為 0，在後續的程式中，將根據預測結果填充這列的值。

```
17    # 目標值是真實的漲跌情況
18    target = df['up']
19    length=len(df)
20    trainNum=int(length*0.8)
21    predictNum=length-trainNum
22    # 選擇指定列作為特徵列
23    feature=df[['Close', 'High', 'Low','Open' ,'Volume']]
24    # 標準化處理特徵值
25    feature=preprocessing.scale(feature)
```

　　在第 18 行中設定了訓練目標值為表示漲跌情況的 up 列，在第 20 行設定了訓練集的數量是總量的 80%，在第 23 行則設定了訓練的特徵值，請注意這裡去掉了日期這個不相關的列，而且在第 25 行對特徵值進行了標準化處理。

```
26    # 訓練集的特徵值和目標值
27    featureTrain=feature[0:trainNum]
28    targetTrain=target[0:trainNum]
29    svmTool = svm.SVC(kernel='linear')
30    svmTool.fit(featureTrain,targetTrain)
```

　　在第 27 行和第 28 行中透過截取指定行的方式，獲得了特徵值和目標值的訓練集，在第 26 行中以線性核心的方式建立了 SVM 分類器物件 svmTool。

　　在第 30 行中透過呼叫 fit 方法，用特徵值和目標值的訓練集來訓練 svmTool 分類物件。如前义所述，訓練所用的特徵值是開盤收盤價、最高價、最低價和成交量，訓練所用的目標值是描述漲跌情況的 up 列。在訓練完成後，svmTool 物件中就包含了用於劃分股票漲跌的相關參數。

```
31    predictedIndex=trainNum
32    # 逐行預測測試集
33    while predictedIndex<length:
34        testFeature=feature[predictedIndex:predictedIndex+1]
35        predictForUp=svmTool.predict(testFeature)
36        df.ix[predictedIndex,'predictForUp']=predictForUp
37        predictedIndex = predictedIndex+1
```

　　在第 33 行的 while 循環中，透過 predictedIndex 索引值，依次檢查測試集。在檢查過程中，透過呼叫第 35 行的 predict 方法，用訓練好的 svmTool 分類器，逐行預測測試集中的股票漲跌情況，並在第 36 行中把預測結果設定到 df 物件的 predictForUp 列中。

```
38    # 該物件只包含預測資料，即只包含測試集
39    dfWithPredicted = df[trainNum:length]
40    # 開始繪圖，建立兩個子圖
41    figure = plt.figure()
42    # 建立子圖
43    (axClose, axUpOrDown) = figure.subplots(2, sharex=True)
44    dfWithPredicted['Close'].plot(ax=axClose)
45    dfWithPredicted['predictForUp'].plot(ax=axUpOrDown,color="red",
      label='Predicted Data')
46    dfWithPredicted['up'].plot(ax=axUpOrDown,color="blue",label='Real Data')
47    plt.legend(loc='best')  # 繪製圖例
48    # 設定 x 軸座標的標籤和旋轉角度
49    major_index=dfWithPredicted.index[dfWithPredicted.index%2==0]
50    major_xtics=dfWithPredicted['Date'][dfWithPredicted.index%2==0]
51    plt.xticks(major_index,major_xtics)
52    plt.setp(plt.gca().get_xticklabels(), rotation=30)
53    plt.title(" 透過 SVM 預測 603505 的漲跌情況 ")
54    plt.rcParams['font.sans-serif']=['SimHei']
55    plt.show()
```

　　由於在之前的程式中只設定測試集的 predictForUp 列，並沒有設定訓練集的該列資料，因此在第 39 行中，用切片的方法，把測試集資料放置到 dfWithPredicted 物件中，請注意這裡切片的起始值和結束值是測試集的起始和結束索引值。至此就完成了資料準備工作，在之後的程式中，將用 Matplotlib 函數庫開始繪圖。

　　在第 43 行中，透過呼叫 subplots 方法設定了兩個子圖，並透過 sharex=True 讓這兩個子圖的 x 軸具有相同的刻度和標籤。在第 44 行的程式碼中，呼叫 plot 方法在 axClose 子圖中繪製了收盤價的走勢。第 45 行的程式碼在 axUpOrDown 子圖中繪製了預測到的漲跌情況，而第 46 行的程式碼，還是在 axUpOrDown 子圖中繪製了這些交易日期間股票真實的漲跌情況。

　　在從第 49 行到第 52 行的程式敘述中，設定了 x 標籤的文字以及旋轉角度，目的是讓標籤文字看上去不至於太密集。第 53 行的程式敘述用於設定了中文標題，由於要顯示中文，因此需要第 54 行的程式，最後在第 55 行透過呼叫 show 方法顯示出整個圖形。

　　執行這個範例程式，即可看到如圖 13-9 所示的結果。

　　圖 13-9 顯示了收盤價，下圖的藍色線筆表示真實的漲跌情況，0 表示下跌，1 表示上漲，而紅色線筆表示預測後的結果。

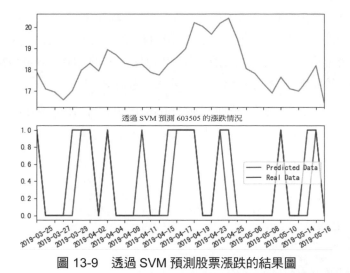

圖 13-9　透過 SVM 預測股票漲跌的結果圖

　　比較一下，雖有偏差，但大致相符。綜上所述，本範例程式從數學角度示範了透過 SVM 進行分類，包含如何劃分特徵值和目標值，如何對樣本資料進行標準化處理，如何用訓練資料訓練 SVM，以及如何用訓練後的結果預測分類結果。

13.2.4　定量觀察預測結果

　　在前面的章節中，採用線性回歸和 SVM 等演算法完成了預測工作後，透過視覺化的方式觀察預測的結果，這種方式雖然直觀，但沒有定量分析。

　　在 Sklearn 函數庫中，還提供了 score 方法用於定量地描述預測結果，舉例來說，在 13.2.3 小節的範例程式中，可以在呼叫 svmTool.fit 方法後，像下面第 7 行的程式敘述那樣呼叫 score 方法來評估預測的結果，即給預測結果評分。

```
1    # 省略之上的程式
2    # 訓練集的特徵值和目標值
3    featureTrain=feature[0:trainNum]
4    targetTrain=target[0:trainNum]
5    svmTool = svm.SVC(kernel='linear')
6    svmTool.fit(featureTrain,targetTrain)
7    print(svmTool.score(featureTrain,targetTrain))
8    predictedIndex=trainNum
9    # 逐行預測測試集
10   while predictedIndex<length:
11   # 省略之後的程式
```

　　一般來說，該方法的呼叫主體是訓練物件，例如這裡是完成呼叫 fit 方法後的 svmTool 物件，而常用參數是特徵值和目標值。加上該方法之後，再次執行這段程式，就能在主控台中看到預測結果的評分，例如 0.7803030303030303。這個值一般介於 0 與 1 之間，越接近 1 分表示越好。

　　而在透過線性回歸模型預測股票的 predictStockByLR.py 範例程式中，也可以加入 score 方法，如第 7 行的程式所示。

```
1    # 省略之前的程式
2    # 劃分訓練集，測試集
3    feature_train, feature_test, target_train ,target_test =
     train_test_split(feature,target,test_size=0.05)
4    pridectedDays = int(math.ceil(0.05 * len(origDf)))          # 預測天數
5    lrTool = LinearRegression()
6    lrTool.fit(feature_train,target_train)                      # 訓練
7    print(lrTool.score(feature_train,target_train))
8    # 用測試集預測結果
9    predictByTest = lrTool.predict(feature_test)
10   # 組裝資料
11   index=0
12   # 省略之後的程式
```

　　這裡呼叫的主體是經過 fit 方法訓練後的線性回歸 lrTool 物件，參數還是特徵值和目標值，執行後同樣可以在主控台中看到對預測結果的評分。

13.3　本章小結

　　在本章中，雖然沒有高深的機器學習演算法的描述，但不影響大家入門機器學習。本章首先用 Sklearn 函數庫附帶的波士頓房價資料，讓讀者了解了以線性回歸為基礎的機器學習相關的知識，包含如何在特徵值訓練的基礎上預測目標值，如何劃分訓練集和測試集，並在此基礎上列出了以線性回歸為基礎預測股票價格的範例程式。

　　隨後，透過範例程式說明了 SVM 分類器的用法，資料標準化處理，最後列出了以 SVM 為基礎預測股票漲跌的範例程式。

　　相信閱讀本章後，大家能感受到，其實用 Python 入門機器學習並不難，將會為大家今後繼續深入了解機器學習領域打下良好的基礎。